インターネット総論

小林 浩・江崎 浩／著

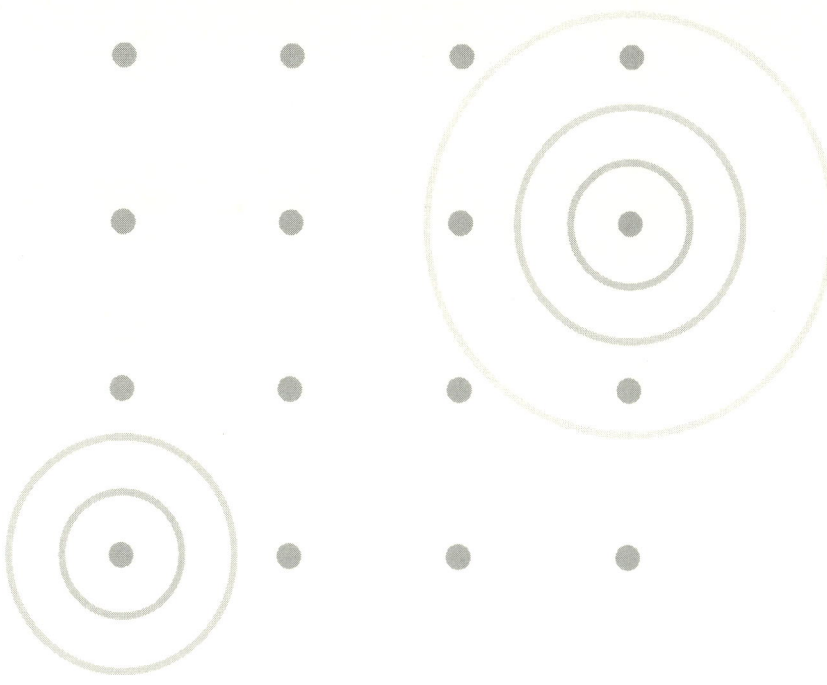

共立出版株式会社

まえがき

　インターネットは，世界の人々との自由なコミュニケーションや，さまざまな情報へのアクセス，電子モールからのショッピングなどを可能にする新しい情報流通環境を形成した．その生い立ちは，1969年に米国で4つの大学や研究機関を結んだARPANETが始まりとされている．その後，ボランティア精神に富んだ学究的な文化の中で育ち，静かに世界に広まっていった．1990年代初期の商用サービスの開始を契機に，企業はもとより一般家庭にも急速に浸透し，もはやインターネットなくして社会経済活動が成り立たなくなった．

　これまでのインターネットは電話システムの基盤を用いて構築されてきたが，21世紀を迎え，インターネットサービスのための新たな基盤となるネイティブインターネットの構築に向けた取り組みが始まっている．そのキーワードはモバイル/ユビキタス/ブロードバンド/常時接続といわれており，わが国の得意技術を活かせる領域である．

　インターネットの特徴の1つは，技術とシステムのグローバル性である．一方，電話網はインターナショナル（国家間の相互接続）なシステムであり，グローバル性を目指した取り組みは行われてこなかった．また，放送は国家単位に構築されてきた．経済は，より効率的で自由度が高く，規模が大きなグローバル市場へと進化を続けている．情報通信システムとその産業は，インターネットの出現によりグローバルなものへと進化した．その源泉はグローバルな技術標準化機関であるIETFやW3Cなどが，技術標準と運用規則をリードしたことによる．これまでインターナショナルにとどまっていた無線システム基盤のグローバル化が，ネイティブインターネットと無線システム関連産業の飛躍の鍵を握っているといっても過言ではなかろう．

　ところで，インターネットに関する書籍が雨後の竹の子のごとく出版されてきたが，その多くはインターネットの利用方法や一部の技術分野を解説す

るもので，またインターネット全体にわたる解説書を指向したものであっても，知識の体系的な羅列にとどまり，必ずしも大学などの学生や若い技術者がインターネットの仕組みを深く理解し，自らの創意工夫によって新しいインターネットを切り拓いていく力を醸成しようとするものではなかった．

　本書は，インターネットの仕組みを中心に，その生い立ちやサービス，セキュリティ，システム構築，インターネットビジネス，さらに法律面を含む社会活動へのインパクトなどについて，幅広く体系立って学ぶとともに，演習問題などを通して自ら考え創意工夫する力を養っていくことを目的としている．記述されている技術アイテムの掘り下げ方によって，情報・通信系の学部課程から修士課程，あるいは専門学校などの学生を対象とする教科書，インターネットと事業との関わり合いが強い企業での若手技術者の入門書，さらには1,200項目を超える豊富な索引から参考書としても活用することができよう．

　最後に，本書の執筆に当たり，ご指導とご支援，そして心温まる励ましをいただいた次の各氏をはじめとする関係各位に，厚くお礼申し上げる．

　当麻喜弘氏（東京電機大），高岡博史氏（東芝），源島朝昭氏（東芝）
　鈴木敏夫氏（弁護士）

　2001年10月

著　者

目次

1 インターネットの基本概念 1

1.1 インターネットの基本思想 1
    A．世界に開かれたネットワーク　　B．単純で透明なネットワーク
    C．柔軟なネットワーク構造　　　　D．絶え間ない技術革新

1.2 インターネットの仕組み 7
    A．プロトコル体系　　　　　　　　B．アドレス体系
    C．情報転送の仕組み

1.3 インターネットの歴史と運営組織 18
    A．インターネットの歴史　　　　　B．インターネットガバナンス
    C．インターネット技術の開発と標準化

演習問題 25

2 インターネット層 27

2.1 インターネットプロトコル 27
    A．インターネットプロトコル：IP　　B．IPアドレスに基づいた処理
    C．インターネット管理制御プロトコル：ICMP

2.2 経路制御機能 38
    A．経路制御の概要　　　　　　　　B．経路制御プロトコル

2.3 IP関連機能 45
    A．ARP機能　　　　　　　　　　　B．アドレス発見機能
    C．NAT機能　　　　　　　　　　　D．トンネリング機能
    E．PPP機能　　　　　　　　　　　F．ネットワークDDI

演習問題 52

3 物理/データリンク層 55

3.1 物理/データリンク層の基礎技術 55
    A．物理伝送媒体　　　　　　　　　B．伝送方式
    C．同期方式　　　　　　　　　　　D．多重化方式
    E．アクセス制御方式　　　　　　　F．データリンク形態
    G．誤り訂正方式　　　　　　　　　H．フレーム伝送制御方式

3.2 有線系データリンク 65
    A．データリンク終端装置　　　　　B．中継転送装置

```
           C． LAN 系データリンク            D． アクセス系データリンク
           E． 広域バックボーン系データリンク
   3.3  無線系データリンク ............................................................................ 72
           A． 無線 LAN                      B． 加入者無線アクセス：FWA
           C． モバイル系データリンク
   演習問題 .................................................................................................. 80
```

4 トランスポート層 81

   4.1 トランスポート層の役割 81
           A． ソケット API   B． エンド-エンドでのデータ通信
   4.2 伝送制御プロトコル：TCP 84
           A． TCP の基本動作   B． フロー制御
           C． 再送制御   D． TCP Persist Timer
           E． Keep Alive Timer   F． パス MTU 検索
           G． TCP 次世代技術
   4.3 マルチメディア対応プロトコル 96
           A． UDP   B． RTP
           C． RSVP
   演習問題 99

5 ディレクトリサービスと電子メール 101

   5.1 ディレクトリサービス 101
           A． ディレクトリサービスの概念   B． DNS システム
           C． ディレクトリ応用サービス
   5.2 電子メールシステム 112
           A． 電子メールシステムのメカニズム B． 電子メールのセキュリティ
   5.3 その他のコミュニケーションツール 119
           A． BBS（Bulletin Board System） B． ネットニュース
           C． talk   D． IRC（Internet Relay Chat）
           E． インターネット電話   F． インターネットファックス
           G． 動画通信
   演習問題 123

6 World Wide Web 125

   6.1 WWW の仕組み 125
           A． WWW の生い立ち   B． WWW の仕組み
           C． URL   D． Web ブラウザの構成

目　　次　vii

  6.2　マークアップ言語 ………………………………………………………… 132
    A．マークアップ言語の生い立ちと発展　B．HTML
    C．XMLとWebサービス
  6.3　Webアプリケーション …………………………………………………… 140
    A．Webアプリケーションを実現する各種ソフトウェア
    B．WebアプリケーションとJava
 演習問題 …………………………………………………………………………… 149

7　セキュリティ ………………………………………………………………… 151

  7.1　不正アクセスの手口 ……………………………………………………… 151
    A．不正アクセス行為の手口
    B．不正アクセス行為の実態とセキュリティへの認識
  7.2　セキュリティ防衛 ………………………………………………………… 156
    A．セキュリティ防衛の具体策　　B．セキュリティに関する国際標準化
    C．不正アクセスに関わる法整備
  7.3　セキュリティ技術 ………………………………………………………… 164
    A．ファイアウォール技術　　　　B．公開鍵基盤
 演習問題 …………………………………………………………………………… 171

8　次世代インターネット技術 ………………………………………………… 173

  8.1　インターネットのインパクト要因 ……………………………………… 174
    A．ネイティブインターネットへの進化　B．常時接続がもたらすもの
    C．ブロードバンドがもたらすもの
    D．フルディジタルメディアがもたらすもの
    E．ユビキタスコンピューティング環境がもたらすもの
    F．エンド-エンドアーキテクチャモデルがもたらすもの
  8.2　ネットワーク基盤技術 …………………………………………………… 180
    A．IPバージョン6技術　　　　　B．QoS制御技術
    C．高速スイッチング技術とトラフィックエンジニアリング
    D．マルチキャスト技術　　　　　E．モバイルIP技術
    F．コンテンツ配信と権利管理
  8.3　マルチメディアデータ圧縮技術 ………………………………………… 190
    A．データ圧縮の原理　　　　　　B．静止画フォーマット
    C．動画フォーマット　　　　　　D．音声/オーディオフォーマット
    E．マルチメディア多重化/再生方式
 演習問題 …………………………………………………………………………… 197

9 システム設定と運用管理 199

9.1 システム設定 199
- A．想定システムの概要
- B．IPアドレスの取得
- C．ネットワークインタフェースの設定
- D．経路制御の設定
- E．DNSサーバの設定
- F．メールサーバの設定
- G．Web/FTPサーバの設定
- H．セキュリティ機能の設定
- I．DHCPサーバの設定

9.2 ネットワーク管理システム 211
- A．ネットワーク管理の役割
- B．ネットワーク管理システムの構成

9.3 トラブルシュート 216
- A．トラブルシュートのプロセス
- B．診断ツール

演習問題 220

10 インターネットビジネス 223

10.1 ビジネスへのインパクト要因 223
- A．物理的距離の克服
- B．時間的障壁の克服
- C．訴求力
- D．双方向性
- E．グローバルスタンダード
- F．巨大市場

10.2 B2C型e-コマース 229
- A．ライフサイクル
- B．プランニング
- C．Webサイトの構築
- D．サイト運用とプロモーション
- E．評価改善

10.3 B2B型e-コマース 238
- A．サプライチェーンマネージメント
- B．XMLによる情報の共有化
- C．システム構成

演習問題 243

11 サイバースペースの統治 245

11.1 インターネット文化とサイバースペース法学 246
- A．インターネット文化
- B．サイバースペース法学
- C．ISPの契約による統治

11.2 インターネット利用上のルールとマナー 252
- A．基本スタンス
- B．電子メール
- C．フォーラム，メーリングリスト，電子掲示板
- D．ホームページ
- E．オンラインショッピング

11.3 関連法規と事例研究 ·· 257
　　　A．著作権法　　　　　　　　B．事例研究
演習問題 ··· 264

演習問題のヒント ·· 265
参考文献 ·· 271
索　引 ··· 275

1 インターネットの基本概念

1章では，インターネットの基本思想，仕組み，生い立ち，そしてインターネットを支える諸活動の説明を通して，インターネットに対する読者の誤解や偏向した認識を矯正し，インターネットを正しく学んでいくための下地作りを行う．

"ネットワークのネットワーク"といわれるインターネットは，誰もが興味や仕事を通してさまざまな情報を流通し合える国境のない地球規模のサイバースペースを形成している．その生い立ちは，1960年代初期の閉鎖的なコンピュータ環境に端を発し，草の根的な学究的文化の中での研究開発と運用を経て，1990年代初頭からの商業サービスへ発展した．World Wide Webというキラーアプリケーションの出現と呼応して，瞬く間に全世界に広がり，社会活動に大きなインパクトを与えるようになった．インターネットは多種多様なネットワークの相互接続によって成り立っているが，ネットワークの個々の特性に依存することなく，世界中の誰とでも確実に通信しあえるのは，IP（Internet Protocol）技術に負うところが大きい．今なおインターネット技術標準化委員会（IETF ; Internet Engineering Task Force）を中心に，絶え間ない技術革新が続けられている．

1.1 インターネットの基本思想

ディジタル伝送媒体を介してコンピュータ同士を相互接続したものをコンピュータネットワークという．そしてネットワーク同士を相互接続することをインターネットワーキング，相互接続したものをインターネットワークと

呼ぶ．多数のネットワークが相互接続され，全世界に開かれたコンピュータネットワークの固有名詞がインターネット（The Internet）である．インターネットがネットワークのネットワークと呼ばれるゆえんである．

図1.1は，企業や個人（家庭）のインターネット利用者に対してインターネットへの接続サービスを行う**インターネットサービスプロバイダ（ISP）**が運用する多数のネットワークや，ISP同士を相互接続する**インターネットエクスチェンジ（IX）**を蜘蛛の巣状に相互接続したインターネットの構造を示している．

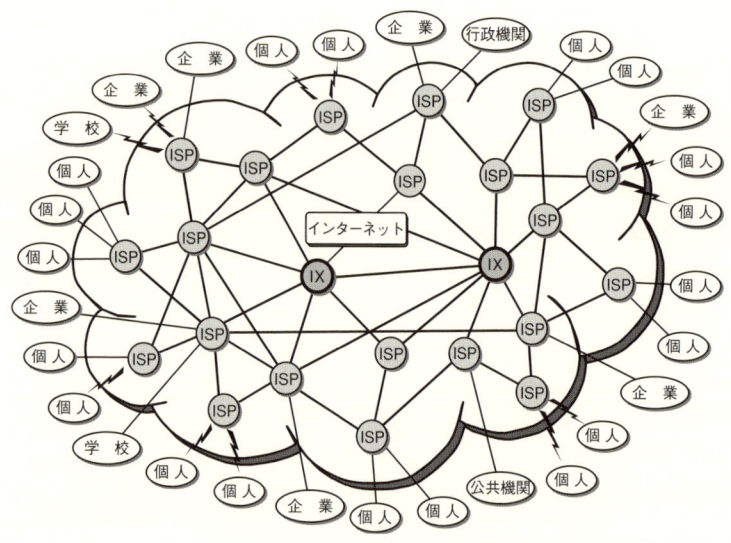

図1.1　インターネットの構造

A. 世界に開かれたネットワーク

TCP/IP プロトコル（インターネットで使用しているプロトコル群の総称）を利用すれば，誰でも，どのネットワーク（ISP）でも，インターネットに接続することができる．そして電子メールを介して世界中の誰とでも情報交換したり，インターネット上に公開されたさまざまなWebサイトにアクセスしたり，また自分のホームページから世界に向けて自分の意見を自由に発信したりすることができる．言い換えると，所定のルール（プロトコル）を

守ればインターネットへの接続や，情報交換，無尽蔵ともいえる情報源へのアクセス，情報発信を誰も拒んだり，また誰も拒まれたりすることはない．これはインターネットが生まれた学究的雰囲気，すなわち政府などの巨大権力の介入を嫌い，草の根（自発）的で民主的（平等）な考え方の中で生まれたことに依存している．こうしたすべ

図1.2 インターネットの革新性

ての人に開かれた地球規模の電子的に作られた仮想的な情報流通空間を**サイバースペース**と呼んでいる．

インターネットの利用が日常的に行われるようになった今日では，読者はこれを当たり前のことのように思うかもしれないが，たとえばテレビやラジオ放送と比べてみるといかに革新的であるかが理解できよう．すなわち，放送では，視聴者は放送局の制作意図に沿って作られた，限られた番組しか選択する余地がなく，また番組には限られた者しか参加できない．一般市民や小さな企業が世界に向けて自由に情報発信することなどは，ごく最近まで考えられないことだった．20世紀末にインターネットがもたらしたサイバースペースは，人類史上の画期的な出来事の1つとして歴史に刻まれよう．

B. 単純で透明なネットワーク

インターネットでは，エンドノード（パソコンやサーバなどのコンピュータ，ホストともいう）が生成する情報をIPパケットと呼ばれるデータの小包を用いて，相手先のコンピュータに転送する．ネットワークは小包につけられた荷札（これをIPヘッダと呼ぶ）をもとに，小包の中身を見ることなく，また荷札を書き換えることもなく相手方に転送するが，これを**トランスペア**

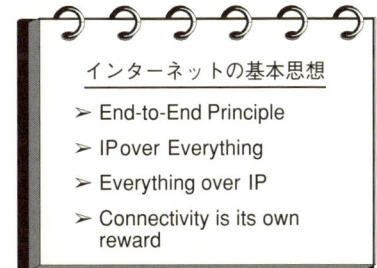

図1.3 単純透明で柔軟なネットワーク

レント（透明）なデータ転送という．

インターネットでは，ネットワークはできる限り単純かつ透明であるべきとし，代わりにエンドノードを高機能にすることによって，インターネットを介して提供される多種多様なアプリケーションをエンド‐エンド間で実現しようとすることが，基本思想となっている．これを，**End-to-End Principle** と呼んでいる．この End-to-End Principle，すなわち単純で透明なネットワークを実現する仕掛けが TCP/IP プロトコルである（図 1.3）．

また，TCP/IP は伝送媒体に依存しないプロトコル仕様でもあるため，企業などの LAN として多用されているイーサネットや電話回線，移動通信回線など，さまざまな伝送媒体上で動作することができる．これを **IP over Everything** と呼んでいる．

そして，TCP/IP はアプリケーションにも依存しないため，ファイル転送や電子メール，Web アクセス，電子商取引など，さまざまなアプリケーションを動作させることができる．これを **Everything over IP** と呼んでいる．もしネットワークが個々のアプリケーション実現に深く関わるようであれば，新しいアプリケーションを提供しようとすると，世界に散在する無数のネットワークを莫大な費用と時間をかけて新しいものに変えなければならなくなる．逆に，ネットワークを改良しようとすると，多くのアプリケーションにさまざまな影響を及ぼすことになる．インターネットの目覚ましい発展は，ネットワークとその上で展開されるアプリケーションとの結合が浅く，おのおのが独立して進歩発展することができたことにも支えられている．

C. 柔軟なネットワーク構造

図 1.4 に示すように，電話網ではダイヤル番号をもとに発信元の電話機と着信先の電話機との間にコネクション（論理的な通信路）を確立し，通話中はこのコネクションが保たれる．これを**コネクション型インターネットワーキング**と呼ぶが，エンド‐エンド間のコネクションを形成する交換機や伝送路などに障害が起きれば通話は途絶える．通話中に障害に遭遇することはめったにないが，これは電話会社によって伝送路や交換機などがしっかりと

維持管理されているからである．なお，コネクション型インターネットワーキングでは，通話中の通信品質，すなわち電話であれば64 kbpsのスループット（エンド-エンド間の実効伝送速度）が保たれるが，これを**ギャランティ（保証）型サービス**と呼ぶ．

これに対して，インターネットはルータと呼ぶ中継装置によって多数のネットワークが相互接続されているものの，エンド-エンド間でコネクションを確立せずに多数のユーザで伝送路を共有し合うことを前提とした**コネクションレス型インターネットワーキング**を採用している．IPパケットを受信したルータは，宛先ノードへより接近するようIP

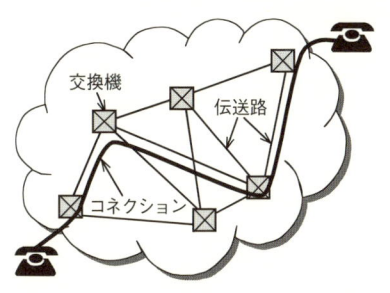

(a) コネクション型インターネットワーキング

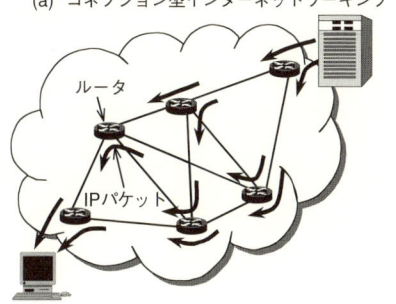

(b) コネクションレス型インターネットワーキング

図1.4 ネットワーク構造の柔軟性

パケットごとに次の転送先ルータを決めて転送する．これを転送先のルータでも繰り返すことによって，宛先ノードにIPパケットが届く．途中のルータや伝送路に障害が発生したり，伝送路が混雑してスループットが低下したり，あるいは転送中のパケットが紛失しても，適宜より良いルートを選択し，またパケットを再送信することによってサービスを継続することができる．こうした特性を **Connectivity is its own Reward**（接続性こそが本質）と呼んでいる．これもTCP/IPプロトコルがなす技である．なお，コネクションレス型インターネットワーキングでは，より良好な通信品質になるよう努力はするが，通信品質を保証することはない．これを**ベストエフォート（最大努力）型サービス**と呼ぶ（図1.4）．

前述したように，インターネットは世界に広く開放されているため，大小さまざまなISPがおのおのの運営方針と品質レベルでネットワークを自律

的に運用し，インターネットに接続している．こうした種々雑多なネットワークの相互接続でもサービスを提供できるのは，通信品質よりも接続性を追求した柔軟なネットワーク構造を採用しているからである．インターネットを低料金で利用でき，そしてインターネットが大きく発展し成長したもう1つの要因である．

D. 絶え間ない技術革新

　1876年 Alexander G. Bell が電話を発明してから間もなく，経済的な料金で，同質のサービスを，誰もが差別なく利用できることを掲げた"Universal Service"の実現を目指して，電話網の建設が先進各国を中心に営々と続けられた．わが国では，19世紀末の電話サービス開始から全国即時サービスが完成するまで，87年の歳月を費やした．この間，音声信号をアナログ信号からディジタル信号に変換して伝送交換するようになったり，その後も光ファイバ網を建設したりするなど，先端技術の導入が図られてきた．新技術の採用にあたっては，ITU（International Telecommunication Union，国際電気通信連合）にて技術検討が行われるが，全加盟国の賛成を必要とする標準仕様の採択までに2～3年を要するのが通例となっている．

　これに対して，インターネットでは，個人や組織が自由に新しい技術やシステムの運用方法を提案することができる．年3回開かれる IETF の会合や電子メールによるオープンな議論を通して，ラフコンセンサスを形成しながら，多くの技術者が共有しているテストベットでアプリケーションなどと組み合わせた試験運用が行われ，さまざまな修正や改良が施される．こうしたプロセスを経て，その有効性が認められたものが標準仕様として認知され，世界中で広く利用されることになる．

　電話網では，標準仕様を採択した後の仕様変更や修正はまれである．これに対して，インターネットでは，標準仕様として認知され世界で広く使われていても，運用上新たな問題や利用者の新しいニーズに遭遇すると，上述のプロセスを繰り返しながら，技術運用仕様の改善や修正が加えられる．インターネットが時代の要請に応じて常に発展成長できるのは，こうした絶え間ない技術革新に負うところが大きい．

[例題 1.1] インターネットに対してイントラネットあるいはエクストラネットという言葉が使われているが，これらの間の共通点と違いを説明せよ．
(解答例) Inter-, Intra-, Extra-は，おのおの「相互の」，「内部の」，「外部の」の意味をもつ．これらはいずれも IP 技術を用いてネットワークを構築しているが，イントラネットは企業内などに閉じたネットワーク（外部からのアクセスを制限して，インターネットに接続しているものを含む）を，エクストラネットは異なる企業間である種のビジネスのつながりを形成するための閉じたネットワークを指す．

1.2 インターネットの仕組み

インターネットの骨格をなす TCP/IP プロトコル体系とアドレス体系を概説した後，インターネット上での情報転送の仕組みを解説する．

なお，本書全体を通して，ノードとはホストとルータを総称し，ホストは IP パケットを生成し送信もしくは受信するコンピュータ（中継処理を行わない），一方，ルータは IP パケットの中継処理のみを行うものとして用いる．

A. プロトコル体系

プロトコルの語源はローマ時代の法王が公布する勅書などに付加される定式文といわれているが，これが転じてコンピュータがデータ通信を行ううえでの制御情報や手順などの**通信規約（約束事）**をプロトコルと呼ぶようになった．プロトコルには数多くの種類があり，これらを階層的に体系化したものをネットワークアーキテクチャと呼ぶ．国際標準化機構（ISO；International Organization for Standardization）が制定したものを**開放型システム間相互接続**（OSI；Open Systems Interconnection）**基本参照モデル**という．この OSI 基本参照モデルは，プロトコルを機能別に図 1.5 に示すように 7 階層に分類している．

これに対して，インターネットでは実装を軽くするために 4 階層に縮退したモデルを採用している．詳しくは次章以降で学ぶが，その概要は次のとおりである．

アプリケーション層は，電子メールやWebアクセスなどのアプリケーションを実現するうえで必要な通信手段を提供する．ファイル転送（FTP；File Transfer Protocol）や電子メール転送（SMTP；Simple Mail Transfer Protocol），WWW（World Wide Web）用のハイパーテキスト転送（HTTP；HyperText Transfer Protocol），メールアドレスなどのIPアドレスへの変換（DNS；Domain Name System），ネットワーク管理（SNMP；Simple Network Management Protocol），ダイヤルアップ接続したユーザの認証（RADIUS；Remote Authentication Dial In User Service）などの多数のプロトコルが用意されており，いろいろなアプリケーションを収容（Everything over IP）することができる．

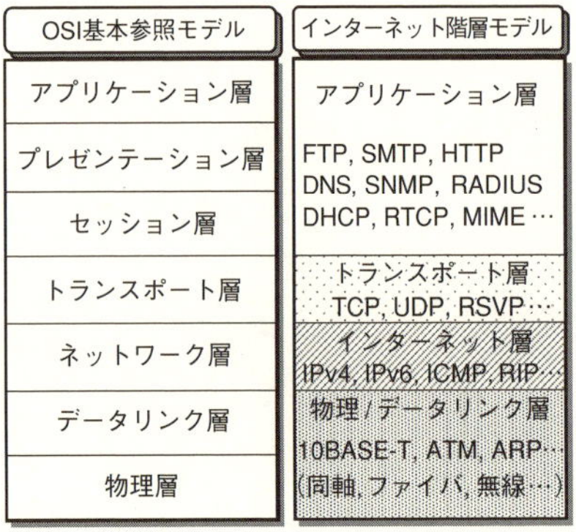

OSI基本参照モデル	インターネット階層モデル
アプリケーション層	アプリケーション層 FTP, SMTP, HTTP DNS, SNMP, RADIUS DHCP, RTCP, MIME…
プレゼンテーション層	
セッション層	
トランスポート層	トランスポート層 TCP, UDP, RSVP…
ネットワーク層	インターネット層 IPv4, IPv6, ICMP, RIP…
データリンク層	物理／データリンク層 10BASE-T, ATM, ARP… （同軸，ファイバ，無線…）
物理層	

図1.5 OSI基本参照モデルとインターネットの階層モデル

トランスポート層は，エンド‐エンド間でのサービスの継続性を担う．紛失パケットの再送やネットワークの混み具合を予測しながら速度調整を行うコネクション型の転送制御（TCP；Transmission Control Protocol）とコネクションレス型の簡易転送（UDP；User Datagram Protocol）が主要なプロトコルである．

インターネット層は，IPアドレスを用いたインターネットワーキングによるグローバルな接続性の確保を担う．インターネットプロトコル（IP）はパケットの分割／再組立てとアドレス制御を行う最も重要なプロトコルで，他にルータ間でのルーティング情報の交換（RIP；Routing Information Protocol），宛先ノードへ転送できないときの送信元への通知メッセージ（ICMP；Internet Control Message Protocol）などのプロトコルがある．なお，前述のコネクションレス型インターネットワーキング（図1.4）は本階層を指すもので，トランスポート層や物理／データリンク層のコネクション

型/コネクションレス型プロトコルとは別である．

物理/データリンク層は，同軸ケーブルや光ファイバ，無線などの伝送媒体を用いた物理ネットワークに対するデータ信号の送受信や伝送制御を担当する．LAN として多用されているコネクションレス型のイーサネット（10BASE-T）や，バックボーンなどで用いられるコネクション型/コネクションレス型両方に対応できる非同期転送モード（ATM；Asynchronous Transfer Mode），加入電話や ISDN（Integrated Services Digital Network）での ISP 接続（PPP；Point-to-Point Protocol），また IP アドレスから物理ネットワークアドレスへの変換プロトコル（ARP；Address Resolution Protocol）などがある．インターネットにとっては，どのような物理ネットワークであっても，言い換えるとエンド‐エンド間にさまざまな物理ネットワークが介在してもサービス可能（IP over Everything）なのは，インターネット層と物理/データリンク層とが互いに依存し合うことなく明確に仕切られているからである．

図 1.6 はプロトコル階層間のデータの受け渡し例を示すもので，電子メールなどのアプリケーションで送信すべきユーザデータが生成されると，上位階層から順に該当するプロトコルの処理プロセスがおのおのの任務遂行に必要なヘッダ情報を付加していく．特にインターネット層にて IP ヘッダを付加したものを **IP パケット**と呼び，その長さは 46 〜 1,500 バイトである．

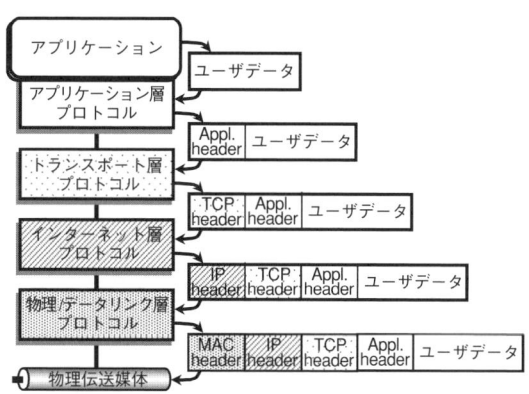

図 1.6　プロトコル階層間のデータの受け渡し

また，物理/データリンク層にて MAC（Media Access Control）ヘッダを付加したものを MAC フレームと呼ぶが，これはイーサネットを採用した場合で，ATM ネットワークでは IP パケットを長さ 53 バイトの ATM セルに分割して転送する方式を採用している．

B. アドレス体系

インターネットでは，図 1.7 に示すように各階層の任務に応じていろいろなアドレスが使われている．以下にその概要を述べる．

アプリケーション層では，電子メールの宛先や差出元を表す**メールアドレス**とインターネット上の資源（ファイルなど）を指す **URL**（Uniform Resource Locator）が用いられる．図 1.7 の例は次のような意味を持ち，人間に理解しやすい表記方法となっている．

メールアドレス
　ユーザ名：tiger.taro（"@" はユーザ名とドメイン名の区切り）
　ドメイン名：mammals.e-zoo.co.jp
URL
　アクセスプロトコル：http（"://" はアクセスプロトコルとドメイン名の区切り）
　ドメイン名：www.whitehouse.gov（"/" はドメイン名とファイル名の区切り）
　ファイル名：index.html

両者に共通に用いられている**ドメイン名**は，住所表示に類似した階層的な

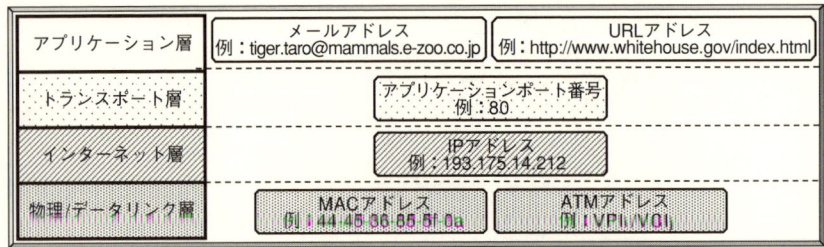

図 1.7　インターネットで用いられるいろいろなアドレス

構造を採用することによって一意性を確保している．ドット（"."）で区切られたアルファベットや数字からなる文字列を右から順に第1ドメイン名，第2ドメイン名と呼ぶ．

　図1.8に示すように，第1ドメイン名をトップレベルドメイン（**TLD**；Top Level Domain）と呼び，国名を表す**ccTLD**（たとえば，日本は"jp"）と組織属性を表す**gTLD**（たとえば，営利企業は"com"）とに大別される．ccTLDの下に国ごとに決められる組織属性（たとえば，日本では大学などの教育機関は"ac"）が，さらにその下に組織やコンピュータなどの識別名が配置される．なお，インターネット発祥の経緯から，米国内の組織の多くは米国TLD（"us"）を用いずに，gTLDを第1ドメイン名に，第2ドメイン名に組織などの識別名を当てているが，これは米国内の組織に限定されるものではなく，最近では日本企業などもgTLDを第1ドメイン名に用いるケースが増えている．

　ドメイン名は人間にとって理解しやすい表記方法であるが，長い文字列でしかも長さが一定でないため，パケットごとにこうした文字列を付加することはネットワークの処理能力上好ましくない．このために用いられるのが，インターネット層で定義されているIPアドレスである．IPアドレスは，現状では32ビット（IPv4；Internet Protocol version 4）が用いられているが，

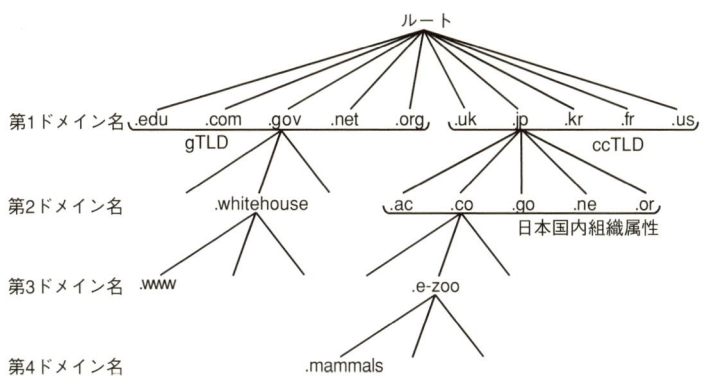

図1.8　ドメイン名の階層構造例

インターネットユーザの急増に伴って付与できるアドレスが枯渇してきたため，128 ビットに拡張したもの（IPv6 ; Internet Protocol version 6）も併用できるよう準備が進められている．

IP アドレスは，ノードが収容される物理ネットワークを特定するためのネットワーク部と，ネットワーク内でのノードを特定するためのホスト部とから構成され，図 1.7 に示すように 32 ビットを 8 ビット単位に 4 つに分けて，おのおのを 10 進数で表記（10 進数間を "." で区切る）される．また，IP ヘッダには送信先の IP アドレスだけでなく，送信元の IP アドレスも記述される．これは送信先が返答をするために必要となるためである．

なお，IPv4 では，ネットワーク部とホスト部への割り当てビット数を変えることによって，限られたアドレス空間を効率良く利用したり，組織内では組織に閉じたプライベート IP アドレスを割り当て，外部へアクセスするときは一時的にグローバル IP アドレスを割り当てたりするなど，さまざまな工夫によってアドレス空間の枯渇を凌いでいる．

また，ドメイン名と同様に IP アドレスは一意的に割り当てられなければならないが，そのための専門機関として日本では後述の **JPNIC**（Japan Network Information Center, Ltd ; http://www.nic.ad.jp/）があたっている．

インターネット上には，ドメイン名から IP アドレスへ変換（これをアドレス解決と呼ぶ）サービスを行う DNS サーバが，図 1.8 に示したドメイン名の階層構造に対応して分散配置されている．

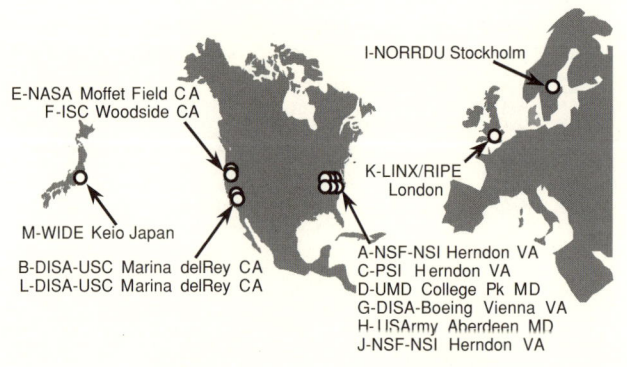

図 1.9　ルート DNS サーバの設置場所

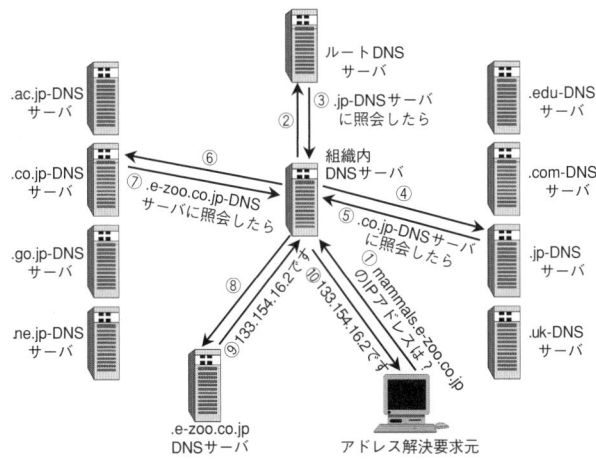

図1.10 アドレス解決のシーケンス例

　最上位が世界に13台設置されている**ルートDNSサーバ**で，アジア地区では後述のWIDEプロジェクトが運用を担っている（図1.9）．ルートDNSサーバは，TLD（第1ドメイン名）ごとに設けられたDNSサーバを管理しており，以下同様に上位DNSサーバはその下のDNSサーバを管理する．

　アドレス解決要求を出すと，まず要求したユーザが所属する組織内のDNSサーバが自身のデータベースを検索し，ないときはルートDNSサーバにさかのぼってから順に下位のDNSサーバに問い合わせることによって所望のIPアドレスを探し出し，要求元に回答する仕組みになっている（図1.10）．

　次に，トランスポート層では，エンド - エンド間に論理的な通信路（コネクション）を確立して通信するが，このコネクションとエンドノードのアプリケーションとの論理インタフェースのことを**ソケット**もしくは**ソケットAPI**（Application Programming Interface）と呼ぶ．ソケットAPIは，エンドノードを特定するIPアドレスとアプリケーションを特定する**ポート番号**によって一意的に識別される．同じIPアドレスに対して複数のポート番号を設定することができるので，たとえばWebアクセス（ポート番号：80）したサイトへ電子メール（同：25）で意見を投稿する場合など，エンド -

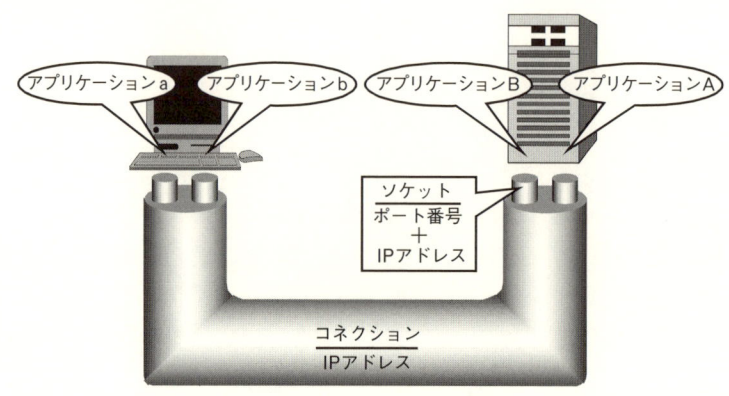

図 1.11　ポート番号とソケット

エンド間で同時に複数のアプリケーションを動作させることができる（図1.11）．

一方，インターネット上のノードは物理ネットワークによって接続されている．したがって，各ノードの接続インタフェースは物理ネットワーク上で定義されるデータリンクアドレスによって識別される．代表的なデータリンクアドレスがイーサネットで用いられている MAC アドレスであり，また ATM ネットワークでは ATM アドレスが用いられるなど，物理ネットワークの種類によってそのアドレス体系も異なる．

IP アドレスからデータリンクアドレスへの解決を **ARP 手続き**と呼ぶ．図1.12 はイーサネットを例に ARP 手続きの手順を示したもので，送信先へ初

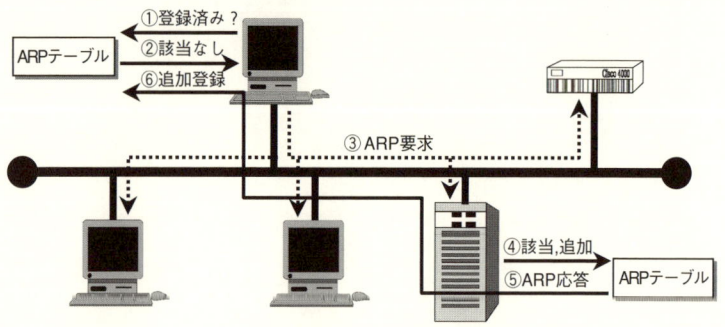

図 1.12　ARP 手続きの例

めて IP パケットを送るとき，まず自ノード内の ARP テーブルを調べ，見出せないときは ARP 要求（送信先 IP アドレスと送信元 MAC アドレスを記述）をイーサネットに接続されたすべてのノードに対して一斉に送信（これをブロードキャストという）する．該当ノードでは，送信元 MAC アドレスを ARP テーブルに追加登録の上，自 MAC アドレスを送信元に返送する．

C. 情報転送の仕組み

ルータは，IP パケットを受け取ると，宛先ノードへより接近するよう次に転送（次ホップ）すべき隣接ルータを決定し転送する．転送された隣接ルータではさらに隣のルータへ次ホップする．これを繰り返すことによって，宛先ノードに IP パケットが届く．こうした宛先ノードへより接近するよう次にホップすべき隣接ルータを決定することを**経路制御（ルーティング）**と呼ぶ．

図 1.13 に示すように，経路制御のベースとなるのが経路表である．これは宛先ネットワークと次ホップすべきルータとの関係をまとめたもので，隣接ルータを介して受け取った経路情報や障害情報，ネットワーク管理者が入力した経路制御ポリシーなどをもとに作成され，常に最新の状態に保たれる．

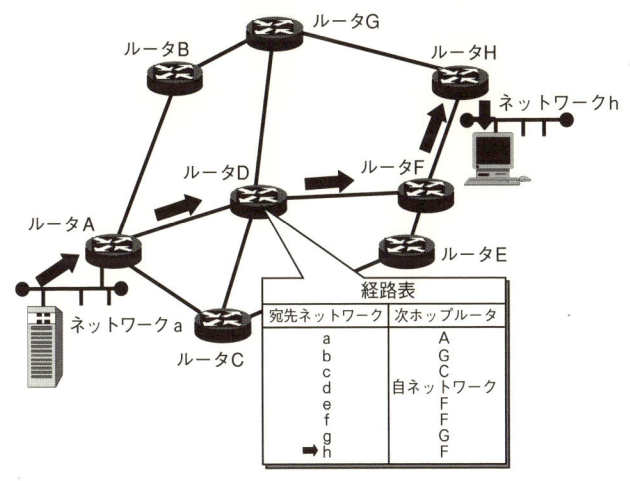

図 1.13 経路制御の仕組み

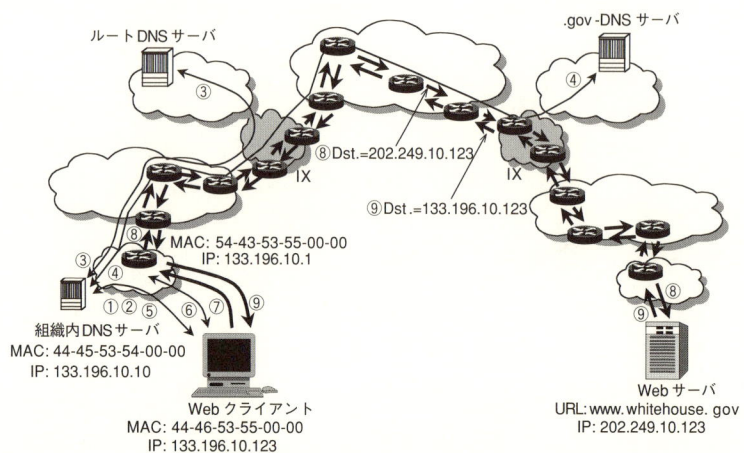

図 1.14　Web アクセスにおける情報転送のシーケンス例

受信したパケットごとに宛先 IP アドレス（ネットワーク部）と経路表とを照合し，次ホップするルータを決定する．なお，同図には煩雑さを避けるため，ルータ A, H に接続されている物理ネットワーク a, h のみが記載され，また隣接ルータ間での経路情報の交換の様子も省略されている．

図 1.14 は，以上の説明の復習を兼ねて，Web アクセスを例に情報転送のシーケンスを示したものである．同図には雲の形をした図形がいくつか描かれているが，これはプロバイダや企業などが運用するネットワークを意味している．また，Web クライアント（サーバが提供するサービスを利用する側のコンピュータ）が Web ブラウザの URL に "http://www.whitehouse.gov" を入力し，同 URL のホームページへのアクセスを要求した直後からのシーケンスが記述されている．概要を以下に示す．

① 組織内 DNS サーバ（IP アドレスはクライアントにあらかじめ登録してある）に **URL 解決**を要求するため，ARP 手続きにて同サーバの MAC アドレスを取得する．

② 同 DNS サーバに "http://www.whitehouse.gov" の URL 解決を要求する．

③ 同 DNS サーバは自身のデータベースに該 URL を見出せず，ルート

DNS サーバに照会する．その結果，.gov-DNS サーバに問い合わせよとの返答を受ける．

④ 組織内 DNS サーバは.gov-DNS サーバへ照会し，該 URL の IP アドレス（202.249.10.123）を取得する．

⑤ 組織内 DNS サーバは取得した IP アドレスをクライアントに回答する．

⑥ クライアントは取得した IP アドレスに基づいて IP パケットの送付先となる初段ルータ（133.196.10.1）を決定し，ARP 手続きにて同ルータの MAC アドレス（54-43-53-55-00-00）を取得する．

⑦ クライアントは取得した IP アドレス（202.249.10.123）を宛先とする IP パケットに，上記 MAC アドレスを付加した MAC フレームを送信する．

⑧ 同 MAC フレームを受信した初段ルータは，経路表を参照し，次ホップのルータを決定し転送する．転送された隣接ルータではさらに隣のルータへ次ホップする．これが繰り返され，Web サーバに IP パケットが届く．

⑨ Web サーバでは送られてきた IP パケットからクライアントの IP アドレスを取り出し応答パケットを返送する．逆の経路（必ずしもすべての経路が同じではないが）を経て，クライアントに応答パケットが届く．

[例題 1.2] インターネットの基本思想の 1 つに End-to-End Principle があるが，TCP/IP プロトコルとの関係においてこれを説明せよ．

(解答例) TCP/IP はトランスペアレントなデータ転送を行うプロトコルである．すなわち，TCP/IP をベースとするインターネットは，IP パケットの中のユーザデータはもちろん IP ヘッダも書き換えることなく，IP パケットを送信元から目的ノードへ転送する．この単純で透明なネットワークを通して高度な機能を利用できるのは，すべてネットワークに接続されたコンピュータが行うからである．すなわち，ネットワークを単純透明にし，エンドノードを高機能にすることによって，多種多様なアプリケーションをエンドノード間で実現しようとすることを基本思想の 1 つに掲げており，これを End-to-End Principle と呼んでいる．

1.3 インターネットの歴史と運営組織

1969年に運用を開始した **ARPANET**（Advanced Research Projects Agency Network）が，インターネットの前身とされている．これは，「異なるベンダーの汎用コンピュータへのアクセス(情報検索やコンパイルなど)を可能とするネットワークの構築」を目的として開発されたもので，その中核技術はTCP/IPとパケット交換，そしてイーサネットであった．

ここでは，こうしたインターネットの歴史と，インターネット資源の管理運営機構，さらにインターネット技術の標準化プロセスについて解説する．

A. インターネットの歴史

表1.1に示すように，米国国防総省がスポンサーとなって1960年代末に運用を開始したARPANETは，SRI（スタンフォード研究所），UCLA（カルフォルニア大ロスアンゼルス校），UCSB（同サンタバーバラ校）およびユタ大を専用線で結んだ学術研究用のパケット交換ネットワークであった．

表1.1 インターネット発展の歴史

1961年	Leonard Kleinrock (MIT) がパケット交換方式の論文を発表
1964年	Paul Baran (Band社) がパケット交換ネットワークの概念を発表
1969年	米国4大学機関を結ぶARPANETの運用を開始．ベル研究所がUNIXを開発
1973年	Bob Metcalfe (Harvard大) がイーサネットの基本概念を提案．FTP提案
1974年	Bob Kahn (DARPA)とVinton Cerf (Stanford大) がTCP/IPを開発
1976年	AT&Tベル研がUUCP(ファイルコピー機能を使ったネットワーク接続)を開発
1977年	電子メール提案
1983年	ARPANETをTCP/IPで統一
1984年	インターネットアーキテクチャ委員会(IAB)設立．
1986年	全米科学財団(NSF)の資金援助によりNSFNETの運用を開始
1988年	WIDEプロジェクト発足，コンピュータ緊急対応チーム(CERT)発足，IANA発足
1990年	NSFNETがARPANETを吸収しインターネットバックボーンの役割を担う
1991年	商用インターネットエクスチェンジ(CIX)協会設立
1992年	インターネット学会(ISOC)設立
1993年	ネットワーク情報センター(InterNIC，JPNIC他)設立．WWWブラウザ開発
1995年	NSFNETが解散し，民間へインターネットバックボーンの運用を移管
1997年	米国Internet2，NGIプロジェクト発足
1998年	ICANN設立

1980年代後半に全米科学財団（NSF）の資金援助を受けたNSFNET（National Science Foundation Network）に引き継がれ，インターネットバックボーンの役割を担って，日本のWIDE（Widely Integrated Distributed Environment）インターネットを含む，世界各国の学術研究用インターネットとも相互接続されるようになった．1990年代に入り，電子メールの普及やWWWなどのキラーアプリの出現と相俟って，**商用インターネットサービス**が急成長を始めるようになり，1995年にNSFNETはその役割を終え民間へ運用が移管された．

こうした過程で構築されたインターネットの多くは，AT&Tベル研究所やUCB（カルフォルニア大バークレイ校）が開発したUNIX（ネットワーク機能に優れたマルチタスクOS）をベースに，TCP/IPとイーサネットを採用しており，構築と運用の簡単さから世界中で広く使われるようになった．

また，インターネットの発展とともにさまざまな問題が露呈し，その解決を図るため1984年に設立されたインターネットアーキテクチャ委員会（IAB）では，TCP/IPプロトコル群やオペレーション手順などを規定した標準文書（**RFC**; Request for Comments）を発行するようになった．1992年のインターネット学会（ISOC; Internet Society）の設立によって，IABがその傘下に入った．

一方，1988年には南カリフォルニア大学のJon Postel氏が中心になって，IPアドレスやドメイン名，TCP/IPプロトコル群で使用するパラメータなどの割当管理を行うボランタリィな組織としてIANA（Internet Assigned Numbers Authority）を設立した．さらに1993年には，世界を3つに分けて管理を行うネットワーク情報センター（InterNIC：北米他，RIPE NCC：欧州，APNIC：アジア太平洋）が設けられ，同時に日本での管理を担当するJPNICが任意団体として活動を始めた．

こうしたIPアドレスやドメイン名などは，インターネットを支える重要な資源であり，これらを管理運営する機構のことをインターネットガバナンスと呼ぶ．IANAは米国政府と独占的に委託契約を結んで管理運営にあたってきたが，インターネットの急速な国際化に伴って，IANAの法的権限が不

明確であったり，管理運営に対する米国外からの意見が反映されにくかったり，".com"登録における商標権の訴訟に巻き込まれたりしたため，全世界にまたがる責任ある管理機構が必要となり，1998 年 10 月に非営利の民間法人として ICANN（The International Corporation for Assigned Names and Number）が設立された．

一方，わが国では，産学協同の **WIDE プロジェクト**（代表：慶応大学村井教授）が 1988 年に設立された．インターネット技術の実験と評価を行うためのテストベッドとして WIDE インターネットを運用し，わが国におけるインターネットの研究開発と普及に大きな役割を果たしてきた．同プロジェクトは，わが国の主要な 3 つのインターネットエクスチェンジ（IX）の中の，2 つの運用と，アジア太平洋地域に唯一のルート DNS サーバの運用管理も担っている．

また，**日本インターネット協会**（IAJ）が 1993 年に設立され，わが国におけるインターネットの普及と発展に関して，リーダシップをとってきた．

ところで，図 1.15 は，DNS サーバに登録されているドメイン名を持つ IP アドレスの数をもとに，インターネット上のホスト数（全世界）を推定した

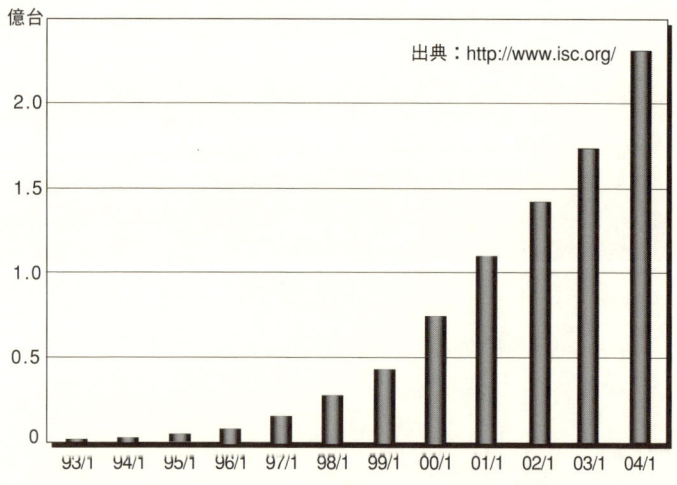

図 1.15　インターネット上のホスト数（資料：ISC）

もので，インターネットの商用サービスの進展と WWW アクセスの有用性が認識され始めた 1995 年頃から，ホスト数が急速に増え始めていることがうかがえる．なお，実際のインターネットユーザ数はホスト数の数倍といわれている．

B. インターネットガバナンス

インターネットガバナンスの頂点に位置する ICANN は，IP アドレスやドメイン名，プロトコルパラメータなど，インターネットの基盤をなす資源の割当てと調整をグローバルにかつ民主的に行うことを任務としている．このため，ICANN の活動には，世界各地からさまざまな営利／非営利組織や標準化機関およびインターネット利用者が参加して組織運営を行う機構が採られている．

図 1.16 に示すように，ICANN は，最終意思決定を行う理事会（19 名の理事で構成），3 つの支持組織，一般会員（初回登録会員数：158,000 名）

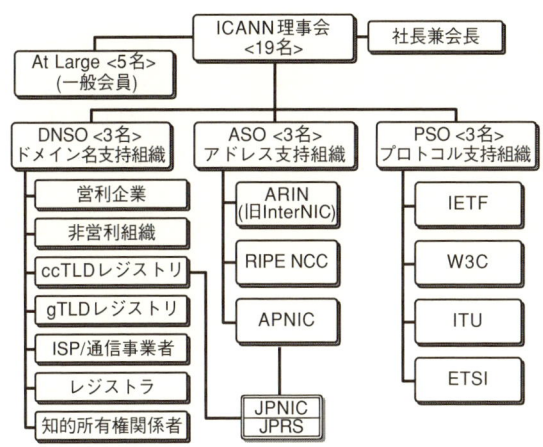

APNIC : Asia Pacific Network Information Center, ARIN: American Registry of Internet Numbers, ASO: Address Supporting Organization, DNSO : Domain Name Supporting Organization, ETSI :European Telecommunications Standards Institute, ICANN : The Internet Corporation for Assigned Names and Numbers, IETF: Internet Engineering Task Force, ITU: International Telecommunication Union, JPNIC: Japan Network Information Center, JPRS : Japan Registry Service Co., Ltd., PSO: Protocol Supporting Organization, RIPE NCC : Reseaux IP European Network Coordination, W3C: World Wide Web Consortium

図 1.16　ICANN の組織構成と JPNIC

および諮問委員会（政府，ルートサーバ管理など）によって構成されている．たとえば，ドメイン名支持組織のDNSOは，営利/非営利組織，レジストリ（インターネット資源の管理運営を行う機関），レジストラ（ドメイン名の登録審査を行う機関）などが支持母体となっており，理事会に対して3名の理事を選出する．

各支持組織は理事会に対してポリシーの勧告を行うことができるが，そのコンセンサス作りは次のような手順で行われる．

① 支持組織の協議会が総会内にワーキンググループ（WG）を設置し検討を委託する．
② WGが原案を作成し，協議会に提出する．
③ 協議会は原案をWebで公開し，一般会員を含め広くコメントを求める．
④ 寄せられたコメントを検討し，必要に応じて原案を修正する．
⑤ 協議会として勧告をまとめ，理事会へ提出する．
⑥ 理事会で審議承認されると，ICANNからの決議文として告知される．

なお，日本でインターネット資源の管理運営にあたっているJPNIC（1997年，社団法人へ移行）は，DNSOにはccTLDの下部組織として，ASOにはAPNICの下部組織として参加している．また，ユーザへの利便性向上を目的に，ドメイン名の登録管理などの業務を民間会社（JPRS）に移管しつつある．

以上の他に，ISPに対する技術援助や運営ポリシーの調整を行う任意団体の **IEPG**（Internet Engineering Planning Group）や，コンピュータへの不正侵入などの方法を解析し対策を研究する **CERT**（Computer Emergency Response Team）などの組織も，インターネットガバナンスの一翼を担って活動している．

C. インターネット技術の開発と標準化

図1.17に示すインターネット学会ISOCには，世界中の企業や団体，学術機関，政府機関，個人などが参加して，インターネットの普及促進，関連技術の開発や標準化，インターネットに関する情報提供や教育の推進などを

1.3 インターネットの歴史と運営組織

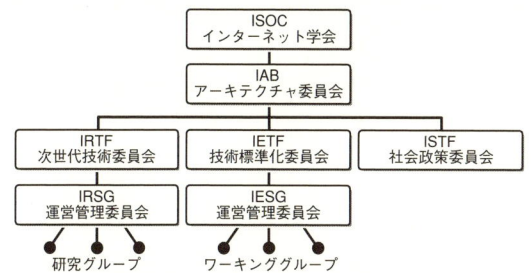

IAB : Internet Architecture Board, IESG : Internet Engineering Steering Group,
IETF : Internet Engineering Task Force, IRSG : Internet Research Steering Group,
IRTF : Internet Research Task Force, ISOC : Internet Society, ISTF : Internet Societal Task Force

図1.17 インターネット学会の組織

行っている．下部組織の役割は次のとおりである．

IABはインターネット全体の方向性やアーキテクチャの議論を行う．IETFはRFCによる技術標準化処理に責任を持ち，実際の技術的な作業はIESGの下で，複数のワーキンググループが遂行している．なお，IETFには参加するための資格条件はなく，個人の立場で年3回の会合や電子メールによる議論に自由に参加することができる．

IRTFは標準化には直接関与しないものの，長期的な視点に立った先進技術の研究を担当しており，実質的な作業はIRSGの小人数の研究グループが遂行する．IRTFでの研究の結果，標準化が必要と判断されたときはIETFに提案される．その具体例として後述のRSVP（Resource Reservation Protocol）などがある．

また，ISTFは1999年にインターネットの父といわれるVinton Cerf博士の提案で設立された委員会で，**Internet for Everyone**の理念に立って，社会的側面や経済的側面からインターネットに関する問題解決を図ることを任務としている．

図1.18は，インターネット技術の標準化プロセスを表したもので，RFCの意味するとおり，広くコメントを集め，ラフコンセンサスを形成しながら，さまざまな試験を通して動作確認されたもののみを標準仕様として制定することを特徴としている．

アイデアはインターネットドラフトとして，個人またはワーキンググルー

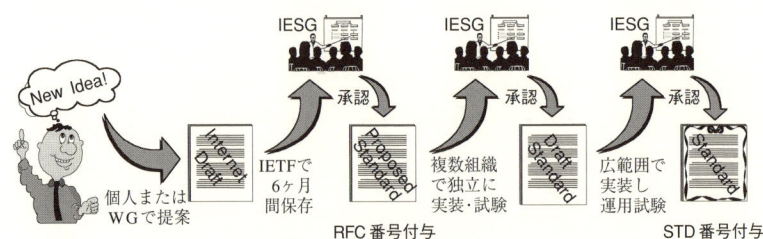

図 1.18　RFC の標準化プロセス

プが自由に IETF に投稿することができる．IETF に 6 ヶ月間保存された後，IESG が標準化すべきと判断すると，プロポーズドスタンダードとして RFC 番号が付与され標準化プロセスに入る．複数の独立した実装とテストベットでの相互接続試験が行われ，安定に動作するまで機能改良が施される．6 ヶ月経過した段階で再び IESG が審議し，次ステップへ進むことを承認すると，ドラフトスタンダードとして広範囲に実装され，インターネットに接続した運用試験が 4 ヶ月間行われる．IESG の最終審議に掛けられ，承認されたものに STD 番号が付与される．

なお，ベンダー特有のプロトコル仕様などは標準化されずにインフォメーショナル RFC として，また類似技術の標準化に有益な実験情報などはエクスペリメンタル RFC として，さらに新技術の出現によって使用されなくなったものはヒストリカル RFC として発行されることもある．

[例題 1.3]　インターネットは 1960 年代末に運用を開始した ARPANET が前身とされているが，その理由を説明せよ．

(解答例)　1960 年代初期のコンピュータ環境の課題は，①汎用コンピュータがベンダーごとに独自方式で作られ，オペレーティングシステムやデータフォーマットに互換性がなかった，②コンピュータの運用管理者教育をベンダーごとに行わなければならず，利用者にとって大きなオーバーヘッドになっていた，③コンピュータの CPU やメモリは貴重な資源で，遠隔地のコンピュータ資源を共有し利用したいという要求があったものの，その実現手段が提供されていなかった．

こうした背景のもとで，「異なるベンダーの汎用コンピュータへのアクセスを可能とするネットワークの構築」を目的に，ARPANET の開発が進められた．このマルチベンダーでオープンなコンピュータネットワーク環境の開発が，インター

ネット技術の開発に引き継がれた．

（補足）よく，核爆弾が落ちても通信手段を失わない堅牢なネットワークを構築するために，国防総省が研究開発を進めたといわれるが，実際には，各大学のコンピュータサイエンティストが遠隔地のコンピュータ資源を利用できるようにするために，国防総省の資金援助獲得の理由づけに用いた課題だったのが事実のようである．

演習問題

1.1 インターネットの特徴である「世界に開かれたネットワーク」とは，インターネットを介してさまざまな情報源へアクセスしたり，情報発信したりすることを，誰も拒んだり，拒まれたりすることがないことを意味している．この社会的意義について，「明と暗」に分けて考察せよ．

1.2 インターネットの基本思想（図1.3）とTCP/IPプロトコル群との関係を整理せよ．

1.3 インターネットは，これまでの電話サービスに比べて基本的に低料金で利用できる．その理由をTCP/IPプロトコル群との関係で説明せよ．

1.4 プロトコルには，コネクション型とコネクションレス型とがある．その違いを説明し，さらにトランスポート層以下のプロトコル群について，どちらの型に属するか分類せよ．

1.5 IPアドレスはネットワーク部とホスト部とから構成され，前者は物理ネットワークを特定し，後者は物理ネットワーク内のノードを特定する．一方，MACアドレスなどのデータリンクアドレスは物理ネットワーク内の接続インタフェースを特定するもので，ホスト部とほぼ同じ役割といえる．なぜ，IPアドレスに加え，データリンクアドレスを用いるのか，またこれによるメリットは何かを考察せよ．

1.6 ルータは，宛先IPアドレスと経路表とを参照して，次ホップすべきルータを決定し転送するだけの単純な機能を備えた中継装置である．なぜ，こうした単純な機能だけで，地球規模で任意の相手に情報を転送できるのか説明せよ．

1.7 インターネット発展の歴史における国家，学究ならびに民間の役割を考察せよ．

1.8 なぜISOCの設立が必要になったのか，またその主要な役割を説明せよ．

1.9 IETFにおける標準化プロセスの特徴を，ITUなどでのプロセスとの違いを対比して説明せよ．

1.10 Everything over IPの究極の姿として音声や動画を含むあらゆるメディアに，

また IP over Everything についても現在のパソコンだけでなく，冷蔵庫や携帯機器，自動車などあらゆる機器に対応できるようにすることが考えられる．これらを実現するうえでの TCP/IP プロトコルに関わる問題を考察せよ．

2 インターネット層

本章では，インターネットを構成する上での基盤となる通信プロトコル IP，すなわちインターネットプロトコル（Internet Protocol）の概観を通して，インターネットの基礎技術を正確に学ぶ．

インターネットは，自律的に構築運用されているネットワークが相互接続されて構築された，グローバルスケール（地球規模）での超分散コンピュータシステムである．コンピュータはインターネットを介してディジタル情報の交換を相互に行うことができる．さまざまな情報がディジタルデータの小包である IP パケットを用いて抽象化され，さらに，それぞれのコンピュータのネットワークインタフェースが IP アドレスという 32 ビット（あるいは 128 ビット）の数字列を用いて抽象化されることにより，伝送メディアに依存せずに，統一的なインタフェースを用いて，IP パケットがコンピュータの間で相互に交換される．

IP は，IP パケットを目的のコンピュータに配送するために必要な機能を提供するが，IP パケットの配送は 100% 保証されているものではない．すなわち，IP パケットは最大限の努力（ベストエフォート）で配送されるが，ネットワークの状況によってはやむを得ず廃棄され，目的のコンピュータに配送されない場合もある．

2.1 インターネットプロトコル

本節で議論するインターネットプロトコルは，インターネットにおいて異

なるオペレーティングシステム (OS) や文字コードを用いたデジタル機器を相互接続するために必要な，最も基本的な通信規約（プロトコル）である．

A. インターネットプロトコル：IP

IPはインターネット層の中心をなすプロトコルで，コンピュータに代表されるデジタル機器の間でデジタル情報が自由に流通，加工されるための共通のプロトコルを規定している．

IPはさまざまなデジタル情報の伝送を，IPパケットの伝送という形で抽象化し，さらにIPパケットの宛先（正確にはさまざまな種類の物理インタフェース）をIPアドレスで抽象化することによって，OSにとって統一的なインタフェースを用いて，またデータリンクに依存しない形で，コンピュータがデジタルデータの送受信を行うことを実現している．

IPパケットには，宛先のコンピュータのインタフェースをグローバルに識別するためのアドレス（IPアドレス）と送信元のコンピュータのインタフェースをグローバルに識別するためのIPアドレスを含むヘッダ部（小包のタグ）と，エンド‐エンドにコンピュータ間でトランスペアレントに伝送されるペイロード部（小包の中身）から構成されている．

IPが提供する機能は，① **アドレス処理**，② **フラグメント処理**，③ **IPパケットの配送**である．アドレス処理は，受信したIPパケットのヘッダ部のIPアドレスを見て，そのIPパケットの処理（転送，廃棄，受信）を決定する機能である．フラグメント処理は，受信したIPパケットが次に転送されるべきノードへの回線で転送可能なサイズよりも大きい場合には，複数の小さなIPパケットに分割する機能（これをフラグメンテーションという）である．また，IPパケットの配送は，最大限の努力でIPパケットを転送する機能である．"最大限の努力"なので，通信回線の能力を超える，またはネットワーク機器の能力を超えるIPパケットが集中した場合には，IPパケットの一部が廃棄されてしまう．

20世紀のインターネットの発展と普及を支えてきたインターネットプロトコルのバージョン番号は"4"であった．IPバージョン4（IPv4）は，32

ビットのアドレス長のビット列を用いてコンピュータのインタフェースを示していた．したがって，インターネット上には最大でも2の32乗個（≒50億個）のインタフェースが存在することが可能であった．当初，50億個のアドレスはコンピュータネットワークにとって十分な大きさであると考えられていたが，世界人口がすでに60億人を突破している現在，もはや32ビットのIPアドレス空間では21世紀のインターネットの基盤技術となり得ないことが認識され，1980年終盤から本格的にIPv4の次世代のIPである **IPバージョン6**（IPv6）の研究開発が推進された．IPv6では128ビットのアドレス空間，すなわちIPv4の，2の98乗倍のインタフェースを収容することが可能となる．

図2.1（a）および（b）は，おのおのIPv4とIPv6のIPパケットの構成を示している．IPv6が定義された際，IPv4でほとんど使われていなかった機能や本質的に不要な機能が削除された．具体的には，ヘッダチェックサムはもともとデータの伝送中でのビット誤りを検出することが目的であったが，近年の伝送技術の進歩に伴い削除された．また，ヘッダ長が削除された．これは，IPv6ではオプションを統一的にTLV（Type Length Value；可変長オプション）形式で表現することにしたために，特にヘッダ長を必要としなくなったことによる．さらに，IPv6では基本的にはフラグメントを行わないことになったため，フラグメント機能はIPv6ではオプション機能となり，それに伴ってIPv4ヘッダ中のフラグメント識別子とフラグが削除された．また，TTL（Time To Live）フィールドは，もともとはインターネット中にIPパケットが存在可能な時間を示すために用意されたものであったが，実際にはIPパケットの通過可能なノード数（これをホップ数と呼ぶ）がTTLの値として使用されたため，IPv6では名称がホップリミット（ホップ数の上限）に変更された．

IPアドレスは，**ネットワーク部**と**ホスト部**の2つの部分から構成されている（図2.2）．ネットワーク部はコンピュータが存在する"ネットワーク"を識別するためのビット列の部分で，ネットワーク部の長さは固定値ではない．ネットワーク部の長さを示すものを**ネットマスク**と呼ぶ．ネットマスクは先頭ビットから数えたネットワーク部のビット数で表現される．たとえば，

図2.1 のヘッダ構成（図）

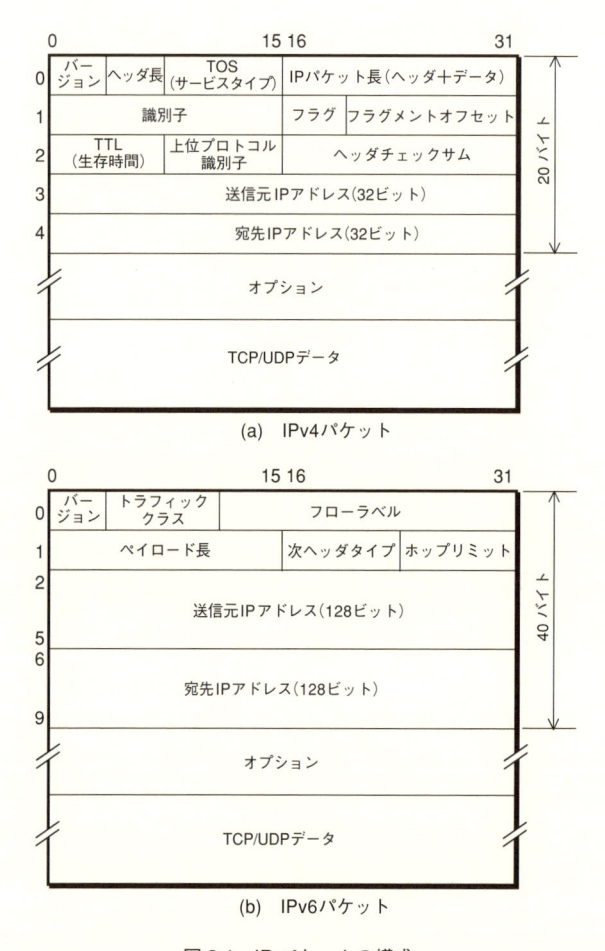

(a) IPv4パケット

バージョン	ヘッダ長	TOS(サービスタイプ)	IPパケット長(ヘッダ+データ)
識別子		フラグ	フラグメントオフセット
TTL(生存時間)	上位プロトコル識別子	ヘッダチェックサム	
送信元IPアドレス(32ビット)			
宛先IPアドレス(32ビット)			
オプション			
TCP/UDPデータ			

(20バイト)

(b) IPv6パケット

バージョン	トラフィッククラス	フローラベル	
ペイロード長		次ヘッダタイプ	ホップリミット
送信元IPアドレス(128ビット)			
宛先IPアドレス(128ビット)			
オプション			
TCP/UDPデータ			

(40バイト)

図2.1 IPパケットの構成

"/16" のネットマスクとは先頭ビットから16ビットまでの部分がネットワーク部であることを示しており，このネットワークはIPv4の場合には，{32 − 16 = 16ビット}分のエンドホスト，すなわち，2の16乗個（約6万5千個）のエンドホストを収容できるネットワークであることを表している．

可変長のネットワーク部を利用可能にした技術を **CIDR**（Classless Inter-Domain Routing）と呼ぶが，CIDRに対応するためにインターネット上の

すべてのノード（ルータおよびホスト）のソフトウェアが変更された．

ところで，IPヘッダ中にはネットマスク（の長さ）を示すフィールドが存在しない．エンドホストの場合，ユーザ自身がネットマスクを設定するか，
DHCP（Dynamic Host Configuration Protocol）サーバから通知してもらう．また，IPv6ではRouter Advertisementメッセージを用いてルータノードから通知してもらう．一方，ルータノードの場合，自ノードが直接接続しているネットワークのネットマスク情報はシステム管理者が設定する．またインターネットに接続されているネットワークのネットマスク情報は，経路制御プロトコルを用いて通知される．

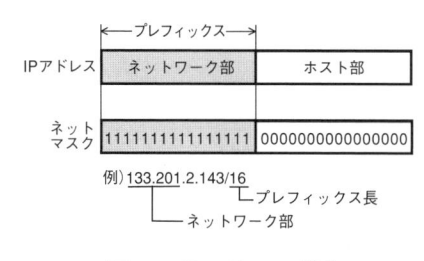

図2.2　IPアドレスの構成

各コンピュータのインタフェースは，ネットワーク部とホスト部を組み合わせたIPアドレスによってグローバルに識別される．ネットワーク部は各IPパケットが適切な"ネットワーク"に転送されるために必要な情報であり，一方ホスト部は各ネットワーク内でIPパケットが適切な"エンドホスト"に転送されるために必要な情報である．すなわち，インターネットにおけるIPパケットの転送は，階層的に行われていることがわかる．ネットワーク単位とエンドホスト単位である．ネットワークの単位も，後述する経路制御で説明するように，階層的かつ回帰的に（下位の階層構造は上位の階層からは見えず，いわゆる入れ子構造で）定義されることが一般的である．ネットワーク部を階層的にかつ回帰的に定義することによって，より少ない情報量でIPパケットをグローバルなインターネット空間の中の適切な場所（ネットワーク）に配送することが可能になる．これを**サブネッティング**と呼ぶ．

たとえば，図2.3に示すように，"/16"のネットマスクをもつネットワーク（ネットワークA）があるとする．上位の階層では，このネットワークは"/16"のネットワークマスクをもつ大きなネットワークとして，外のネット

ワークに見える．ネットワークA の中では，さらに9ビットの長さ のサブネット部が定義され，結局， 各（サブ）ネットワークは，"/25" のネットマスクをもつネットワー クとして見える．このような，サ ブネット化技術を用いることで，

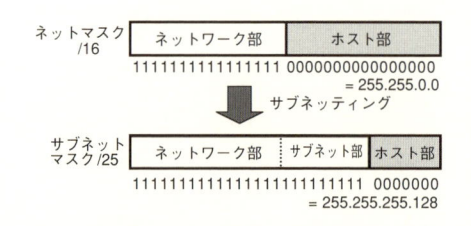

図2.3 ネットワークの階層化

上位の階層では，細かなネットワーク（ここでは多数の"/25"）が多数存在 するようには見せずに，大きなネットワーク（ここでは1つの"/16"）がよ り少数存在するように見せることが可能となる．また，下位の階層のネット ワークでは，上位の階層のネットワークには何の通知も行わずに，自由にサ ブネット部を定義したり，サブネット部の長さを変更したりすることができ る．

逆に，複数の連続したネットワークを合わせて，より短いネットワーク部 をもつネットワークとして扱うことによって，より少ない情報量でIPパ ケットの配送を行う方法がある．これをアドレスの**アグリゲーション**（集約 化）と呼ぶ．

アグリゲーションもサブネッティングも，根本的には同じで，ルータが把 握すべき各ネットワークの数を小さくすることを目的としている．図2.4で は本来4つのネットワークを別々のネットワークとして上位の階層にある ルータは管理する必要があった．同様に図2.3では，512のネットワークを 別々のネットワークとして管理する必 要があった．ところが，サブネッティ ングあるいはアグリゲーションを適用 することで，上位の階層にあるルータ で管理すべきネットワークの数は， たった1つに削減することができる． ルータでは，ネットワークごとに管理 テーブルを作成し，テーブルの内容を 常時更新しなければならない．管理

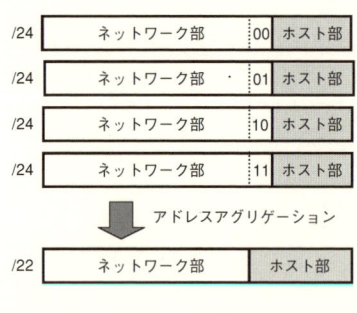

図2.4 アドレスのアグリゲーション

テーブルのエントリの数が少なければ少ないほど，管理テーブルに必要なメモリ量を小さくすることが可能になり，また管理テーブルの検索時間も短くなるため，IP パケットの転送に必要な処理時間が短くなる．

CIDR の導入により，可変長のネットワーク部/ネットマスクを利用できるようになったが，CIDR の導入と一緒に図 2.5 に示すような**スーパーネッティング**が可能になった．たとえば，192.24.0.0/20 のネットワークのサブネットである 192.24.0.0/23 が，192.24.0.0/20 の経路を広告しているルータ R1 とは独立に，192.24.0.0/23 の経路を R2 から広告することができる．R3 は 192.24.0.0/20 と 192.24.0.0/23 の経路をおのおの別のインタフェースから広告されることになる．R3 は R1 と R2 に関して，図に示したような経路表をもつ．192.24.0.0/23 のアドレスを受信した場合には，192.24.0.0/20 と 192.24.0.0/23 の両方の経路エントリに合致することになるが，よりネットマスクの長さが長い（これをネットマスクが深いという）方の経路エントリが選択され，パケットは R2 に転送される．最も長いネットマスクをもつエントリが選択されるので，このような検索方法を**ベストマッチ**と呼んでいる．スーパーネッティングの導入以前は，1 つの宛先 IP アドレスに対して，複数の経路エントリが合致することがなかったため，経路表の検索が比較的容

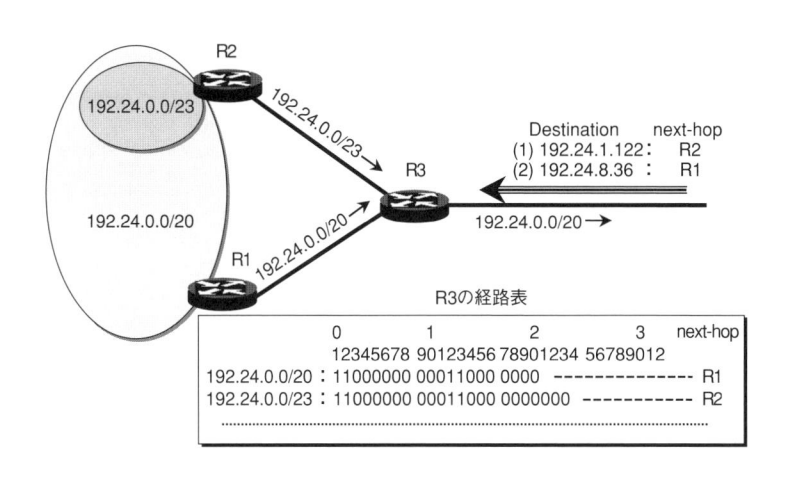

図 2.5　スーパーネッティング

易であった.

以下では，インターネット層が実現しなければならない3機能の実現のために，定義され実装されている機能について解説する.

B. IPアドレスに基づいた処理

各ノードがIPパケットを受信したときには，まずヘッダ部の解析を行う．宛先IPアドレスが自ノードのインタフェースであればこれを取り込み，そうでなければ経路表を検索し，受信したIPパケットの転送先への転送を試みる．なお，このとき，経路表に転送先を示す情報が存在しない場合には，受信したIPパケットは一般的には廃棄されることになる．その他のヘッダ部も同時に解析され各ヘッダ部の情報に応じた処理が行われる．たとえば，TTL（Time To Live, IPv6ではホップリミット）が"1"のときには，受信したIPパケットは廃棄され，送信元のコンピュータに対してエラーメッセージ（ICMPパケット）が返送される．すなわち，受信したIPパケットの転送先がない場合（経路表に転送先の情報が存在しない場合）と，ヘッダ部の情報がエラーとなっている（TTL=1を含む）場合には，IPパケットは廃棄される.

IPアドレスには，表2.1に示すように**ループバックアドレス**（自ノード宛のアドレス，クライアントとサーバを同じノード内で動作させる場合などで使われる），**ユニキャストアドレス**（1対1通信用のアドレス），**マルチキャストアドレス**（1対多および多対多通信用のアドレス），**ブロードキャストアドレス**（放送型通信

表2.1 IPアドレス（IPv4）の種類

```
ループバックアドレス
  127.0.0.1
ユニキャストアドレス
  グローバルIPアドレス
    最大50億個
  プライベートIPアドレス
    10.0.0.0 ～ 10.255.255.255
    172.16.0.0 ～ 172.31.255.255
    192.168.0.0 ～ 192.168.255.255
マルチキャストアドレス
  224.0.0.0 ～ 239.255.255.255
ブロードキャストアドレス
  所属するネットワーク内で指定
```

用のアドレス）の4種類が存在し，さらにユニキャストアドレスには1章で述べたようにグローバルIPアドレスとプライベートIPアドレスがある．なお，IPv6では，ブロードキャストアドレスは，マルチキャストアドレスに含まれると定義された.

図2.6は各ノードにおけるIPパケット受信時の処理の流れを示している.

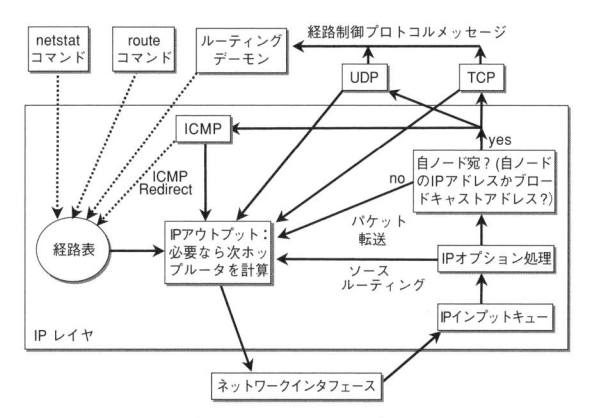

図 2.6 IP パケットの処理

受信した IP パケットのヘッダ部のプロトコル識別子と宛先 IP アドレスの情報に基づいて，処理の方法が決定される．

ネットワークインタフェースで受信された IP パケットは，IP インプットキューに転送される．IP オプションがまず処理される．ソースルートオプション（パケットの転送経路を明示的に指定するオプション）の場合には，すぐに IP アウトプットモジュールに転送される．宛先 IP アドレスが自ノードである場合には，TCP モジュールあるいは UDP モジュールに IP パケットが転送され，そうでない（自ノードでない）場合は IP アウトプットモジュールに転送される．TCP あるいは UDP モジュールでは，受信した IP パケットが経路制御プロトコルのメッセージであった場合には，メッセージはルーティングデーモンに渡される．また，受信した IP パケットが ICMP リダイレクトメッセージ（指定された宛先 IP アドレスへの IP パケットの転送先を変更する）であった場合には，その内容に従って経路表を書き換える．IP アウトプットモジュールは，経路表（宛先 IP アドレスから次ホップノードを検索するための管理テーブル）を参照し，受信した IP パケットを次ホップノードに転送するために，適切な情報（データリンクアドレス）を付加し，ネットワークインタフェースモジュールに転送する．また，経路表の管理はルーティングデーモンおよびコマンド（"route" や "netstat" など）により行われる（図 2.8）．

C. インターネット管理制御プロトコル：ICMP

ICMP（Internet Control Message Protocol）は，インターネット層の管理と制御の機能を提供するプロトコルである．IPv6では，マルチキャストサービスの受信者ノードの管理を行うIGMP（Internet Group Management Protocol）を含むことになっている．ICMPパケットであることは，IPヘッダ中のプロトコル識別子（"1"）により識別される．

ICMPの機能を用いた重要なアプリケーションとして，各コンピュータの接続性を確認するプログラムである **"ping"**，IPパケットの転送経路を調査するためのプログラムである **"traceroute"**，さらに，ルータを発見するためのプログラムである **"Router Discovery"** などが挙げられる．

図2.7はICMPの主な機能を示している．受信側のコンピュータの受信バッファがオーバーフローしそうなときに，送信側のコンピュータからのIPパケットの転送を抑制するための "Source Quench" 機能，TTLがゼロになったことを知らせるエラーメッセージ機能，宛先のコンピュータが経路制御上で到達不可能であることを知らせるメッセージ機能（Host UnreachableおよびNetwork Unreachable），より効率的な中継コンピュータを示すリダイレクトメッセージ機能が示されている．

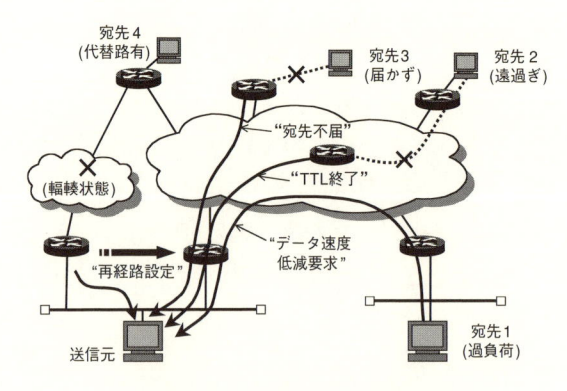

図2.7　ICMPを用いた機能

[例題 2.1] インターネットに接続している自ホストの構成情報（IP アドレスやデフォルトゲートウェイや DNS サーバなど）を示すとともに，インターネット上の適当なノードへの ping と traceroute の出力結果を示せ．

(解答例) Windows パソコンでの例（MS-DOS プロンプトで C:Ä> の後にコマンドを入力）を以下に示す．

```
================== 自ホストの構成情報の出力例 ==================
C:\>ipconfig /all

Windows 2000 IP Configuration

        Host Name . . . . . . . . . . . . . . . . . :ESAKI-T20
        Primary DNS Suffix . . . . . . . . . . . . . :
        Node Type . . . . . . . . . . . . . . . . . :Hybrid
        IP Routing Enabled. . . . . . . . . . . . . :No
        WINS Proxy Enabled. . . . . . . . . . . . . :No
        DNS Suffix Search List. . . . . . . . . . :ottawalinuxsymposium.org

Ethernet adapter ローカル エリア接続 5:

        Connection-specific DNS Suffix . . . . :ottawalinuxsymposium.org
        Description . . . . . . . . . . . . . . . . . :MELCO WLI-PCM-L11 Wireless LAN Adapter
        Physical Address. . . . . . . . . . . . . . . :00-02-2D-1C-D8-AD
        DHCP Enabled. . . . . . . . . . . . . . . . :Yes
        Autoconfiguration Enabled  . . . . . . . :Yes
        IP Address. . . . . . . . . . . . . . . . . . :209.151.18.213
        Subnet Mask . . . . . . . . . . . . . . . . . :255.255.255.0
        Default Gateway . . . . . . . . . . . . . . . :209.151.18.1
        DHCP Server . . . . . . . . . . . . . . . . . :209.151.18.3
        DNS Servers  . . . . . . . . . . . . . . . . :209.151.0.10
                                                      209.151.0.12
        Lease Obtained. . . . . . . . . . . . . . . . :2001 年 7 月 26 日 23:26:10
        Lease Expires  . . . . . . . . . . . . . . . :2001 年 7 月 27 日 11:26:10

====================== ping の出力例 ======================
C:Ä>ping www.whitehouse.gov

Pinging a1289.g.akamai.net [209.92.232.184] with 32 bytes of data:

Reply from 209.92.232.184: bytes=32 time=210ms TTL=241
Reply from 209.92.232.184: bytes=32 time=270ms TTL=241
Reply from 209.92.232.184: bytes=32 time=350ms TTL=241
Reply from 209.92.232.184: bytes=32 time=360ms TTL=241

Ping statistics for 209.92.232.184:
    Packets: Sent = 4, Received = 4, Lost = 0 （0% loss），
Approximate round trip times in milli-seconds:
    Minimum = 210ms, Maximum =  360ms, Average =  297ms
```

```
==================== traceroute の出力例 ====================
C:Ä>tracert www.wide.ad.jp

Tracing route to www.wide.ad.jp [203.178.136.57]
over a maximum of 30 hops:

  1    <10 ms    10 ms   <10 ms  congress1.linuxsymposium.org [209.151.18.1]
  2     10 ms    60 ms    10 ms  17.4.151.209.achilles.net [209.151.4.17]
  3     10 ms    20 ms    10 ms  border1.achilles.net [209.151.0.1]
  4    190 ms   160 ms   211 ms  216.13.96.25
  5    191 ms       *    150 ms  pos4-1.core2-ott.bb.att.ca [216.191.225.5]
  6    160 ms   160 ms   130 ms  pos2-0.core1-ott.bb.att.ca [216.191.65.225]
  7    170 ms   120 ms   150 ms  pos8-1.core1-tor.bb.att.ca [216.191.65.177]
  8    191 ms       *    100 ms  srp2-0.gwy1-tor.bb.att.ca [216.191.65.243]
  9    200 ms   210 ms   191 ms  500.POS4-2.GW1.TOR2.ALTER.NET [157.130.159.77]
 10    250 ms   120 ms   100 ms  103.ATM3-0.XR1.TOR2.ALTER.NET [152.63.128.106]
 11        *        *    240 ms  295.ATM2-0.TR1.TOR2.ALTER.NET [152.63.128.42]
 12        *    231 ms       *  137.ATM6-0.TR1.LAX2.ALTER.NET [146.188.142.193]
 13        *    291 ms   220 ms  199.ATM7-0.XR1.LAX4.ALTER.NET [146.188.248.245]
 14    241 ms       *    301 ms  193.ATM4-0.GW9.LAX4.ALTER.NET [152.63.115.73]
 15     80 ms   110 ms   151 ms  kdd-gw.customer.ALTER.NET [157.130.226.14]
 16    190 ms   190 ms   181 ms  202.239.170.236
 17    241 ms   160 ms   160 ms  cisco1-eth-2-0.LosAngeles.wide.ad.jp [209.137.144.98]
 18    291 ms   320 ms   431 ms  cisco9.fujisawa.wide.ad.jp [203.178.136.234]
 19        *    431 ms   320 ms  www.wide.ad.jp [203.178.136.57]

Trace complete.
```

2.2 経路制御機能

インターネットにおけるデータの転送単位である IP パケットを目的のノードに配送するために，経路制御機能がある．この実現手段が経路制御プロトコル（Routing Protocol）である．経路制御機能により，インターネットにおける「ネットワークのネットワーキング」が実現されている．

A. 経路制御の概要

IP パケットを宛先のノードに転送するために，どのノードに受信した IP パケットを転送すればよいかを決定する機能を，経路制御機能と呼ぶ．経路制御機能は，宛先 IP アドレスを検索エントリとする経路表を生成管理する．経路表の入力（検索エントリ）は宛先 IP アドレスであり，出力（検索結果）は次段のノードの識別子（IP アドレスにほぼ同じ）である．経路表の管理

を行うのが経路制御機能であり，以下のような3種類の経路制御方式が存在する．

① 静的経路制御
ネットワークの状況に関係なく管理される経路表で，明示的に各宛先のネットワークのIPアドレスに対する次段のノードの識別子が書き込まれる．

② 動的経路制御
ネットワークの状況に応じて最適な経路を動的に計算し，それに基づき各宛先ネットワークのIPアドレスに対する次段のノードの識別子を自動的に変更する．

③ デフォルト経路制御
経路表のどの検索エントリにも存在しない宛先IPアドレスをもつIPパケットの転送先を指定する．外部のネットワークとの接続点が1つしかないスタブネットワークでは，デフォルト経路制御のみで十分であり，静的経路制御も動的経路制御も必要ない．デフォルト経路をラストリゾートと呼ぶこともある．

図2.8は，具体的な経路表の例を示している．UNIX系のシステムでは，図のような経路表情報は"netstat"というコマンドを用いて見ることができる．同図では，宛先IPアドレス（Destination）に対する次段のノードのIPアドレス（Gateway）や，転送されたパケット数（Use），次段のノードにパケットを転送するために使用すべきインタフェース，経路の種別（Flags）などが示されている．たとえば，140.252.13.65へのIPパケットは，140.252.13.35が次段のノードで，le0というインタフェースを使っており，171パケットが転送されたことを示している．

```
sun% netstat -rn
Routing tables
Destination     Gateway         Flags  Refcnt  Use    Interface
140.252.13.65   140.252.13.35   UGH    0       171    le0
127.0.0.1       127.0.0.1       UH     1       766    lo0
140.252.1.183   140.252.1.29    UH     0       0      sl0
default         140.252.1.183   UG     1       2955   sl0
140.252.13.32   40.252.13.33    U      8       99551  le0
```

図2.8 経路表情報の例（netstat）

経路制御は自律的に運用されるネットワークを単位として動作し，階層的かつ回帰的に運用される．すなわち，複数のエンドホストの集合体が最も下位層のネットワークであり，これらのネットワークの集合が次のレベルのネットワークとして定義される．このようなネットワーキングされたネットワークを，上位のネットワークと定義することができる．

したがって，上位のネットワークから見ると，回帰的に（つまり金太郎飴的に）ネットワークがネットワーキングされた構造となっている．ネットワークの大きさと**経路制御ポリシー**に適した経路制御方式を，各ネットワークが個別に選択することができるようになっている．同一の経路制御方式を適用しているネットワークのことを，ルーティングドメインと呼ぶ．

経路制御は，**AS**（Autonomous System）内で用いられる IGP（Interior Gateway Protocol）と，AS 間で用いられる EGP（Exterior Gateway Protocol）とに大別される．AS とは自律的に運用されるネットワークのことで，各 AS は 16 ビットで表現されるグローバルユニークな AS 番号をもつ．プロバイダ（ISP）1 社で複数の AS 番号をもつこともあるが，一般的には ISP が AS に相当する．

B. 経路制御プロトコル

ここでは，インターネット上で広く使われている動的経路制御プロトコルの代表例を示す．経路制御プロトコルとは，経路制御機能を実現するためにコンピュータ間で交換される通信プロトコルである．

(1) ユニキャストルーティング

a) 自律システム内経路制御プロトコル：IGP

1) **RIP**（Routing Information Protocol）

小規模なネットワークにおいて適用されるもので，BSD および Sun OS では "routed" として標準実装されている．最大ホップ数が 15 ホップまでで，30 秒ごとに**距離ベクトル情報**（自ノードから宛先ノードに到達するまでの距離）を相互に交換する．最適経路の計算式は以下で与えられる（Bellman-Ford アルゴリズム）．距離 $d(i,j)$ は，ノード i からノード j までの距離を表し，RIP では通過する中継ノードの数を用いている．

$$d(i,j) = \min\{d(i,k) + d(k,j)\} \text{ for all } k$$
ただし，k は隣接するすべてのノード
$d(i,j)$ はノード i とノード j の距離を表す．

大規模なネットワークでは，障害や変更などがあると収束まで長い時間がかかる．RIP はバージョン 2（RIPv2）から CIDR の対応を行い，IPv6 に対応した RIP を RIPng と呼んでいる．

2）**OSPF**（Open Shortest Path First）

1970 年頃に ARPANET が大規模化したため，RIP での運用が不可能になった．そこで，ルーティングドメイン内の完全なリンク状態情報をすべてのコンピュータがもち，この同じ情報をもとに各コンピュータが独立に最適の経路を計算する方法（これを**リンクステート型**という）である．リンクとして，イーサネットなどのデータリンクネットワーク，データ通信回線，コンピュータ自身などを定義することが可能である．UNIX システムでは，"gated" として実装されている．2 階層（バックボーンとエリア）の階層状のルーティングドメインを定義することができる．

経路の計算のために利用されるコスト値（費用や帯域，遅延など）は 16 ビットで表現され，経路の計算にはダイキストラのアルゴリズムを用いた **SPF**（Shortest Path First）方式が適用されている．ダイキストラのアルゴリズムでは，ネットワークのトポロジー情報（ノードの接続先と，接続リンクおよびノードのコストに関する情報）を用いて，自ノードからネットワーク上のすべてのノードに到達可能な最小コストの**スパニングツリー**（無限ループが存在しないようにしたネットワーク構成）を計算する．スパニングツリーが宛先ノードへの経路を示している．各ノードはスパニングツリーの計算をそれぞれ独立に行う．

通常，ネットワークのトポロジー情報の更新は定期的に行われるが，障害情報などは迅速にネットワーク内のすべてのノードに通知されなければならないので，**フラッディング**（Flooding）という方式が適用されている．フラッディングでは，ノードはフラッディングすべきパケットを "初めて" 受け取った場合，パケットを受け取ったインタフェース以外のすべてのインタ

フェースに，パケットを複製し転送する．すでに，フラッディングパケットを受け取っていた場合には，新たに受信したパケットは廃棄される．

3) **IS-IS**（Intermediate System - Intermediate System）

ISO で標準化されたリンクステート型の経路制御プロトコルで，OSPF のもとになった経路制御方式である．OSPF は IS-IS を簡略したプロトコルである．IS-IS は階層化の数に制限がなく，また OSPF と比較して安定性の高い経路制御プロトコルとされている．なお，ルータとエンドホストの間のプロトコルとしては，ES-IS（End System - Intermediate System）が標準化されているが，実際にはほとんど利用されていない．また米国の主要な ISP は，OSPF ではなく，IS-IS をバックボーンの IGP として適用している．

b) **自律システム間経路制御プロトコル：EGP**

1) **BGP**（Boarder Gateway Protocol）

AS 間での経路制御に利用される**パスベクトル型**の経路制御プロトコルで，各宛先 AS のネットワークへ到達するための経路を，AS 番号の順序列（AS パス）あるいは AS 番号の集合を用いて表現する．各 AS の境界ルータは，隣接ルータと，自 AS から到達可能なすべての宛先 AS への到達経路（AS 番号の順序列である AS パス）を広告する．BGP を用いて経路情報を交換することを，**ピアリング**（peering）するという．複数の隣接ルータから同一の宛先ネットワークへの AS パスが広告されてきた場合，AS パスのコストが小さい方，あるいは経路選択ポリシー（ある特定のプロバイダを経由したパケット転送を避けるなど）に従って，適切な AS パスが選択される（9.1 節 D 項参照）．

BGP では各 AS の属性を表現することが可能であり，したがって商用のプロバイダにとって重要な各 AS の運用/制御ポリシーを反映した経路制御が可能になる．外部 AS との経路制御プロトコルを E-BGP（External BGP），AS 内の境界 BGP ルータ間で動作する経路制御プロトコルを I-BGP（Internal BGP）と呼ぶ．なお，ポリシーを考慮した経路制御を実現するために，I-BGP では MED（Multiple Exit Discriminator），E-BGP では Local Preference と呼ばれる制御方法が準備されている．また，BGP はバージョン 4（BGP4）からマルチプロトコル化を行い，IPv4 と IPv6 の両方での運

用が可能になった.

(2) マルチキャストルーティング

送信元のノードが特定の複数の受信ノード(これをマルチキャストグループという)を対象に1つのIPパケットを送信したとき,ネットワーク中の適切なルータがIPパケットの複製(コピー)を行い,かつ複数の受信ノードへの配送経路を管理するプロトコルを,マルチキャストルーティングプロトコルと呼ぶ.マルチキャストサービスを提供するネットワークは,IPトンネリング技術を用いてユニキャスト経路制御網にオーバーレイする形で運用されており,これを **M-Bone**(Multicast Back Bone)と呼んでいる.以下のような,経路制御プロトコルがIETFにおいて標準化されている.

1) **DVMRP**(Distance Vector Multicast Routing Protocol)

距離ベクトル方式の経路制御を用いて,送信元ノードから複数の受信ノードへのスパニングツリーを,前述のBellman-Fordのアルゴリズムを用いて生成する方式である.初期のM-Boneにおいて利用されていた経路制御プロトコルであり,現在は後述のPIMへの移行が進行している.

2) **MOSPF**(Multicast OSPF)

リンクステート型の経路制御プロトコルであるOSPFを拡張して,ポイント‐マルチポイントのスパニングツリーを生成する方式である.OSPFでは,各ノードで送信ノードから受信ノード群へのスパニングツリーを,SPF方式を用いて独立に計算することができる.

3) **PIM**(Protocol Independent Multicast Protocol)

ユニキャストの経路情報をもとに,マルチキャストの経路表を生成するRPF(Reverse Path Forwarding)法とフラッディング方式を用いた経路制御方式で,現在最も広く利用されている.**デンスモード**(DM;Dense Mode,受信者が密集)と**スパースモード**(SM;Sparse Mode,受信者が分散)の2つのモードが定義されている.PIM-DMではOSPFでも利用されているフラッディング方式を用いる.一方,PIM-SMではRPFとPruning(不要になった枝の刈り取り)によるマルチキャストツリー(送信ノードから受信ノード群へのスパニングツリー)の生成管理を行っており,RPルータ(Rendezvous Point,共有ツリーの集結点)を用いた**共有ツリー**

方式と，送信元コンピュータをルートとした**ソースツリー方式**（送信元から受信者ごとに最短経路で配送する）の2つを併用している．

なお，RPF法は送信元コンピュータへのユニキャストの経路からマルチキャストパケットを受け取ったときのみ，受信したIPパケットを受信インタフェース以外のインタフェースにIPパケットを複製して転送する方式である．また，RPルータは，インターネット上に定義された放送局ルータのようなもので，マルチキャストしたいパケットは送信元ノードからまずRPルータに送信され，同ルータから延びる共有ツリーを介して受信ノード群に配送される．

4） **MBGP**（Multicast BGP）

BGPをマルチキャスト用に拡張した経路制御プロトコルである．MSDP（Multicast Source Discovery Protocol）と同時に動作する．

5） **SSM**（Source Specific Multicast Protocol）

2000年3月のIETFにおいて提案されたもので，放送局からの1対多型のマルチキャストサービスを実現する方式．IGMP（Internet Group Management Protocol）バージョン3の適用が必要であり，受信側ノードがマルチキャストグループに参加する場合には，参加するマルチキャストアドレスの他に，送信元ノードのIPアドレスを指定する必要がある．特に新しいマルチキャスト経路制御方式は必要なく，PIM-SMなどで動作できる．

[例題 2.2] RIPでは，30秒ごとに，各ノードが独立に隣接ノードに対して経路ベクトルを広告する．RIPにおいては，$d(i,j)$の経路ベクトルを隣接するノードとの間だけで交換し，Belman-Fordのアルゴリズムを使って計算を行い，最適（コスト値が最小）の経路を求めている．

同じコストの経路が存在するときには，ノードの番号がより小さい隣接ノードを経由する経路が選択されるものとすると，右図左側のトポロジーのネットワークにおいて，ノード6がリンクgおよびリンクhで接続され，図の右側の構成に変化した．ノード6が接続

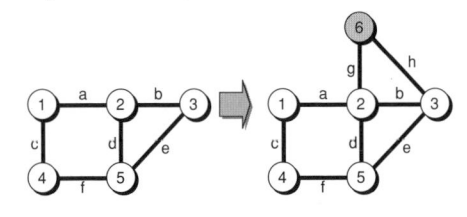

されて経路表が安定するまでに必要な時間と，安定時のノード1の経路表を示せ．
(**解答例**) 安定するまでに必要な時間：90秒．
ノード1の経路表： |宛先ノード，中継リンク，コスト| の順に表すと，|2,a,1|，|3,a,2|，|4,c,1|，|5,a,2|，|6,a,2| の5経路をもつ．

2.3 IP関連機能

インターネット層がデータリンクと協調動作し，さらにインターネットに接続されて正常に動作するためには，さらにいくつかの機能が定義実装されなければならない．ここでは，これらの機能のうち特に重要なものを概説する．

A. ARP 機能

ノードはイーサネットやディジタル専用線など，さまざまなリンクで相互接続される．おのおののリンクでは，隣接するノードへのIPパケットの転送を行うためのデータリンクプロトコルがそれぞれ決められており，各ノードのインタフェースは個別のデータリンクアドレスをもっている．隣接するノードへIPパケットを転送するには，宛先IPアドレス以外にデータリンクアドレスが必要となる．たとえば，イーサネットでは48ビット長のMACアドレスがそれに相当する．IPパケットを受け取ったノードは，宛先IPアドレスと経路表からIPパケットを転送すべき次段のノードを決定し，決定した隣接ノードへIPパケットを転送するために必要なデータリンクアドレスをARP（Address Resolution Protocol）手続きを用いて知る．

ARP機能を用いて調べられたMACアドレスとIPアドレスの組は，ARPキャッシュとして最長20分間記憶され，ARP手続きが頻繁に行われないようにする．逆に，MACアドレスからIPアドレスを知る機能をRARP（Reverse ARP）手続きと呼ぶ．図2.9はARPおよびRARP手続きの概念を，図2.10に

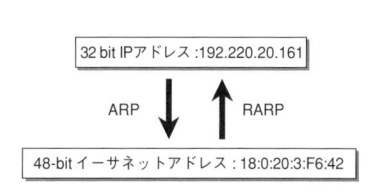

```
32 bit IPアドレス：192.220.20.161
        ARP ↓  ↑ RARP
48-bit イーサネットアドレス：18:0:20:3:F6:42
```

図2.9 ARPおよびRARP手続き

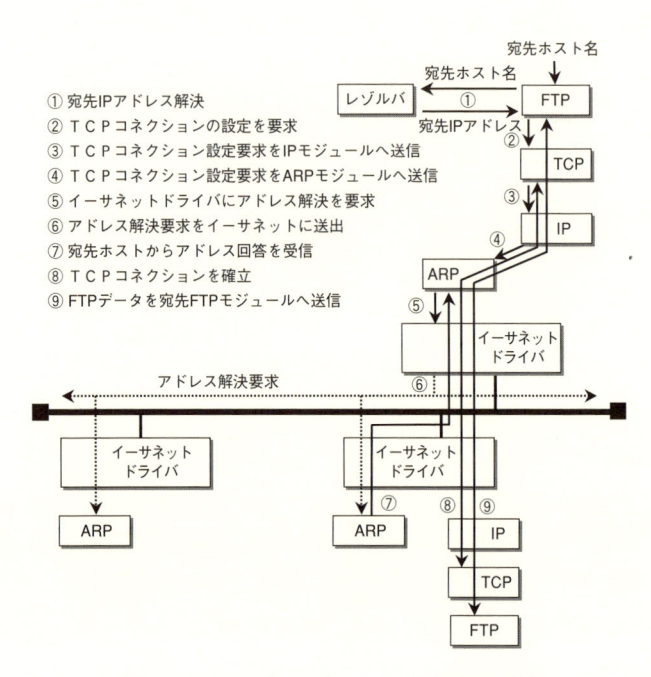

① 宛先IPアドレス解決
② ＴＣＰコネクションの設定を要求
③ ＴＣＰコネクション設定要求をIPモジュールへ送信
④ ＴＣＰコネクション設定要求をARPモジュールへ送信
⑤ イーサネットドライバにアドレス解決を要求
⑥ アドレス解決要求をイーサネットに送出
⑦ 宛先ホストからアドレス回答を受信
⑧ ＴＣＰコネクションを確立
⑨ FTPデータを宛先FTPモジュールへ送信

図2.10 イーサネット上での ftp 実行時の手続き

ftp を行う場合の ARP 手続きの動作概要を示している．ARP キャッシュの状態は，arp コマンドを用いて見ることができる（9.3節 B 項参照）．

なお，IPv6 では ARP 機能および RARP 機能は，**近隣発見プロトコル**（ND ; Neighbor Discovery）の機能であると定義されている．

B. アドレス発見機能

記憶媒体やメモリが貴重だった頃，コンピュータには最小限のブート（電源を入れてから，ユーザが使えるようになるまでに行う一連の動作）に必要な情報のみをもたせたディスクレスホストが開発された．ディスクレスホストでは，BOOTP（Bootstrap Protocol）というプロトコルを用いて，自身のインタフェースカードの MAC アドレスから自分の IP アドレスを検索し，その IP アドレスを用いてサーバからブートイメージをダウンロードして**ブート動作**を行っていた．このようにすることで，ディスクレスホストには

各ネットワーク特有の情報をいっさいもたせずに，適切なブートを実行させることができた．

BOOTP を拡張したプロトコルとして現在も広く使われているのが，**DHCP**（Dynamic Host Configuration Protocol）である．DHCP はアドレスやデフォルトルータ，DNS サーバ，ネットマスクなど，ネットワークに接続する上で必要な情報を与えるためのプロトコルである．DHCP クライアントはブロードキャストパケット（ff:ff:ff:ff:ff:ff）を使って，DHCP へ要求メッセージを送信する．DHCP サーバはこのメッセージを受信すると，DHCP クライアントに必要な情報を渡す．

これにより DHCP クライアントはネットワークの情報を知らなくても，自動的にネットワークに接続することができる．すなわち，デフォルトルータや DNS サーバなどの設定が変わったり，あるいはホストを移動させて異なるネットワークに接続したりしても，ユーザが設定変更しなくても自動的に必要な情報が設定されるなど，ユーザにとっては大変便利な機能である．さらに，必要な数だけ IP アドレスが消費されるので，IP アドレスの倹約にもなる（9.1 節 I 項参照）．

ただし，DHCP を用いてノードをインターネットに接続した場合，DNS にはそのノードのホスト名が登録されないので，そのノードをサーバとして動作させることはできない．

C. NAT 機能

NAT（Network Address Translation）とは，プライベート IP アドレスをもつ組織内のコンピュータと，グローバル IP アドレスをもつインターネット上のコンピュータ間での通信のために，IP アドレス変換を行う機能である．正式にグローバル IP アドレスを APNIC などの IP アドレス管理組織に申請せずに，適当な IP アドレスを組織内に割り当てている場合や，グローバルアドレスを必要数確保できないために組織内にはプライベートアドレスを割り振っている場合など，グローバルな IP アドレスを組織内にもたないときに使用される．

NAT は主に IP パケットのヘッダ部の IP アドレスおよび TCP/UDP の

ポートの変換を行う．いくつかのアプリケーションは，このアドレス/ポート変換により通信することができる．しかし，アプリケーションのプロトコル内部で IP アドレスやポート番号を交換するもの（IP ヘッダと TCP/UDP ヘッダ以外に IP アドレスかポート番号情報が入っているもの）に関しては，その情報も書き換える必要があるため，アプリケーションごとに書き換えルールを定義する必要がある．この機能を ALG（Application Layer Gateway）と呼ぶ．たとえば，ファイル転送プロトコルである ftp がこれに当たる．アプリケーション間のプロトコルでアドレスやポート番号を交換しているものが増えてくると，それに対応する ALG を作らなければならなくなってしまう（9.1 節 H 項参照）．

NAT は 3 つに大別できる．伝統的 NAT と呼ばれるものは，組織内からインターネットに対してコネクションを設定する（組織内からインターネットへの片方向通信のみが提供される）．両方向 NAT は，組織内からインターネット方向と，インターネットから組織内に対して，別々にコネクションを設定できるものである．さらに，両変換 NAT は，送信元アドレスと宛先アドレスの両方を同時に変換するものである．

D. トンネリング機能

IP トンネリング技術とは，トンネルの始点ノードにおいて受信した IP パケットを新しい IP ヘッダで**カプセル化**して，トンネルの終点ノードまで送るための技術である．この技術は，トンネルの途中のルータで IP パケットを処理してもらいたくない場合に利用される．たとえば，途中のルータがマルチキャストなどの新しいプロトコルを取り扱えない場合や，8 章で取り上げるモバイル IP のように IP ヘッダの宛先アドレスと異なるネットワークに送信したい場合に使用される．ただし，新たな IP ヘッダを付加するため，トンネルを用いない場合の **MTU**（Maximum Transmission Unit）と異なること，また物理的なルータの接続構成と異なり仮想的なネットワークになるため，管理が難しくなるなどの欠点がある．

IP トンネルのカプセル化方式としては，4 つのものが標準化されている（RFC1241, RFC1853, RFC2003, RFC2784）．

その他に，遠隔アクセスを実現するためなどの目的で，PPP を用いたトンネリング技術（**PPP トンネリング技術**）がある．PPTP（Point to Point Tunneling Protocol）と L2F（Layer 2 Forwarding）とが統合化され，L2TP（Layer 2 Tunneling Protocol）が規格化されている．PPTP，L2TP は広域アクセスプロバイダにおいて広く導入されているプロトコルである．

E. PPP 機能

PPP（Point to Point Protocol）は 2 つのノード間で使うプロトコルで，たとえばモデムや ISDN で ISP にダイヤルアップ接続するときや，専用線で ISP に接続するときに使用される．PPP は後述の HDLC（High-level Data Link Control procedure）技術をベースとしていて，全 2 重および片方向の両方をサポートしている．ISP で一般的に普及している POS（Packet over SONET：同期光ネットワーク）などでも広く使われている．

PPP は IP パケットを転送する機能の他に，IP アドレスの割り当てや認証の制御も行うことができるので，ダイヤルアップ接続時に ISP から IP アドレスを割り当ててもらったり，正しいユーザであることをパスワードにより認証してもらったりする機能も提供する．

さらに，複数のデータ通信路を合わせて大きなデータ通信路として扱い，PPP を動作させるためのプロトコルとして，マルチリンク PPP が定義されている．これに似た機能は，リンクレベルでも Inverse-MUX（逆多重化）という機能が提供されている．Inverse MUX では，複数のリンクを合わせて，大きな帯域のリンクとして，後述のネットワーク DDI にデータリンクチャネルを提供する．

F. ネットワーク DDI

TCP/IP システムでは，システムで利用されるソフトウェアをできるだけモジュール化し，これらを統合化して動作させるように設計することで，各研究開発者およびグループが独立にソフトウェアモジュールの開発を行えるようにしている．つまり，データ通信を行う 2 つのコンピュータのソフトウェアモジュール（たとえば IP モジュール）間で交換されるメッセージの

フォーマットと動作手順（通信プロトコル）が定義されるだけでなく，コンピュータ内部のソフトウェアモジュール間で行われるメッセージ交換のためのフォーマットと処理内容が定義されることが望ましい．

OS におけるドライバモジュール部は，ネットワークインタフェースデバイスごとに**デバイスドライバ**といわれるソフトウェアモジュールが存在するが，カーネルモジュール部とデバイスドライバモジュールの間は，共通のインタフェースで抽象化が行われている．そのために，カーネルモジュール部は，デバイスごとのインタフェースの相違を意識することなく，内部のソフトウェア構造などを決めることができる．この抽象化したインタフェースを，本書では"ネットワーク DDI（Device Driver Interface）"と呼ぶこととする．

なお，4 章で取り上げるトランスポート層でも，アプリケーションから OS が提供するサービスや機能を利用するためのプログラミングインタフェースを抽象化する機能として，"ソケット API（Application Programming Interface）"が定義されているが，ネットワーク DDI はこれに相当するインターネット層と物理/データリンク層間の機能と解釈することができる．これらプロトコル階層間の関係を図 2.11 に示す．

また，本機能は，インターネットの解説書によっては，物理/データリンク層との間のインタフェース層として定義しているものや，特に定義せずにインターネット層の機能としているものもある．

ネットワーク DDI は，次の 3 つの機能を提供する．

（1）ネットワークインタフェースのコンフィグレーション設定

ネットワークインタフェースごとに，① インタフェース名，② IP アドレ

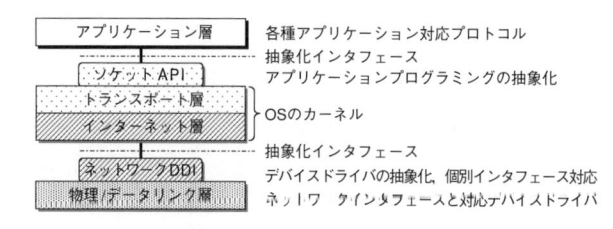

図 2.11　ネットワーク DDI とソケット API のプロトコル階層における位置づけ

ス，③ ネットマスク，④ ブロードキャストアドレス，⑤ MTU の設定を行う．これらの設定情報はコンフィギュレーションファイルに格納され，システムが起動するときにこのファイルを使って自動的にネットワークインタフェースの設定を行う．もちろん，必要に応じてコマンドを用いて設定を行うこともできる．

これらのインタフェースパラメータを設定すると，カーネルモジュールはインタフェース名で指定されたモジュールに，実際の物理インタフェースの種別に関係なく自由に IP パケットを転送することができるようになる．図 2.12 に，BSD/OS 系でのインタフェース（イーサネット）設定の例を示した．

```
% ifconfig le0 172.16.12.123 netmask 255.255.255.0
% ifconfig le0
        le0:flags=863<UP,BROADCAST,NOTRAILERS,RUNNING,MULTICAST> mtu 1500
        inet 172.16.12.123 netmask ffffff00 broadcast 172.16.12.255
```

図 2.12　インタフェースコンフィギュレーション

この例では，ネットワークインタフェース（"le0"）に，172.16.12.123 を割り当てて，ネットマスク "255.255.255.0" を指定している．MTU=1,500 バイト，ネットマスクが "ffffff00"，ブロードキャストアドレスが "172.16.12.255" となっていることが，ifconfig le0 による出力に示されている．

(2) ネットワークインタフェースの監視および管理

ネットワークインタフェースの設定および実際の動作状況を監視することができる．図 2.13 に例を示すように，"netstat" という UNIX コマンドを用いることにより，上記のインタフェース名（図中の Name 欄），MTU サイズ (Mtu)，ネットワークアドレス (Net/Dest)，ブロードキャストアドレス（表記なし），IP アドレス (Address)，ネットマスク（表記なし）の他に，受信パケット数 (Ipkts)，受信したエラーパケットの数 (Ierrs)，出力パケット数 (Opkts)，出力したエラーパケットの数 (Oerrs)，衝突パケット数 (Collis)，送信待ちのパケット数 (Queue) などの情報を監視することができる．

```
% netstat -ni
Name  Mtu   Net/Dest      Address       Ipkts  Ierrs  Opkts  Oerrs  Collis  Queue
le0   1500  172.16.0.0    172.16.12.2   1547   1      1126   0      135     0
lo0   1536  127.0.0.0     172.0.0.1     133    0      133    0      0       0
ppp0  1006  172.16.15.26  172.16.15.3   112    0      112    0      0       0
```

図2.13 インタフェース動作状況の監視

(3) 個別ネットワークインタフェースへの対応

ネットワークインタフェースごとに，IPパケットを転送するための種々の機能．具体的には前述したPPPフレームへのカプセル化やARPなどが挙げられる．

[例題2.3] あるホストがDHCPを使ってインターネットに接続している．いったん接続を切断し，数分後に再び接続した場合には，しばらくの間，このホストへの接続性がなくなってしまうことがある．原因を述べ，その対策方法を考察せよ．

(解答例) ARPの情報（IPアドレスとMACアドレスの関係）が各ノードでキャッシュされているため（最高20分程度），このキャッシュがAgingしてなくなるまでは，接続性がなくなってしまうことがある．対策としては，(1) DHCPでIPアドレスを割り振る際に，20分程度のキャッシュを行い，このようなホストには同じIPアドレスが割り当てられるようにする．(2) ARPキャッシュを消去するメッセージをホストが生成しブロードキャストする．

演習問題

2.1 IPv6ではIPアドレスの空間が非常に大きくなった．IPv6のアドレスを地球の表面上に均等に割り振った場合に，1 m^2 当たりに割り当てられるアドレスの数を求めよ．

2.2 IPアドレスを各家庭に8個ずつ割り当てる場合に，日本全国をカバーするようなインターネットサービスプロバイダ（5,000万加入）が必要なIPアドレス数を求めよ．さらに，これは，全IPv4アドレス空間の何%に相当するか．

2.3 インターネットにおける，接続ホスト，接続ネットワーク，ドメイン名，経路数の増加の様子を調べよ．さらに，その結果から，IPv4アドレスが枯渇する理由を推定せよ．

2.4 "traceroute"のアプリケーションを作成したい．プログラムの擬似コード (pseudo code) を作成せよ．

2.5 Path MTU Discovery は，ICMP パケットを利用して動作している．Path MTU Discovery の動作原理を簡潔に説明し，その擬似コードを作成せよ．

2.6 例題 2.2 のネットワーク（右側のネットワーク）において，リンク a が切断された．ノード 1 からノード 6 への IP パケットの転送経路を，①切断前，②切断直後最初の経路情報を広告後 0-30 秒間，③ 30 秒後から 60 秒後の 3 つの場合で示せ．なお，問題を簡単にするために，各ノードからの経路情報の広告は，同時刻に行われるものとする．次に，リンク a が切断され，40 秒後にリンク f が切断された．④ノード 1 からノード 2 へのパケットがどのように転送されるか，また，⑤ノード 1 の経路表がどのように変化するか述べよ．

2.7 BGP が用いているパスベクトル型の経路制御プロトコルは，OSPF 型や RIP 型の経路制御と比較して，経路のループの検出が容易である．その理由を述べよ．

2.8 次のネットワークアドレスをもつネットワーク（192.24.0.0/21, 192.24.16.0/20, 192.24.8.0/22, 192.24.34.0/23, 192.32.0.0/20, 192.24.12.0/22, 192.24.32.0 /23 の計 7 個）が接続されたサイトがある．これらのネットワークアドレス情報は集約化され，このサイトから外部のインターネットに向かってネットワークアドレスが広告される．このサイトが広告すべきネットワークアドレスを答えよ．

2.9 日本の全家庭（企業や公共施設などの接続は行わないものと仮定する）をサービスするインターネットシステムを，設計（アドレス割り当てと経路制御の選択）せよ．

2.10 北米，南米，欧州，アジア，アフリカの各地域に存在するノードへの，経路と RTT のデータを 3 日間，1 時間ごとに計測したい．この計測を実現するための擬似コードを作成し，測定結果を報告せよ．

3 物理/データリンク層

ノード（ホストとルータ）間でのデータ通信に必要な機能は，物理/データリンク層で提供される．多岐にわたる伝送技術の上に，多種多様な有線系および無線系データリンクが開発・標準化され利用されている．

インターネットの基本思想の1つである"IP over Everything"は，電話回線のような低速から光ファイバによる高速，あるいは無線を用いたモバイル系のデータ通信路（これをデータリンクもしくはリンクと呼ぶ）など，どのような通信路上でもコンピュータ同士あるいはネットワーク同士の相互接続を可能にすることを意味している．

超広帯域バックボーン系データリンクや高速アクセス系データリンク，自動車携帯電話から発展したモバイル系データリンクは，これまでの電話回線中心のインターネットの利用形態を一変させようとしている．

本章は，これらのデータリンクを構成する上で必要な各種データ伝送技術について概観した後，有線系データリンクとしてイーサネットなどのLAN，ケーブルモデムなどのアクセス系データリンク，光技術を適用した広域バックボーン系データリンクを，また無線系として無線LAN，加入者無線アクセス，さらにiモードなどのモバイル系データリンクを取り上げる．

3.1 物理/データリンク層の基礎技術

ノード間のデータ通信に必要な機能は，物理/データリンク層で提供される．物理伝送媒体には銅線（メタリック），光ファイバあるいは無線などが

あり，多種多様な伝送媒体が標準化され利用されている．物理層は伝送媒体に関わる物理的な仕様であり，データリンク層から渡されたビット情報を各伝送媒体に適した電気信号などに変換する．また，ケーブルやコネクタなどの形状や電圧なども物理層で定義される．

データリンク層はインターネット層から渡された IP パケットを各データリンクで転送可能なデータリンクフレームに変換し，ノード間でのデータの転送を行う．データリンクごとにフレームフォーマットや伝送媒体のアクセス制御方式（MAC：Media Access Control）などが定義されている．

物理/データリンク層は，多岐にわたる高度で奥深いデータ伝送技術の上に成り立っている．ここでは，これらの基本技術を学び，実際の有線系および無線系データリンクを理解するための基礎作りを行う．

A. 物理伝送媒体

図 3.1 は，各種伝送媒体の減衰特性（図上側，10dB は 10 分の 1 に，100dB は 100 億分の 1 に信号エネルギーが減衰することを意味する）と伝送特性（下側）を示したものである．同図を参照しながら，以下に有線系および無線系伝送媒体を概観する．

(1) 有 線 系

メタリック（銅線）ケーブルは，周波数が高くなると急激に減衰が増える特性があり，電話回線や LAN として多用されている 10BASE-T（開発経緯からイーサネットと呼ぶことが多い）で用いられているツイストペア線では

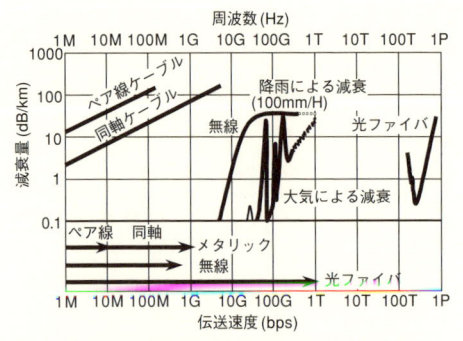

図 3.1 各種伝送媒体の減衰特性と伝送速度

100Mbps（億ビット/秒）程度，CATVやかつての基幹通信回線などで用いられている同軸ケーブルは1Gbps程度が限界とされている．

　直径0.125mmの石英ガラスの糸を用いる光ファイバは，200THz（波長1.5μm）付近で減衰がきわめて少なくなる．この特性を利用して長距離基幹通信回線では，1Tbps程度までの超広帯域伝送が実用化されつつある．また，光関連部品の低廉化とともに各家庭まで光ファイバを敷設して，広帯域アクセスサービスを提供しようとする**FTTH**（Fiber To The Home）の普及によって，光ファイバもいずれは身近な伝送媒体になるであろう．

　また最近では，家庭内などの電力線を伝送媒体として利用しようとする**電力線搬送通信**の実用化研究も進められている．

(2) 無　線　系

電波を用いる無線は，15GHz以上で降雨などによって激しい減衰を受けるため，対向形通信では数100Mbps程度が，無線LANや移動通信などの一対多方向通信では，建物などによる電波の反射（多数の反射波が存在することからマルチパスと呼ぶ）のため，数10Mbps程度が限界とされている．

　無線LANは2.4GHz帯のISMバンドと呼ばれる周波数帯を使用する．屋内でのケーブル配線を必要としないことから，今後，オフィスや家庭などで広く利用されていくものと期待されている．

　また，一般家庭や企業を対象に26GHz帯などのミリ波や3.5GHz帯などのマイクロ波を利用した加入者無線アクセス（FWA；Fixed Wireless Access）が，短期間で経済的に広帯域アクセス回線を整備できることから，世界的な規模で導入が進められようとしている．

　さらに，iモードに代表されるように携帯電話などの800MHz-2GHz帯の移動無線手段を使って，インターネットをアクセスする利用者が急増している．

　なお，電波は限られた伝送媒体（資源）であるため，電波法によって，その使用方法（周波数や帯域，電力など）が厳しく定められ管理されている．

B. 伝 送 方 式

(1) ベースバンド伝送

データを電圧パルスに変換して送出する伝送方式．データを電圧パルスに

変換することを**伝送路符号化**と呼ぶ．コンピュータの内部バスや **RS232-C** などでは最も単純な NRZ（Non-Return to Zero）方式が，イーサネットではタイミング信号を重畳したマンチェスタ方式が，さらに ISDN などの長距離通信では直流成分をカットするバイポーラ方式が用いられている．後述の周波数分割多重ができないため，一度に 1 つのデータしか伝送できない．

(2) 帯域（変調）伝送

伝送媒体を周波数分割して多目的に利用するために，特定の周波数の正弦波信号（搬送波）をデータに合わせて変化させることを変調と呼び，その逆を復調と呼ぶ．搬送波の振幅を変化させる振幅変調（ASK；Amplitude Shift Keying），位相を変化させる位相変調（PSK；Phase Shift Keying），2 つの ASK を組み合わせて振幅と位相の両方を変化させる直交振幅変調（QAM；Quadrature Amplitude Modulation）などがある．

マルチパスの影響を受けやすい移動通信では PSK が，CATV を利用したケーブルモデムのように比較的良質な伝送媒体では効率の良い QAM が用いられる．また，無線 LAN や加入者無線アクセスのように高速のデータ伝送を行うシステムでは，マルチパスによる影響を避けるため，**OFDM 変調**（Orthogonal Frequency Division Multiplexing；データを多数の搬送波に分けて搬送波当たりの伝送速度を下げる）や**スペクトル拡散変調**（SS；Spread Spectrum；1 次変調信号を拡散符号で 2 次変調して占有帯域幅を広げて信号に冗長性をもたせる）などの変調方式が用いられている．

また，光伝送では **IM**（Intensity Modulation）と呼ばれる光信号をオンオフ（光パルスに変換）する変調方式が用いられる．波長分割多重が可能であるものの，メカニズムはベースバンド伝送に類似している．

C. 同 期 方 式

2 地点間でデータのやり取りを行うには，受信側は送信側と同じタイミング（速度）でビット列を読み込まなければならない．さらに，読み込んだ一連のビット列の中から有意なデータを抽出するには，どこから有意なデータが始まるかを識別できなければならない．前者をビット同期，後者をブロック同期という．

（1）ビット同期

非同期（調歩）方式と同期方式とがある．非同期方式は文字コード（7または8ビット）ごとにスタートビットとストップビットを付加し，受信側ではスタートビットを受信すると自局のタイミングで読み込む方法で，1200bps以下の低速データ伝送でしか使用できない．

同期方式は伝送路符号化やデータのスクランブル化によってデータにタイミング信号を重畳し，これを受信側で取り出す方法である．なお，イーサネットなどのデータリンクフレーム（パケット）伝送では，フレームの先頭に数十ビットのプリアンブル信号を付加して，ビット同期を確立する方法が取られている．

（2）ブロック同期

ビット同期は送受信間でタイミング信号を一致させるアナログ回路の機能であるが，ブロック同期は一連のデータの中から特定のフラッグパターンや文字コードを検出するロジック回路の機能である．

D. 多重化方式

同時に複数のノードが伝送媒体を共有して通信する多重化方式には図3.2に示すように，**時分割多重**（TDM；Time Division Multiplexing），**周波数分割多重**（FDM；FはFrequency），**波長分割多重**（WDM；WはWavelength）および**符号分割多重方式**（CDM；CはCode）がある．

TDMには，同期形時分割多重とフレーム（非同期形時分割）多重とがある．同期形多重は，フレーム周期の中に多数のタイムスロットを配置し，各ノードは決められたタイムスロットを用いてデータ伝送を行うもので，

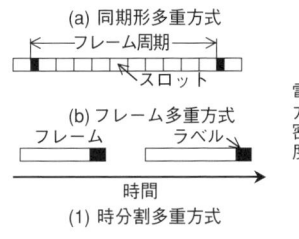

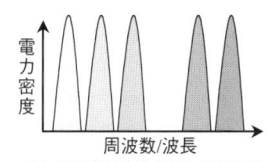

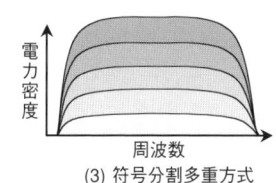

図3.2　多重化方式の概要

ISDNをはじめ電話網や移動通信網で用いられている．

一方，フレーム多重はデータをデータリンクフレームを単位に多重する方式で，その典型例がイーサネットである．

FDMは周波数の異なる搬送波を用いて変調した信号を同じ伝送媒体上に多重する方式で，テレビ放送やCATVなどで多用されている．

光通信では周波数の代わりに波長の異なる搬送波を用いて多重するため，WDMと呼んでいるが，原理的にはFDMと同じである．10Gbpsの信号を100波多重し，合計1Tbpsの超高速伝送を実現することも可能になってきた．

CDMは，前述のスペクトラム拡散変調方式に適用されるもので，拡散符号の違いによって多重する（受信側は送信側と同じ拡散符号で復調するが，拡散符号が異なると雑音に見える）もので，移動通信などで用いられている．

なお，"フレーム"とは，OSIの第2層（データリンク層）で扱われるデータの固まりを指し，"パケット"はOSIの第3層（ネットワーク層）で扱われるデータの固まりのことをいう．

E. アクセス制御方式

複数のノードが伝送路（リンク）を共用している場合，どのノードがリンクを使用（アクセス）するかを管理制御することをアクセス制御と呼ぶ．

(1) 固定スロット割当方式

各ノードは前もってシグナリング手続きを行い，制御局（交換機）からタイムスロットを割り当ててもらい，それ以降は同じタイムスロットを用いてデータ伝送を行う方式で，ISDNがその典型例である．

(2) コンテンション方式

イーサネットなどで用いられている**CSMA/CD**（Carrier Sense Multiple Access with Collision Detection）方式が代表的である．各ノードはリンクの使用状況を監視し，誰も伝送していないときにのみデータを送信する．ほぼ同時に複数のノードが送信すると衝突が発生する．衝突に関与したノードは，直ちにデータの送信を中止し，所定の衝突回避動作を行う方式である．

(3) トークン方式

FDDI などで用いられている方式．各ノードはネットワーク上を巡回しているトークンを獲得してからデータの伝送を行う．

F. データリンク形態

データリンクには大きく3種類の形態がある．

(1) ポイントポイントリンク

ディジタル専用線などのように，2つのノードの間を接続するデータリンクで，送信されたデータリンクフレームは，必ず接続先のノードに転送される．

(2) Non-Broadcast Multiple Access Link (NBMA)

電話網のように，コネクションの設定手順（シグナリング）を用いて，複数のノードに別々もしくは同時にデータリンクフレームを転送するためのコネクション型のリンクである．

(3) Broadcast Multiple Access Link (BMA)

イーサネットや FDDI など，ノードが転送したデータリンクフレームは，同一データリンク内のすべてのノードに放送され，宛先データリンクアドレスを持つノードがフレームを収容受信する．すべてのフレームが放送されるので，NBMA のような複雑なシグナリング手順を必要としないのが特徴である．

G. 誤り訂正方式

伝送路の雑音や信号の減衰などによって生じたビット誤りを訂正する方法には，受信側で誤りを検出し送信側に誤った部分の再送を要求する**自動再送要求方式**（ARQ ; Automatic Repeat reQuest）と，受信側で誤ったビットを訂正する**前方向誤り訂正方式**（FEC ; Forward Error Collection）とがある．前者は，後述の HDLC やイーサネットなどのデータリンクフレームをはじめ，TCP パケットや IP パケット（IPv4 では IP ヘッダ部に適用していたが，IPv6 ではこの機能はなくなった）などで広く用いられている．後者は，移動通信や Bluetooth，ケーブルモデムなどのモバイル系あるいは高速アクセ

ス系データリンクなどで広く用いられている．

ARQ方式では，巡回符号の1つである**CRC**（Cyclic Redundancy Check）がよく用いられる．これは任意長の情報ビット配列を高次の多項式と見なして，これを特定の生成多項式で割り，その余りを検査符号として情報ビット配列のあとに付加して送信し，受信側では同じ生成多項式で割り算を行い，余りがなければ，誤りがなかったと判定する方法である．

この生成多項式は，図3.3に示すようにシフトレジスタと排他的論理和（和が奇数値のとき1，偶数値のとき0）によって構成できる．すなわち，送信側では，一連の情報ビットを入力していくと，ビット配列の特徴がシフトレジスタに蓄積されていく．最後のビットを入力したときのシフトレジスタの値（余り）が検査符号になる．

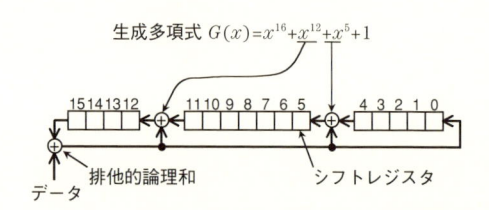

生成多項式 $G(x) = x^{16} + x^{12} + x^5 + 1$

図3.3 CRC-16符号の生成多項式と生成回路

受信側では，同じ回路を使って受信データの検査を行う．受信データの最後のビット（検査符号の最後）を入力したときのシフトレジスタの値（余り）がすべて"0"であれば，誤りがなかったと判定する．この方法では，検査符号長（CRC-16符号では，16ビット）程度のバースト誤りも，高い確率で検出することができる．

一方，FEC方式では，情報ビット配列を一定長のブロックに分割し，ブロックごとに検査符号を生成する方法が広く用いられている．

たとえば，4ビットの情報ビットに3ビットの検査符号を付加した符号語（これを（7，4）符号という）では，$2^4 = 16$通りの符号語に対して，ビット誤りによって$2^7 = 128$通りのビットパターンが出現し得る．この例では，ある符号語で1ビット誤ったときのビットパターンが，他の符号語の1ビット誤りビットパターンには存在しないため，1ビット誤りの場合には，元の符号語を推定（訂正）することができる．しかし，2ビット誤ったビットパターンは，他の符号語の1ビット誤りビットパターンと一致することがあるため，訂正を行うと元の符号語とは別の符号語に誤訂正してしまうこ

とになる．したがって，この符号では1ビットの誤りを訂正するか，2ビットまでの誤りを検出するかのどちらかしかできない．

符号語を構成する各ビットの値を符号語間で比較したとき，値が異なるビットの数を**ハミング距離**と呼ぶが，このハミング距離が大きいほど，対象とするブロックで生じたビット誤り検出や訂正能力が高くなる．上述の（7，4）符号の最小ハミング距離は3で，1ビットの誤り訂正または2ビットの誤りまで検出できる．より大きなブロック，たとえば（127, 99）符号では，最小ハミング距離は9あるので，4ビットまでの誤り訂正または8ビットまで誤りを検出できる．

巡回符号には，上述のCRC符号の他に，RS符号（Reed-Solomon code）やBCH符号（Bose-Chaudhuri-Hocquenghem code）など，多くの有名な符号がある．なお，検査符号の生成や誤り検出は，図3.3に例示したように簡単な回路で実現できるが，誤り訂正は複雑な操作が必要で，テーブルルックアップなどの手法が用いられる．

H. フレーム伝送制御方式

以上述べた伝送技術を用いてデータリンクフレームの送受信を行うことになるが，データリンクフレームの送受信をスムーズにかつ正確に行うためには，誤り検出/再送/訂正などの制御が必要になる．これをフレーム伝送制御と呼ぶ．ネットワークによっていろいろな方式が定義されているが，いずれもHDLC（High-level Data Link Control procedure）という制御手順がベースになっている．データ伝送の制御を行わない無手順（調歩同期）もあるが，1200bpsまでしか対応できない．

（1）HDLC制御手順

ISO 7766で国際標準化されたもので，IBM社のSDLC（Synchronous Data Link Control）をベースとする制御手順である．送信ノードと受信ノードの間で，図3.4に示すフレームフォーマットを用いてコマンド（命令）とレスポンス（応答）のメッセージのやり取りを行う．フラッグを用いて，フレーム同期の確立とフレームの終了を表示するが，データの中にフラッグが混在しないよう"1"が5つ続くと"0"を挿入し，受信側でこれを取り

フラッグ 01111110	アドレス 8ビット	制御部 8ビット	情報メッセージ (任意長)	誤り検査符号 16ビット	フラッグ 01111110

図 3.4　HDLC 制御手順のフレームの構成

除く操作を行う．アドレスはレスポンス側のノードを指定する．制御部は，リンクの設定と切断，順序番号を用いたデータの連続伝送，巡回符号（CRC）による誤り検査と再送制御など，高速で信頼性の高い伝送を実現する．

(2) LAPB/LAPD 手順

LAPB（Link Access Procedure Balanced）は，X.25 パケット交換で適用されているフレーム伝送制御手順である．LAPD（Link Access Procedure on the D-channel）は，ISDN の D チャネルに適用されている手順である．LAPB も LAPD も HDLC 手順のサブセットである．

(3) LLC（Logical Link Control）手順

IEEE 802 系のリンク（イーサネットや FDDI など）におけるフレーム伝送手順として利用されている．後述の MAC フレームの上に，HDLC をベースとする LLC 手順が埋め込まれている．

[例題 3.1]　インターネットのプロトコル階層における物理/データリンク層の位置づけ，コンピュータ上での実装イメージとその機能分担を説明しなさい．

(解答例)　ネットワーク DDI は，インターネット層に対して個々のデータリンクの相違を隠蔽し抽象化したインタフェース（データと機能）を提供するとともに，個々のデータリンクに対応したアドレス解決（ARP など）や IP パケットのカプセリング（PPP など）機能なども受けもつ．個別デバイスドライバは，特定のデバイスとの間でデータの受け渡しを行う．PC カードスロットなど

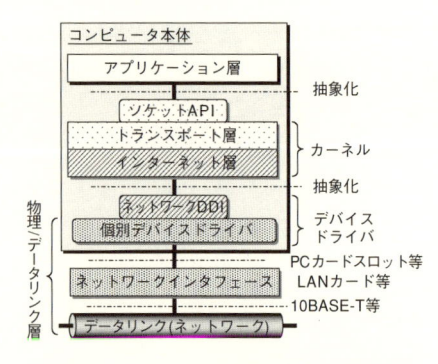

物理/データリンク層の位置づけと機能分担

に挿入されたネットワークインタフェースデバイス（LAN カードなど）は，データリンクに適したフレームフォーマットへの変換，アクセス制御，データを送受信するための信号変換を行い，所定のコネクタ（10BASE-T 用 RJ-45 など）を介してネットワークに接続する．

3.2 有線系データリンク

データリンク終端装置と中継転送装置について整理した後，有線系データリンクとして，構内系，アクセス系および広域バックボーン系を取り上げる．

A. データリンク終端装置

LAN 機器を広域物理回線に接続するために終端装置が必要となる．

① **DSU**（Digital Service Unit）
ディジタル（メタル）回線終端装置のことで，NT1 とも呼ぶ．

② **ONU**（Optical Network Unit）
光回線終端装置のことで，光信号-電気信号変換機能などをもつ．

③ **TA**（Terminal Adapter）
アナログ電話機やパソコンなど，I インタフェース（ISDN 用のインタフェース）をもたない通信機器を ISDN 網に接続するための装置．

B. 中継転送装置

インターネットは，プロトコル階層の各階層に対応する中継転送装置によって構成されている（図 3.5）．物理/データリンク層を中心に，各階層の中継転送装置の機能と役割を以下に整理する．

（1）リピータ

データの伝送距離を延長するため，あるいは分岐など配線の自由度を高めるために，データ信号を再生中継する装置である．なお，異なる伝送媒体を使ったトランスペアレントなデータ伝送を実現するメディア変換器もリピータと見ることができる．たとえば，100Base-FX と 100Base-TX の変換器や，ATM リンクを用いてイーサネットの延長を行う装置などが該当する．

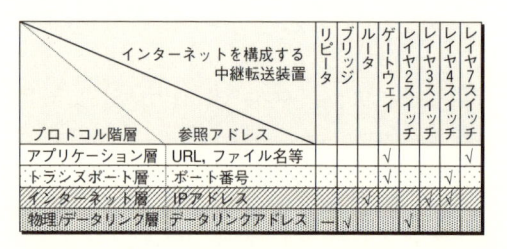

プロトコル階層	参照アドレス	リピータ	ブリッジ	ルータ	ゲートウェイ	レイヤ2スイッチ	レイヤ3スイッチ	レイヤ4スイッチ	レイヤ7スイッチ
アプリケーション層	URL, ファイル名等				√				√
トランスポート層	ポート番号				√			√	
インターネット層	IPアドレス			√			√		
物理/データリンク層	データリンクアドレス	—	√			√			

図 3.5　プロトコル階層と中継転送装置の対応関係

(2) ブリッジ

LAN セグメント (LAN システムの構成単位) を相互接続し，データリンクを延長する機器である．キャンパス内などで使用されるものを**ローカルブリッジ**，広域網を介して使用されるものを**リモートブリッジ**と呼ぶ．ブリッジ装置ではデータリンクアドレスによるフィルタ機能が実装されていて，同一セグメントにつながっているノード宛てのデータリンクフレームは中継しない．

ブリッジで相互接続されたネットワークは，データリンクフレームがブリッジによって永遠に循環する可能性がある．このため，IEEE802 委員会で標準化されたスパニングツリーと呼ぶルート選択アルゴリズムを使って，各ブリッジ同士が相互に情報を交換しあってループを回避（ツリー構造を構成）するように中継経路を決める方法が用いられている．

また，ブリッジは各物理インタフェースの先に接続されている機器のデータリンクアドレスを学習して，ネットワーク上に無駄なトラヒックが転送されないようにしている（これをラーニングブリッジと呼ぶ）．

(3) ルータ

IP パケットの中継転送を行う装置．IP パケット中の宛先の IP アドレスを元に，次に転送すべきルータ（あるいはホスト）を選択する．

(4) ゲートウェイ

IP 的にはいったん終端し，アプリケーションデータに戻し，アプリケーションのヘッダ情報などを用いて，アプリケーションデータを再び IP パケットにして中継転送する装置．セキュリティプロトコル SOCKS を用いたアプリケーションゲートウェイとして広く導入されている．

(5) スイッチ

あるインタフェースから入力されたデータを，適切なインタフェースに出力する（これを**スイッチング**と呼ぶ）装置である．スイッチングを行うために参照するアドレス情報（データリンクアドレス，IP アドレス，ポート番号，あるいはその他のアドレス情報）によって呼び方が異なる．

① レイヤ2スイッチ

データリンクアドレスを用いてスイッチングを行うスイッチ．スイッチングに必要なデータリンク層のアドレス情報の学習は，ラーニングブリッジと同様の手法がとられている．すなわち，ノードから IP パケットが送信されたときに，そのパケットに付加されている送信元データリンクアドレスを読み取り，この情報をキャッシュテーブルに登録する．したがって，しばらくIP パケットを送信していないノードへ IP パケットを転送する場合には，スイッチングによる1対1通信ではなく，すべてのインタフェースに対してIP パケットを複製してブロードキャストする．

② レイヤ3スイッチ

IP アドレスを用いてスイッチングを行うスイッチで，ルータがこれに当たる．ただし，レイヤ3スイッチというと，IP パケットの処理をハードウェアで行う高速ルータをさす場合が多い．

③ レイヤ4スイッチ

ポート番号と IP アドレスの組み合わせで，出力ポートと出力順序などを制御するスイッチ．

④ レイヤ7スイッチ

レイヤ4以上の情報（たとえば，URL やファイル名など）も使ってスイッチングを行うスイッチである．たとえば，Web サーバにおけるバックエンドサーバ群への負荷分散を行うために導入されている．

C. LAN系データリンク

(1) イーサネット

イーサネットは CSMA/CD 方式を用いており，現在の LAN 環境で最も広く利用されているデータリンクで，IEEE802.3 で規定されている．

10BASE-5, 10BASE-2, 10BASE-T, 10BASE-FL, 100BASE-TX, 100BASE-FX, 1000BASE-SX, 1000BASE-LX がある. 図 3.6 は MAC フレームのフォーマットを示したもので, フレームの先頭にビット同期を確立するためのプリアンブルがあり, その後に宛先および送信元の MAC アドレス, データリンクフレームを収容し, 最後に巡回符号による誤り検査符号が付加されている.

| プリアンブル (7バイト) | S F D | 宛先 MAC アドレス(6) | 送信元 MAC アドレス(6) | 長さ (2) | 送信データ (LLCデータ) (46〜1500バイト) | 誤り検査符号 (4バイト) |

└ フレーム開始デリミタ(1バイト)

図 3.6　IEEE802.3 で規定されている MAC フレームフォーマット

(2) トークンバス (Token Bus)

トークンパッシング方式を用いたバス型配線構成のデータリンクで, IEEE 802.4 で規定されている.

(3) トークンリング (Token Ring)

リング型配線構成のトークンパッシング方式で, IBM によって IEEE 802.5 として規格化された.

(4) FDDI (Fiber Distributed Data Interface)

ANSI X3T9.5 (IEEE 802.2LLC) によって標準化された光ファイバを伝送媒体に用いたトークンリング型のリンクである. なお, 1994 年には, FDDI のツイストペアケーブル版として CDDI (Copper Distributed Data Interface) が標準化された.

(5) ファイバチャネル

ANSI NCITS で標準化されたコンピュータの周辺機器 (ディスク装置やプリンタなど) を高速に相互接続するためのチャネル技術である.

(6) HIPPI (High Performance Parallel Interface)

ANSI NCITS T11 で標準化された, コンピュータの周辺機器 (ディスク装置やプリンタなど) を高速に相互接続するためのチャネル技術である.

(7) HSSI (High Speed Serial Interface)

米国シスコ社が開発した 52Mbps の物理インタフェースで, EIA の標準規格となっている.

D. アクセス系データリンク

加入者宅と ISP 間を結ぶデータリンクをアクセスネットワークと呼ぶ．これまでは，アナログモデムや ISDN を利用していたが，インターネットユーザの急増とともに，さまざまな高速アクセスサービスが提供されるようになってきた．

(1) **ISDN**（Integrated Services Digital Network）

CCITT（現在の ITU-T）を中心に，1980 年代から I シリーズ勧告として標準化が進められた．ISDN では，ベースバンド伝送を採用しており，B チャネル（64/128kbps ベアラサービス）と D チャネル（16/64kbps データサービス）とがある．データ通信に先立って，Q.931 と呼ばれるシグナリングプロトコルを用いてコネクションを確立する NBMA 型のリンクである．

(2) **xDSL**

従来のアナログモデムの代わりに xDSL（Digital Subscriber Line）モデムを局側と対で用いると，既存の電話線を利用して高速アクセスリンクを実現できる．これはアナログモデムでは搬送波が 3.4kHz 以下であったのに対して，xDSL では 30kHz から 1MHz 以上の高い搬送波を使用するためで，伝送速度や，下りと上り速度の対称性などから，表 3.1 に示すような多数の方式がある．現在広く用いられているのは **ADSL Lite** であるが，既存の電話線を利用するため，ISDN 回線から干渉を受けやすく，実際には最大速度の半分以下の低速になったり，利用できなかったりするケースもある．

表 3.1　xDSL の種類と特性

略称	ADSL	ADSL Lite	HDSL	VDSL
フルスペル	Asymmetric DSL (G.dmt, G.922.1)	ADSL Lite (G.lite, G.922.2)	High-Bit-Rate DSL	Very High-Bit-Rate DSL
対称/非対称	非対称	非対称	対称	非対称
伝送速度	下り：～8Mbps 上り：～640kbps	下り：～1.5Mbps 上り：～512kbps	下り：～2Mbps 上り：～2Mbps	下り：～52Mbps 上り：～6.4Mbps
伝送距離	3～4km	3～4km	3～4km	300～500m
ペア線対数	1対	1対	2対	1対

(3) ケーブルモデム

CATVは有線放送システムとして，一般家庭を対象に多数のビデオチャネルを提供する同軸ケーブルを用いたツリー形伝送媒体である．上り方向は雑音が累積しやすく（これを流合雑音という），長い間，単方向サービスが行われてきたが，光ファイバと組み合わせた **HFC**（Hybrid Fiber and Coaxial）の出現によって双方向通信が可能になった．国際規格として **DOCSIS**（Data-Over-Cable Service Interface Specifications）が標準化されている．FDM多重伝送路上で下りは最大42.88Mbps，上りは最大10.24MbpsのBMA型のアクセス系データリンクを提供する．

図3.7は，HFC上にケーブルモデムを適用した広帯域インターネットアクセスサービスのシステム構成例を示している．メールサービスやコンテンツ配信サービスなどを行う各種サーバを備えたヘッドエンドを中心に，ケーブルモデム終端装置（CMTS）を設置した分配ハブを放射状に複数箇所に配備し，その先に光ファイバおよび同軸ケーブルを介してケーブルモデムが接続されている．CMTS当たり数100加入者を，そして大規模なシステムでは半径30kmのサービスエリアで，10万以上の加入者を収容することもある．なお，xDSLモデムも同様であるが，ケーブルモデムとパソコンとは10/100BASE-Tをサポートするネットワークインタフェースを介して接続するのが一般的である．

(4) FTTH

光ファイバを各家庭に直接引き込み，超高速・広帯域の通信環境を提供しようとする計画をFTTH（Fiber To The Home）という．光分岐器を介して1心の光ファイバを最大32家庭で共有しあい，また波長分割多重技術を

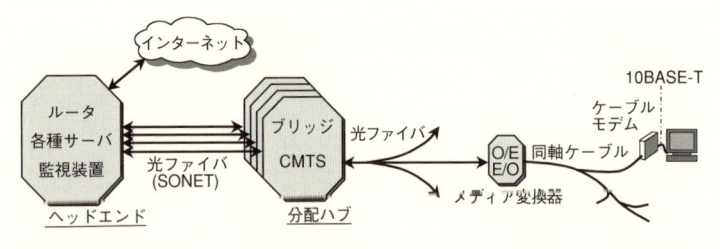

図3.7 ケーブルモデムを用いた広帯域インターネットアクセスサービスの構成

使って最大100Mbpsのインターネット接続サービスや数百チャネルのテレビ映像配信サービスなどを行うことができる．

当初，FTTHは2005年までに希望する家庭に光ファイバを引き込めるようにする構想であったが，2001年にNTT東日本・西日本が開始した常時接続サービスが呼び水となり，都市部を中心に光ファイバの敷設が急ピッチで進み始めた．

E. 広域バックボーン系データリンク

(1) SDH/SONET

高速シリアル伝送方式で，SDH（Synchronous Digital Hierarchy）はITU-Tにおいて標準化され，SONET（Synchronous Optical Network）はANSIによって規格化された．125μ秒単位のフレーム構造をもち，表3.2に示すように，階層的に多重化されている．

なお，SDH/SONET上でのIPパケットの伝送方式には，次のようなものがある（図8.1参照）．

- ➤ POS；PPP over SONET/SDH
- ➤ IP over ATM over SONET/SDH
- ➤ PPP over ATM over SONET/SDH

表3.2 SDHとSONETの階層関係

SDH	SONET	伝送速度
STM-0	OC-1	約52Mbps
STM-1	OC-3	約155Mbps
STM-4	OC-12	約622Mbps
STM-16	OC-48	約2.5Gbps
STM-64	OC-192	約10Gbps
STM-256	OC-768	約40Gbps

(2) フレームリレー（FR；Frame Relay）

フレームリレーは，伝送誤り時の再送制御の割愛など，それまでのパケット交換技術を簡略化することによって，高速パケット伝送を実現したもので，ITU-TおよびANSIにより規格化された．NBMA型のリンクであり，PVC（Permanent Virtual Connection）とSVC（Switched Virtual Connection）の両方が定義されているが，現実のネットワークではPVCのみが運用されている．

(3) ATM（Asynchronous Transfer Mode）

広帯域ISDN（Broadband ISDN）を実現する技術として，1980年代後半からITU-TおよびATMフォーラムによって標準化が行われた．ATMの中では，すべてのデータが53バイトのセルと呼ばれる単位で転送される．セ

ルは 48 バイトのユーザデータ部と，5 バイトのヘッダ部とから構成されている．

ATM は NBMA 型のリンクであり，PVP/PVC（Permanent Virtual Path/Channel）と SVC（Switched Virtual Connection）の両方を提供することができ，さらに 1 対 1 のユニキャスト通信と，1 対多のマルチキャスト通信（1 つの送信元ノードから多数の受信ノードへの片方向通信）が提供可能である．しかし，実際に運用されている ATM ネットワークでは，大半が PVP/PVC のみの提供，すなわちポイントポイントリンクとして使用している．

[例題 3.2] 図 3.7 のケーブルモデムを用いた広帯域インターネットアクセスサービスで，CMTS 当たり 500 加入者を収容した場合，混雑した状態での加入者当たりの実効速度を考察しなさい．

（解答例） ケーブルモデムは伝送媒体を多数の加入者で共有し合う．混雑した状態を「30 % の加入者が同時にサービスを利用し，その中の 15 % が同時にデータを受信（ダウンロード）している」と想定すると

$$42.88\text{Mbps}/(500\text{ 加入者}\times 30\text{ \%}\times 15\text{ \%}) = 1.9\text{Mbps}$$

となる．情報転送に伴う各種オーバーヘッド（IP パケット化，データリンクフレーム化など）を除くと，実質の速度は 1Mbps 程度と推定される．

3.3 無線系データリンク

無線系データリンクとして，無線 LAN と無線アクセス系データリンク，ならびに移動通信に代表されるモバイル系データリンクを取り上げる．これらの無線データリンクに共通することは，建物などでの反射による**マルチパス**の影響を受けることである．また，モバイル環境では，端末が複数のネットワークを次々に移動するため，IP アドレスがそのままでは使えないという問題がある．

A. 無線 LAN

無線 LAN は，ADSL やケーブルモデムによる高速アクセスサービスの普及とともに，オフィスだけでなく家庭内でも配線工事がいらない手軽な高速

表 3.3 IEEE802.11 標準の無線 LAN の仕様

標準規格名	伝送媒体	変調方式	フルスペル	伝送速度
IEEE802.11	電波 2.4GHz	DSSS	Direct Sequence Spread Spectrum	1Mbps 2Mbps
	電波 2.4GHz	FH-SS	Frequency Hopping Spread Spectrum	1Mbps 2Mbps
	赤外 300THz	IM	Intensity Modulation	1Mbps 2Mbps
IEEE802.11a	電波 5GHz 帯	OFDM	Orthogonal Frequency Division Multiplexing	6/12/24Mbps 9/…/54Mbps
IEEE802.11b	電波 2.4GHz	CCK	Complementary Code Keying	5.5Mbps 11Mbps
IEEE802.11g	電波 2.4GHz 帯	OFDM	Orthogonal Frequency Division Multiplexing	6/12/24Mbps 9/…/54Mbps

データ伝送手段として導入されるようになってきた．その規格は，表 3.3 に示すように IEEE802.11 委員会で標準化が進められた．

いずれの規格も **CSMA/CA**（Carrier Sense Multiple Access with Collision Avoidance）というデータを送信する前に衝突確率を下げるための衝突回避動作をアクセス制御方式として適用している．

伝送媒体として**赤外線**を利用する規格もあるが，伝送経路上に壁などの遮蔽物があると通信できないことから，ほとんど使われていないようである．

2.4GHz 帯の **ISM**（Industrial Scientific Medical）バンドでは，スペクトル拡散変調方式（CCK は DSSS の派生方式）が用いられ，IEEE802.11b では最大 11Mbps までのデータリンクを，OFDM 変調方式を用いる IEEE802.11a，g では，5GHz 帯と 2.4GHz 帯で 54Mbps までのデータリンクを利用することができる．

また，無線 LAN には，図 3.8 に示すように 3 つの通信形態がある．**アドホックモード**は，ノード同士が直接通信し合うもので，ミーティングなどの際に臨時に小規模なネットワークを構成する場合に適している．**インフラストラクチャモード**は，アクセスポイントを中心にセル（電波の届く範囲）を形成し，アクセスポイントと有線 LAN を介してサーバなどをアクセスする形態で用いられる．セルの中に第三者が入り込んで許可なく通信ができないよう，アクセスポイントやノードに識別子を付与してグループを組み，各セルで通信できるノードを制限する方法が取られる．

以上の 2 つの通信形態では，通常 20m から 100m 程度の範囲でしか電波が届かない．これは電波法によって，放射できる電波の強度（EIRP；等価等方放射電力）が低く抑えられているためである．対向モードはパラボラアンテナのような利得の高いアンテナを受信側に用いることによって，電波法の規定を満たしながら，数 km の距離で無線データリンクの設定を可能にするもので，事業所間などでの安価な通信手段として用いることができる．

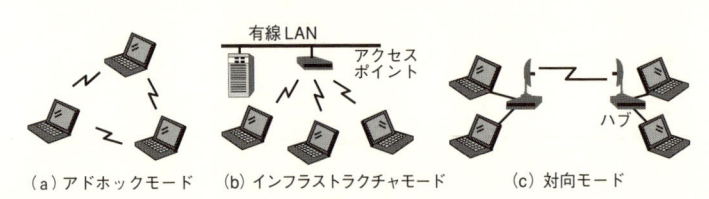

(a) アドホックモード　(b) インフラストラクチャモード　(c) 対向モード

図 3.8　無線 LAN の通信形態

B.　加入者無線アクセス：FWA

前述したように，有線系アクセスには xDSL やケーブルモデム，FTTH があるが，ユーザにより多くの選択肢を与える上で加入者無線アクセス（FWA；Fixed Wireless Access）の導入が世界的な規模で進められようとしている．FWA は加入者宅までケーブルを敷設する必要がなく，短期間で経済的にサービス展開できるためである．

FWA には，22GHz，26GHz，38GHz などのミリ波帯と，2.5GHz や 3.5GHz などのマイクロ波帯の割当てが世界無線主官庁会議（WARC）にて検討されている．ミリ波帯は前述したように降雨による減衰が激しいため，雨が多い地域では伝送距離を長く取れない（日本では 1～2km）が，帯域を広く取れるため STM-1（155Mbps）や STM-4（622Mbps）クラスの対向モードの無線データリンクを形成したり，企業対象の 1 対多方向形の広帯域無線アクセスデータリンクを提供したりすることができる．

一方，マイクロ波帯は降雨による減衰がないことから，図 3.9 に示すように半径 50km にも及ぶ広範囲なサービスエリアを形成することができる．また，マルチパス対策のためには OFDM 変調方式が有効とされているが，このマルチパスを逆手に取って建物の影などに位置する加入者に対しても反

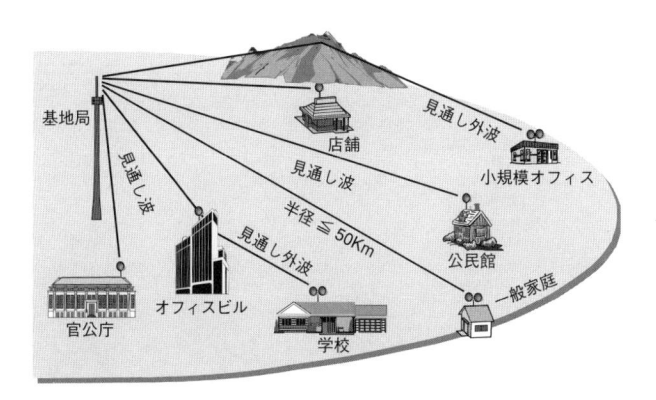

図3.9 マイクロ波無線アクセスネットワークのイメージ例

射波（これを見通し外波という）で通信を行うことによって高い接続率を実現できる．人口10万人規模の都市で一気に高速インターネットアクセスサービスを展開できることから，発展途上国におけるディジタルデバイド（情報格差）解消策としても強い期待がもたれている．

C. モバイル系データリンク

移動通信（モバイル）システムの世代の変遷とそのアーキテクチャを概観した後，PHSによる回線交換型と，iモードに代表されるパケット交換型のモバイル系データリンクを取り上げ，さらに第3世代の移動通信システムとして期待されているIMT-2000についても概説する．

（1）移動通信システムの変遷

図3.10は移動通信システムの世代の変遷を示している．音声中心に利用されたアナログ方式の第1世代では，1994年からの携帯電話機の買い取り制度の導入が，移動通信を大きく普及させるきっかけとなった．

現在の第2世代では，ディジタル化によって音声とともに低速（〜64kbps）でのインターネットアクセスが可能になり，NTTドコモが1999年2月に開始したiモードサービスは瞬く間に2,000万人を超えるユーザを獲得し，**モバイルインターネット**の発展性に世界の注目が集まった．しかしながら，同図に示すように複数のシステムが並存し，1つの端末で世界中のどこででもサービスを受けられないという問題も露呈した．

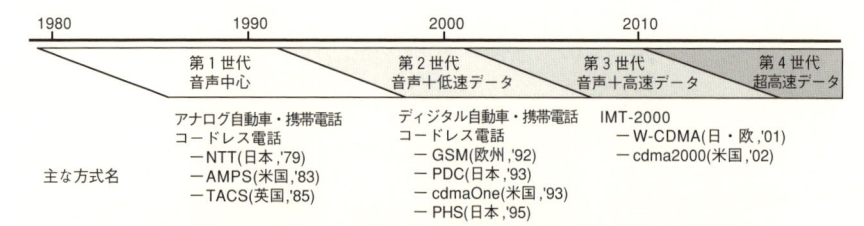

```
          1980         1990         2000         2010
                    第1世代        第2世代       第3世代      第4世代
                    音声中心      音声＋低速データ  音声＋高速データ 超高速データ
```

主な方式名
- アナログ自動車・携帯電話 コードレス電話
  - NTT(日本,'79)
  - AMPS(米国,'83)
  - TACS(英国,'85)
- ディジタル自動車・携帯電話 コードレス電話
  - GSM(欧州,'92)
  - PDC(日本,'93)
  - cdmaOne(米国,'93)
  - PHS(日本,'95)
- IMT-2000
  - W-CDMA(日・欧,'01)
  - cdma2000(米国,'02)

AMPS: Advanced Mobile Phone System, CDMA: Code Division Multiple Access, GSM: Global System for Mobile Communications, IMT-2000: International Mobile Telecommunication 2000, PDC: Personal Digital Cellular, PHS: Personal Handyphone System, TACS: Total Access Communication System, W-CDMA: Wideband CDMA

図 3.10　移動通信システムの世代の変遷

こうした経緯を経て，1つの端末で世界中どこででもサービスを享受できることと，モバイルインターネットのさらなる普及を期待して，第3世代に向けた研究開発が国内外で活発に進められた．2000年5月に世界標準方式として IMT-2000 が勧告化され，2001年から順次サービスが開始されようとしている．

さらに，モバイル環境にて超高速データのサービスの提供を目指した第4世代の研究開発が始まりつつある．

(2) 移動通信システムのアーキテクチャ

図 3.11 は移動通信システムの基本構造を示したもので，音声と回線交換型データを扱う回線交換型と，モバイルインターネットに特化したパケット交換型の2つのネットワークと**基地局**からモバイルネットワークを構成している．ゲートウェイ（PGW, GMSC）を介して，公衆電話網もしくは ISDN ならびにインターネットと接続しており，またパケット処理装置（PPM）および移動交換局（MSC）は，おのおの別々に変復調が行われ基地局を介してモバイル端末あるいはモバイル端末を経てパソコンとの間にモバイル系データリンクを形成する．

ところで，モバイル端末はモバイルネットワーク内を自由に移動できることが前提であるため，固定ネットワーク上のインタフェースに対して付与するIPアドレスをそのままモバイル端末には適用できないこと，モバイル端末が高度な処理能力や表示能力をもっていないことから，第2世代では通信事業者ごとにアプリケーション層を含めて独自のプロトコルやWebページ

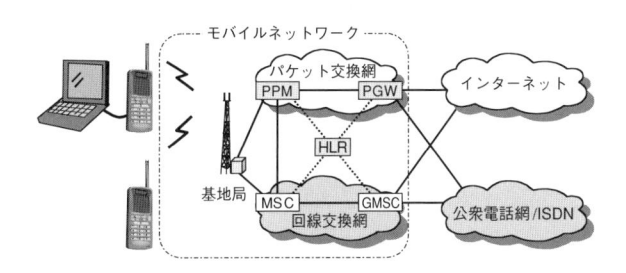

GMSC : Gateway MSC, HLR : Home Location Register, MSC : Mobile Switching Center, PGW : Packet Gateway, PPM : Packet Processing Module

図 3.11　移動通信システムの構成

を記述するためのマークアップ言語を採用している（図 6.5）．モバイル端末の位置情報や電話番号を記憶しておく**ロケーションレジスタ（HLR）**と連動して，IP アドレスとモバイルネットワーク内のアドレス変換（トンネリング）およびプロトコル変換などを行うのがゲートウェイである．

なお，1 章で述べたように，回線交換方式は割り当てられた回線を 1 ユーザが専有して通信する方式で，回線を専有している時間に応じて課金されるため，電話のようにリアルタイム性が必要で単位時間当たりのデータ発生量が一定なものに適している．一方，パケット交換方式は 1 つの回線を複数のユーザで共有し合って通信するため，実際に通信した情報量に応じて課金されるのが一般的で，Web アクセスやメールの送受信のようにデータの発生が間欠的なモバイルインターネットアクセスに適した方式といえる．

(3) PHS PIAFS 方式

第 1 世代のアナログコードレス電話から発展したのが，ディジタルコードレス電話 PHS である．PHS は，図 3.11 の回線交換網を ISDN 網で構成した簡易型の移動通信システムで，PIAFS（PHS Internet Access Forum Standard）と呼ぶ無線伝送プロトコルを用いて回線交換型のデータリンクを提供する．

図 3.12 に示すように，1 フレーム 5msec 周期の TDD（Time Division Duplex，同じ周波数を使って時分割で双方向通信する）方式を用いており，フレーム内には 32kbps 相当のタイムスロットが 4 つ用意されている．このタイムスロットの割当て数によって 32kbps または 64kbps のデータリンク

を提供する．PDC Packet より高速で通信時間課金も安いため，ノート型パソコンによるモバイルコンピューティング手段として広く使われている．

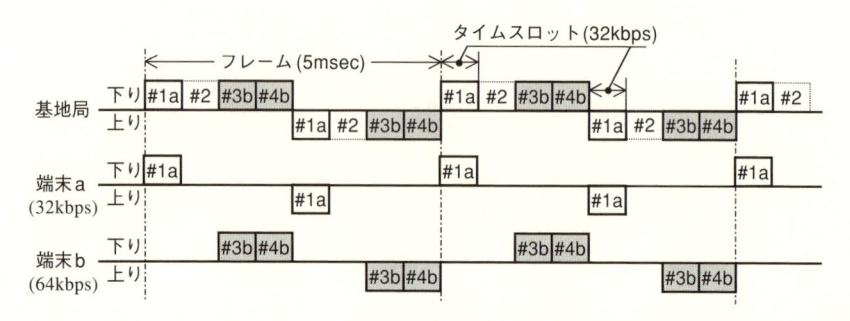

図 3.12　PIAFS の無線チャネル割当て

(4) PDC-Packet

第 2 世代自動車携帯電話の 1 つである PDC をベースとしたパケット交換型のデータリンクを提供する．図 3.13 に示すように，1 フレーム 20msec 周期の FDD (Frequency Division Duplex，異なる周波数を使って双方向通信する）方式を用いており，フレーム内には 9.6kbps 相当のタイムスロットが 3 つ用意されている．このタイムスロットは送信データに対して動的に割り当てられ，3 スロットを同時に使用して最大 28.8kbps の伝送速度を実現することができる．i モードとして広く利用されていることは承知のとおりである．

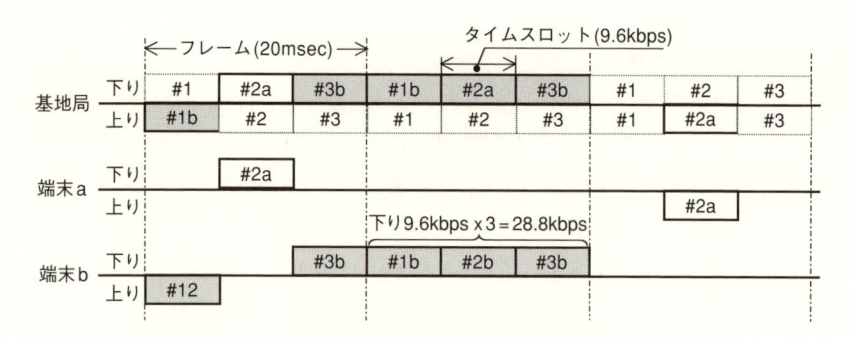

図 3.13　PDC-Packet のマルチスロット伝送

(5) IMT-2000

次世代の移動通信方式となる IMT-2000 は，図 3.14 に示す目標を掲げて 1980 年代半ばから ITU にて標準化作業が開始され，1999 年に合計 5 つの規格が制定された．その中の日本と欧州が共同提案した W-CDMA と米国が提案した cdma2000 が実用化に向けて開発が進められ，2001 年から順次サービスが開始される予定である．

IMT-2000 の特徴は，① 音質の向上と**ソフトハンドオーバ**（セル間を移動する際，複数のセルとリンクを維持することによって瞬断をなくす）の採用による固定網並みサービス品質の提供，② 各種コンテンツ配信やテレビ会議などを可能とする**モバイルマルチメディア**の実現，③ **高速多元レート**の提供：144kbps（自動車による高速移動時），384kbps（歩行程度の低速移動時）および 2Mbps（室内），④ **国際ローミング**（同じ端末で世界中で通信できるようにすること）によるグローバルモビリティの実現，さらに ⑤ CDMA 方式の採用による周波数利用効率の向上と周波数管理からの解放（PDC などではセル間で周波数を変えることによって干渉を抑圧していたが，CDMA では拡散符号によってセル間干渉を抑圧する）などである．

IMT-2000 の狙い
- 固定網並みサービス品質の提供
- モバイルマルチメディアの実現
- 高速多元レートの提供
- グローバルモビリティの実現
- 無線周波数資源の有効利用

図 3.14　IMT-2000 の狙い

[例題 3.3] 　無線通信では，伝送距離の 2 乗に比例して電波の強度が減衰する．インフラストラクチャモードで，半径 100m のセル（見通し通信）を形成できる無線 LAN を使って，対向モードで 5km の無線データリンクを形成したい．送受信アンテナに必要な利得を求めよ．

(解答例)　電波法によって無線 LAN で放射できる電波の強度（EIRP）が規制されているため，送信アンテナの利得はインフラストラクチャモードと同じでなければならない．受信アンテナは，$10 \cdot \log\{(5km/100m)^2\} = 34dB$ から，インフラストラクチャモードより 34dB 利得の高いものに変える必要がある．

演習問題

3.1 超広帯域バックボーン系データリンクや高速アクセス系データリンクの実現は，これまでの電話回線中心だったインターネットの利用形態をどのように変えていくか考察せよ．

3.2 伝送媒体には，メタリック，光ファイバそして無線があるが，おのおのの長所と短所を列挙し，おのおのの適用領域を考察せよ．

3.3 データリンクは多種多様である．利用可能なデータリンクを挙げ，それぞれのコスト（ビット単価など）を比較せよ．（数名のグループで行うことが望ましい）

3.4 異なる伝送メディアを相互接続する方法（メディア変換も含む）を列挙し，その技術的な特徴を整理せよ．

3.5 (7,4) 符号の生成多項式は，$G(x) = x^3+x+1$ である．① この検査符号の生成回路を示し，コンピュータ上に実現せよ．② コンピュータ上の回路を使って，16とおりの符号語を生成せよ．③ 生成した16とおりの符号語を回路に入力し，シフトレジスタがすべて"0"になることを確認せよ．④ 符号語に故意にビット誤りを混入させ，回路によって誤りが検出できることを確認せよ．

3.6 本章で取り上げた各種データ伝送技術と，有線系および無線系データリンクとの対応関係を（図3.5のような表形式に）まとめよ．

3.7 イーサネット用のスイッチには，ハブとスイッチの2つの種類が存在する．それぞれの技術的な特徴を整理せよ．

3.8 学習型のブリッジとスイッチにおいて，(1) ホストが別のポートに移動した場合，(2) 片方向のデータ通信しか行わない場合に，運用上で留意すべき点を述べよ．

3.9 有線LANのイーサネットではCSMA/CD方式が，一方無線LANではCSMA/CA方式が用いられているが，おのおのメカニズムを調べ，なぜ無線LANではCSMA/CD方式が適用できないか考察せよ．

3.10 IMT-2000で提供される高速モバイル系データリンク（〜384kbps）を活かした新しいモバイルインターネットサービスを創造せよ．（数名のグループで行うことが望ましい）

4 トランスポート層

インターネットにおけるパケット転送は，ベストエフォート型のためパケットが紛失したり，遅延時間が揺らいだりする．エンドホスト間でこうした問題を解決するために，TCPをはじめとするトランスポートプロトコルが用意されている．

トランスポート層が提供する機能は，エンドホスト間で良好なデータ通信を実現することにある．そのために，インターネットではTCPとUDPとが定義され利用されている．TCPとUDPを基本として構築運用されてきたインターネットは，マルチメディア化に対応するために，RTPやRSVPの開発と導入を進めている．

4.1 トランスポート層の役割

トランスポート層は，アプリケーション層とインターネット層（IP）の間に存在し，以下の2つの機能を提供する．

A. ソケットAPI

アプリケーションモジュールとオペレーティングシステム（OS）のカーネルモジュールとの間でのデータ通信に必要なAPI（Application Programming Interface）を提供する．Windowsシステムでは"Winsock"と呼んでいるが，最初に実装されたUNIXシステムの"Socket"が広く用いられている．本書では，これをソケットAPIと呼ぶこととする．ソケットAPIは，

TCP/IP を用いたプロセス間での通信（IPC ; Interprocess Communication）を実現するために抽象化されたインタフェースである．

ソケット API を用いることによって，ユーザアプリケーションは，あたかも自分のコンピュータのローカルファイルにデータを読み書き（read/write）するように，ネットワークで接続された別のコンピュータのファイルに読み書きを行うことができる．すなわち，ソケット API はネットワークを抽象化して，仮想的にファイルに見せかけることができる．ソケット API を通じて，RTP，TCP，UDP モジュールとアプリケーションモジュール間でのデータの受け渡しが行われる．

アプリケーションモジュールとカーネルモジュールとの間のインタフェースが抽象化され統一化されることで，各研究開発者やグループは，OS の違いを意識することなく，独立にソフトウェアモジュールの開発を行うことができるようになる．すなわち，ソケット API は，さまざまな種別のアプリケーションプログラムに対して，ネットワークサービスをファイルアクセスとほぼ同じインタフェースで提供するための共通の抽象化されたインタフェース（データ構造と機能）を提供していることになる．

図 4.1 は，一般的なコンピュータシステムにおけるインターネット関連のソフトウェアモジュールの構造を示している．トランスポート層をなす

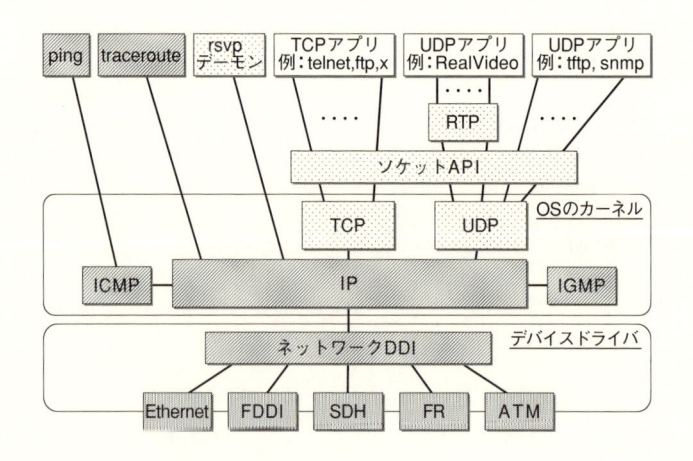

図 4.1　OS カーネルとインタフェース

TCP および UDP は OS のカーネルに，RSVP（rsvp デーモン）および RTP はユーザ空間に存在している．TCP および UDP を用いたアプリケーションは，ソケット API を通じてカーネル内の TCP および UDP モジュールとデータのやり取りを行う．TCP および UDP モジュールは，ソケット API を用いて複数のアプリケーションを同時に実行(アプリケーションの多重化)させることができる．

リアルタイム系のアプリケーション（RealVideo など）は，UDP モジュールとの間に RTP モジュールが存在する形をとる．RTP モジュールは，エンドホスト間でのリアルタイムパケット転送に必要な処理と制御を行う．また，RSVP（通信品質制御のためのシグナリング）プロトコル処理を行う rsvp デーモンは，TCP や UDP を使用しないユーザアプリケーションとして動作する．

B. エンド-エンドでのデータ通信

自コンピュータシステム内での Read/Write と同じように，ネットワークを介したデータ通信を実現するために，トランスポート層はエンド-エンドでのデータ通信機能，すなわちコンピュータの間で誤りのない良質なデータ転送を実現するための機能（たとえば輻輳制御，誤り訂正機能）を提供する．エンド-エンドでの誤りのないデータ転送を提供することで，コンピュータシステム内でのプロセス間でのデータ交換と，ネットワークを介したデータ交換とを同一のものとして扱うことが可能となる．

[例題 4.1] インターネットシステムでは，2 つのインタフェースの抽象化が行われている．具体的には，ソケット API とネットワーク DDI の 2 つである．この 2 つは何を抽象化するかと，その抽象化に起因するソフトウェア上の利点を述べよ．
(解答例) インターネットシステムでは，種々のデータリンクをデバイスという形で抽象化し，そのデバイスに IP アドレスを割り当てている．OS のカーネルモジュールとデバイス間のインタフェースは，ネットワーク DDI によって統一されているので，データリンクの種別を意識せずにデータ転送を行うことができる．

ソケット API は，OS のカーネルモジュールとアプリケーションの間で定義された TCP および UDP 用のインタフェースである．"Socket" は，もともと分散コン

ピューティング環境におけるプロセス間通信のために設計されたもので，複数のコンピュータの間でトランスペアレントなプロセス間通信を実現するものである．すなわち，自コンピュータ内でのプロセス間か，ネットワーク上の他ホストのプロセスとの間かを意識せずにデータ交換を行うことができる．

　ネットワーク DDI とソケット API によって，カーネルモジュールと，データリンクおよびアプリケーションプログラムとの間のインタフェースが統一化されたことで，特定のデバイスあるいは特定のアプリケーションに依存しない形で，カーネルソフトウェアの設計と開発を行うことができる．また，アプリケーションにとっても，統一的なインタフェースを使用することによって，カーネルとの間でのデータのやり取りと，任意のホストのアプリケーションとの間でのデータのやり取りが保証される．

4.2　伝送制御プロトコル：TCP

A.　TCP の基本動作

　TCP が提供する機能は，① フロー制御，② エラー制御/再送制御，③ コネクション管理，④ コネクションの多重化の機能である．

　TCP は，TCP ヘッダ（可変長でオプションがない場合 20 バイト）をもち，ポート番号（16 ビット）を用いて TCP コネクションの多重化機能を提

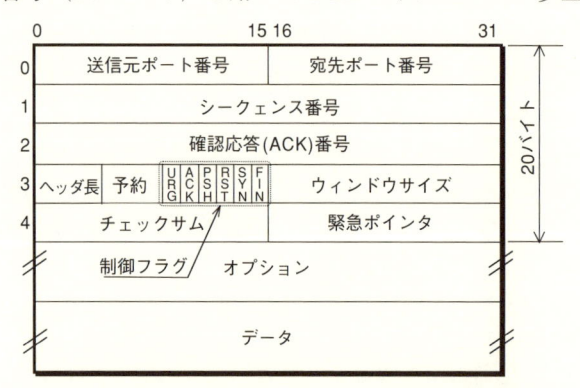

```
     0              15 16            31
  0 |  送信元ポート番号 |  宛先ポート番号   |
  1 |         シーケンス番号             |
  2 |        確認応答(ACK)番号           |
  3 |ヘッダ長|予約|URG ACK PSH RST SYN FIN| ウィンドウサイズ |
  4 |   チェックサム    |   緊急ポインタ    |
    |  制御フラグ   オプション            |
    |            データ                 |
```
（20バイト）

ACK：Acknowledgement Field Significant, FIN：No More Data From Sender, PSH：Push Function, RST：Reset the Connection, SYN：Synchronize Sequence Numbers, URG：Urgent Pointer Field Significant

図 4.2　TCP パケットの構成

供する．ポート番号を利用することで，ホスト間に複数の TCP コネクションを同時に確立することができる（図 4.2）．

TCP を用いたデータ通信は，**3 ウェイハンドシェイク手順**を用いてストリームオリエンティッドな **TCP コネクション**（仮想コネクション）を確立する（図 4.3）．なお，TCP コネクションは，socket とも呼ばれる．TCP コネクションの設定要求を受けるサーバ側は，いわゆるデーモン（たとえば ftp デーモン）と呼ばれるプロセスが動作している．

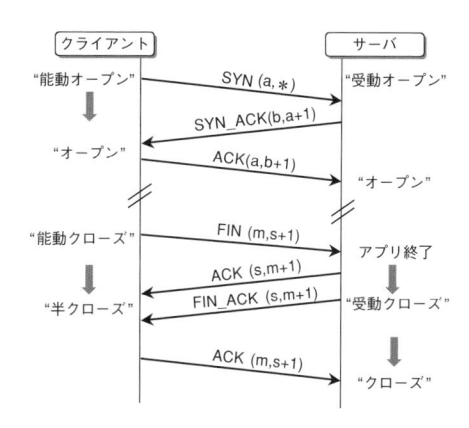

図 4.3 TCP コネクションの確立と解放

デーモンは通常はアイドル状態で，TCP コネクションの設定要求（これを SYN パケットと呼ぶ）の受信を待ち受けている．これを**受動オープン**の状態と呼ぶ．一方，クライアント側は，TCP コネクションの設定要求がアプリケーションから発生すると，TCP コネクションの開設を始める．これにより，クライアント側の TCP コネクションは**能動オープン**の状態になり，SYN パケットがクライアントからサーバに転送される（SYN (a,*)，"*" は任意数）．SYN パケットでは TCP ヘッダ中の制御フラグフィールドの SYN ビットが "1" にセットされている．SYN パケットを受け取ったサーバは，SYN_ACK パケットをクライアントに転送する．SYN_ACK パケットでは SYN ビットと ACK ビットの両方が "1" にセットされている．なお，サーバは SYN パケットの受信によってソケットの開設処理を開始する．SYN_ACK パケットを受信したクライアントは，オープンの状態（TCP コネクションが開設された状態）となり，SYN_ACK パケットに対する受信確認をサーバに行うために，ACK パケットをサーバに送信する．この ACK パケットでは ACK ビットが "1" にセットされている．サーバはこの ACK パケットの受信によってオープン状態となり，TCP コネクションが開設される．このように，TCP では TCP コネクションの開設のために，SYN（クラ

イアント⇒サーバ），SYN_ACK（サーバ⇒クライアント），ACK（クライアント⇒サーバ）の3つのパケットのやり取りが行われる．これを3ウェイハンドシェイク（3-Way-Handshake）と呼んでいる．3ウェイハンドシェイクの手順により，TCPコネクションの開設のためのパケットが転送中に紛失した場合でも，良好に動作する．

　一方，TCPコネクションの解放には，4つのパケットがクライアントとサーバとの間でやり取りされる．図4.3では，クライアントが，TCPコネクションのクローズを要求している．クライアントは，FINパケット（制御フラグフィールドのFINビットが"1"）を送信し，能動クローズの状態となる．FINパケットを受け取ったサーバは，まず，FINパケットに対するACKパケット（ACKビットが"1"）を送信する．ACKパケットの送信後，サーバはFIN_ACKパケット（FINビットとACKビットが"1"）を送信し，受動クローズの状態となる．FIN_ACKパケットを受信したクライアントは，ACKパケット（ACKビットが"1"）を送信する．クライアントはサーバからのACKパケットの受信により半クローズと呼ばれる状態になり，その後，FIN_ACKパケットの受信とACKパケットの送信によりクローズの状態となる．サーバはクライアントからのACKパケット（ACKビットが"1"）の受信によりクローズの状態となる．このように，TCPコネクションの開設に3パケット，解放に4パケットがホスト間で交換される．

　TCPを用いたデータ通信では，ホスト間で同時に両方向での送信が可能な全2重のデータ通信サービスを提供する．誤りのないデータ通信を提供するために，**データの送達確認**（ACK；Acknowledgement）を行う．正確には送達ではなく，次に受信すべきデータのシークエンス番号が，TCPヘッダの"確認応答番号"フィールド（32ビット）を用いて，相手側のTCPモジュールに通知される．また，自ホストから転送したデータの末尾バイトのシークエンス番号は，"宛先ポート番号"フィールドの後の"シークエンス番号"フィールドで，通信相手のTCPモジュールに通知される．なお，**シークエンス番号**（SN）は32ビットで，TCPモジュールが送信するデータ（バイト単位）の順番をバイト単位で表現している．2^{32}バイト（＝約4GB）のデータが転送されると同じ番号が現れる．

図 4.3 における "a, b, m, s" は，このシーケンス番号（SN）を示している．サーバを受動オープンにするための SYN (a,*) パケットの "a" は，クライアント側のデータの SN を表している．すなわち，クライアントは，"a" バイト目までのデータをサーバに送信したことを，サーバに通知している．SYN (a,*) パケットを受信したサーバは，SYN_ACK (b,a+1) というパケットをクライアントに送信する．"a+1" は，確認応答番号フィールドの値で，サーバは，次には "a+1" バイト目からのデータの転送を期待している（すなわち，"a" バイト目までは受信した）ということを，クライアントに通知していることになる．

　一方，"b" はシーケンス番号フィールドの値で，サーバは，"b" バイト目までのデータをクライアントに送信したことを，クライアントに通知している．SYN_ACK (b,a+1) パケットを受信したクライアントは，ACK (b+1,a) パケットをサーバに転送する．ACK (b+1,a) パケットは，クライアントが次には "b+1" バイト目からのデータ転送を期待していて（"b" バイト目までは受信した），サーバに向けて "a" バイト目までのデータを送信したということを通知している．

　TCP コネクションは，|送信元 IP アドレス，送信元ポート番号，宛先 IP アドレス，宛先ポート番号| の 4 つの値の組で識別される．ポート番号は，IANA によって管理されている部分と，各ユーザが自由に使用可能な部分（49,152 〜 65,535）とが定義されている．0 〜 1,023 はウェルノウン（Well-Known）ポート，1,024 〜 49,151 は予約された（Registered）ポートである．たとえば，"80" は Web システムで使われている http 用の番号，"23" は telnet 用のポート番号である．

　TCP では，TCP コネクションの開設，維持，解放を行うために，TCP モジュールと IP モジュールの間には "send" と "receive" の 2 つの機能，アプリケーションと TCP モジュールの間には "open"，"send"，"receive"，"status"，"abort"，"close" の 6 つの機能を定義している．"send" は "write" に対応し，"receive" は "read" に対応する．

B. フロー制御

TCP におけるデータ転送には，小さなデータを多数やり取りするインタラクティブデータ転送と，大きなデータを効率よく転送するバルクデータ転送の2種類が存在する．

受信側では，TCP コネクションごとに受信用のバッファ（メモリ空間）が割り当てられる．データを受信すると，まず受信バッファにデータを格納し，アプリケーションにデータが到着したことを知らせる．アプリケーションがこれを読み出すと，受信バッファからデータが削除され，次のデータを取り込むことができる．アプリケーションが読み出す以上の速度で送信側がデータを送信すると，受信バッファから溢れ出し（オーバーフロー），正常なデータ通信ができなくなるばかりか，コンピュータの動作が不安定になったりする．

バッファオーバーフローは，ネットワーク上のルータでも生じる（トラフィックが1箇所に集中したときなど．これを輻輳と呼ぶ）が，この場合にはパケットが廃棄もしくは紛失して受信側に届かなくなる．

このような事態に陥らないように，TCP では受信側の状態やネットワークの状況に応じで，転送速度を調整する手段が講じられている．これをフロー制御と呼ぶ．

(1) インタラクティブデータ転送

インタラクティブ転送では，基本動作はキーボードから入力される1バイトデータごとにデータを転送し，受信側は各 IP パケットの受信ごとに確認応答パケット（ACK；Acknowledgement）を転送する．このように，1バイト（1キャラクタ）ごとにパケットを転送し，その確認パケットが返送されるのでは非効率的な場合がある．そのために，① ACK パケットを集約化する遅延確認応答（Delayed ACK）と，② 送信パケットを集約化する Negle アルゴリズムが提供されている．

(2) バルクデータ転送

インターネットにおけるデータ転送の大部分を占めており，ウィンドウ制御を用いたパイプライン（流れ作業のように順次処理していくこと）によっ

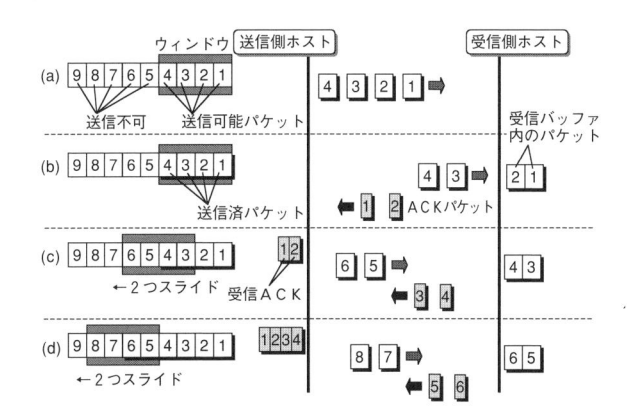

図 4.4 スライディングウィンドウの原理

て効率的に大量のデータ転送を行うことができる．

図 4.4 に示すように，ウィンドウ制御では，ウィンドウサイズ（バイト数）内のデータ（同図(a)のパケット 1,2,3,4）は，受信ホストからの確認応答を受信しなくても連続的に先送りを行うことができる．これにより，送信側ホストはパイプライン式に IP パケットを送信することができる．送信側ホストでは，ACK パケット（同図(c)の受信 ACK1,2）の受信により受信ホストでの受信が確認された分だけ，ウィンドウをスライドさせる（同図(c), (d)）．これを**スライディングウィンドウ**と呼ぶ．

なお，ウィンドウサイズは，受信側ホストが送信ホストに通知するもので，受信ホストの使用可能なバッファ量を示している．つまり，受信ホストの空きバッファ量が少なくなると，スライディングウィンドウを小さくすることによって，バッファオーバーフローを防いでいる．

一方，ネットワーク中のルータのバッファオーバーフローに対応するため，TCP ではもう 1 つのウィンドウが定義されている．これを輻輳ウィンドウと呼ぶ．輻輳ウィンドウは送信側ホストにより決定されるが，確認応答なしに実際に転送されるデータの量は，輻輳ウィンドウとスライディングウィンドウの小さい方の値となる．

図 4.5 に示すように，**輻輳ウィンドウ**は ACK パケットの受信状況をもとに制御される（TCP のバージョンによって，さまざまな計算方法を用いて

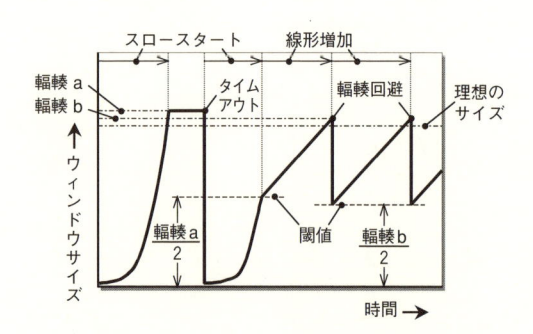

図 4.5 輻輳ウィンドウの時間変化の典型例

いる).初期値は"1"(セグメント)であり(これを**スロースタート**と呼ぶ),閾値以下では指数関数状にウィンドウ幅が増加する.閾値を超えると,線形増加,輻輳が発生(IP パケットの廃棄)すると閾値を 1/2 に設定する方法が一般的に適用されている.

なお,最も効率的にデータが転送されるときのウィンドウサイズは

$$\{BW\} \times \{RTT\}$$

で与えられる.ただし,BW(BandWidth)はエンド - エンド間で使用できる帯域幅,RTT(Round Trip Time)はデータを送ってから確認応答パケットが返ってくるまでの時間である.

C. 再 送 制 御

送信した IP パケットがネットワーク内で廃棄された場合には,以下のケースで IP パケットの再送が行われる.

(1) 再送タイマーがゼロになったとき

RTO(Retransmission TimeOut)以上の時間が経過しても ACK パケットが受信されない場合に,IP パケットの再送を行う.RTO は再送時に 2 倍に変更され(64 秒以上にはしない),9 分間再送を試み,それでも ACK パケットを受信しない場合には,TCP コネクションを解放する.なお,RTO は,IP パケットの転送時に測定される RTT 値をもとに計算される.

最近は,以下のような計算式が利用されている.

$$RTO = \{平均 RTT\} + 4 \times \{標準偏差\}$$

(2) 同一 ACK パケットを複数受信したとき

図 4.6 は Fast Retransmission あるいは Fast Recovery と呼ばれる方法を示している．同図において，紛失するパケット「6657:6912(256) ack 7」は，6657 バイト目から 6912 バイト目までの 256 バイトのデータがあり，受信側ホストに対して "7" バイト目のデータを期待していることを意味している．また，受信側ホストからは，「6:6(0) ack 6657」，すなわち，6657 バイト目のデータ受信を期待しているという ACK パケットが，送信側ホストから送られるデータパケットの受信ごとに返送される．送信側ホストはスライディングウィンドウ制御により，確認応答なしに連続してデータパケットを転送している．送信側ホストは，同一の ACK パケット（正確には，同じ確認応答番号をもつパケット）を 4 回続けて受信することによって，6657 バイト目からのデータをもつパケットが紛失したと判断し，該当するパケットを再送する．その後，RTT ほどの時間を待ち，再送パケットに対する確認応答番号（図の例では 8449）をもつ ACK パケットを受信することによって，再送したパケットが正しくデータ受信ホストによって受信されたことを確認する．このような，再送方式により，転送途中で廃棄された

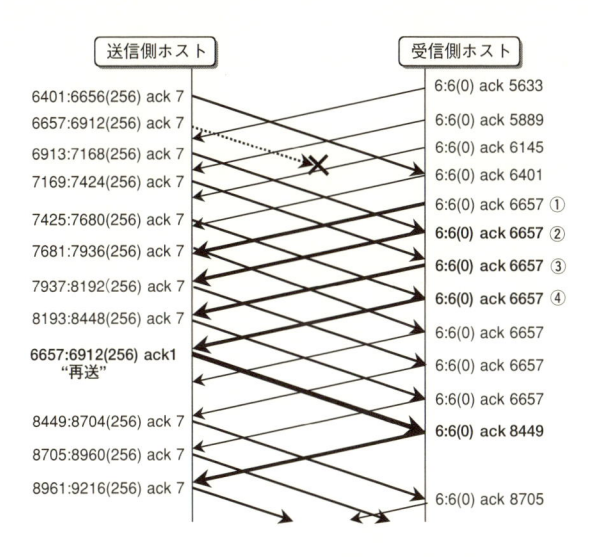

図 4.6 同一 ACK パケット受信による再送制御

IPパケットのみが，選択的に再送されることになる．これを選択再送と呼ぶ．

D. TCP Persist Timer（デッドロック回避）

受信ホストから通知されるウィンドウサイズが"0"でも，1バイトのデータを送信できるようにするための機能である．これは，送信ホストからデータが送信できないことにより発生するデッドロック現象の回避と，受信ホストのプロセスの生存確認が目的である．

E. Keep Alive Timer（**生存確認**）

アプリケーションによっては，非常に長い間にわたってデータの送受信を行わなくても，TCPコネクションを維持するような場合がある．しかし，受信ホストのプロセスが通知なく終了してしまった場合にも，同様にデータの送受信は行われなくなってしまう．このような2つのケースを区別し，後者の場合にはTCPコネクションを強制的に解放する処置が必要になる．このために準備されているのが，Keep Alive Timer機能である．2時間ごとにTCPコネクション（通信相手のホストのTCPプロセス）の生存確認を行い，確認応答がない場合には75秒間隔で生存確認のためのパケットを転送し，10回連続して応答がないときにはTCPコネクションの解放を行う．

F. パスMTU検索

送受信ホスト間で転送可能な最大パケット長（MTU；Maximum Transmission Unit）を検索するためのプロトコルである．ICMPのDF（Don't Fragment）オプションを用いて送信ホストから転送するパケット長を増加させながら，転送可能な最大のパケットサイズを検索する．経路の変更に対応するために10分ごとに実行される．IPv6では必須の機能とされている．

G. TCP次世代技術

次世代インターネットは,高速データ通信,低遅延トランズアクション処理,

さらに無線を用いたモバイル通信の環境を提供する必要がある．このような環境に対応するために，今後，以下のような機能を導入する必要がある．

(1) TCPウィンドウ拡大オプション

広域でTCPを用いた広帯域なデータ転送を行う場合には，TCPウィンドウ拡大オプションを適用する必要がある．エンド端末間で使用するウィンドウサイズを拡大するためのオプションが，RFC1323で定義されている．ウィンドウサイズが{RTT × BW}よりも大きいときにのみ，帯域を100%使ったデータ転送が可能である．ウィンドウサイズのデフォルト値は64KBである．

表4.1に典型的なネットワーク条件で必要なウィンドウサイズを示す．たとえば，45Mbps（T3リンク）のデータ回線が北米の東海岸と西海岸の間に存在する場合には，RTTは約60ミリ秒となるため，64KBのウィンドウサイズ

表4.1 高速広域データ転送に必要なウィンドウサイズ

ネットワーク	BW (bps)	RTT (ms)	BW x RTT(kB)
Ethernet	10 M	3	4
T1（大陸間）	1.5 M	60	12
T1（衛星）	1.5 M	500	97
T3（大陸間）	45 M	60	338
OC-48（大陸間）	2.4 G	60	18,000

では，8.53Mbps（= 64K × 8bits / 60ミリ秒）が理論上での最大の転送速度となる．つまり，45Mbpsの通信回線があっても，エンド端末間では約19%の帯域しか使うことができないことになる．60ミリ秒のRTTの環境で45Mbpsの速度でデータ転送を行うためには，約340KB以上のウィンドウサイズが必要となる．

ウィンドウ拡大オプションでは64KBを基本単位として，その2のべき乗倍の大きさのウィンドウサイズを定義することができる．したがって，60ミリ秒のRTTをもつ45Mbpsのデータ回線で，エンド端末間で45Mbpsの速度でデータ転送を行うためには，ウィンドウサイズを512KB（= 64KB × 8）に設定する．今後，データ通信の高速化に伴い，国内でのデータ通信においても，高速転送が要求される場合には，本オプションを適用する必要が出てくる．

(2) トランズアクションTCP

図4.3で説明したように，TCPのコネクションの確立および解放には，3

ウェイハンドシェイクの手順が用いられ，コネクションの確立と解放には合計で7パケットが送受信ホストの間で転送される．ユーザデータの転送は，少なくとも3パケットが送受信ホストの間で転送された後でないと開始できない．このままでは，特に少量のデータ転送を行う場合に効率が悪いため，コネクションの確立手順の遅延を小さくしたい．このような要求を満たすために，トランズアクション TCP（TTCP；Transaction TCP）が RFC1379 で定義されている．図 4.7 に示すように，第1パケットに {SYN, ユーザデータ, FIN} を入れ，第2パケットに {SYN + ACK, ユーザデータ, FIN + ACK} を入れ，最後の第3パケットに {ACK（for FIN）} を入れる．これによって，本来は9パケットが必要だったデータ転送を3パケットで完了することができる．

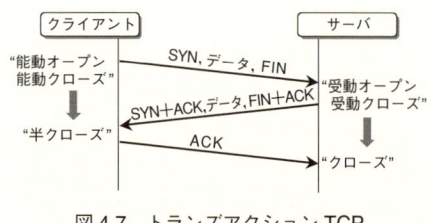

図 4.7 トランズアクション TCP

(3) 輻輳情報通知機能

前述したように，TCP では IP パケットの廃棄をネットワークの混雑（輻輳）と解釈して，ウィンドウサイズを減少させている．インターネットに無線リンクが導入されたことによって，無線リンクのビット誤りに起因するパケット廃棄が発生するようになった．現在の TCP は（無線リンクの）ビット誤りによるパケット廃棄と，ネットワークの輻輳によるパケット廃棄とを区別することができないため，このままではネットワークが輻輳状態でないケースでも，不必要に IP パケットの転送速度を低下させる恐れがある．

この問題を解決するために，ルータがエンドホストにノードの輻輳状態を明示的に通知する機能（ECN；Explicit Congestion Notification）が検討されている．すでに，IPv4 の TOS（図 2.1）フィールドの最後の2ビットが，ECN 機能のために実験的に割り当てられている．ECN ビットの最初のビットは，パケットヘッダ中の送信ホストから受信ホストへの方向のパケットが輻輳を経験したかを示すビットで，輻輳状態にあるルータがビットを"1"にする．一方，2番目のビットは，そのパケットとは逆向きのパケットが輻輳を経験したかどうかを示しているビットであり，パケットヘッダ中の送信

元IPアドレスをもつホストが設定することができ，ルータでは変更を加えることはない．すなわち，ECNの最初のビットで輻輳の有無をネットワークから通知してもらい，2ビット目で輻輳の有無をパケットの送信元ホストに通知するものである．

図4.8を用いて簡単に説明する．① 送信元ホストAは，ECN = "00"でパケットを宛先ホストBに転送する．② パケットは輻輳状態のルータを通過する際にECNが "01" に変更され，③ ホストBに転送される．④ ホストBは，ECN = "10" にセットしてパケットをホストAに転送する．⑤ このパケットも輻輳状態のルータを通過する際に，ECNは "11" に変更され，⑥ ホストAに転送される．この時点で，ホストAは，ホストAからホストB宛のパケットは輻輳状態のルータを経由していることを認識する．⑦ ECN = "11" のパケットを受信したホストAは，ECN = "10" のパケットをホストBに転送する．⑧ このパケットも輻輳状態のルータを通過すると，ECN = "11" となって，⑨ ホストBに転送される．この時点で，ホストBも，ホストBからホストAへのパケットが輻輳状態のルータを経由しているということを認識するとともに，依然としてホストAからホストBへのパケットが輻輳状態のルータを経由していることを認識する．このようにして，2ビットのECNビットを用いて，ネットワークからの輻輳情報をホスト側に通知して，輻輳制御を実行することができる．

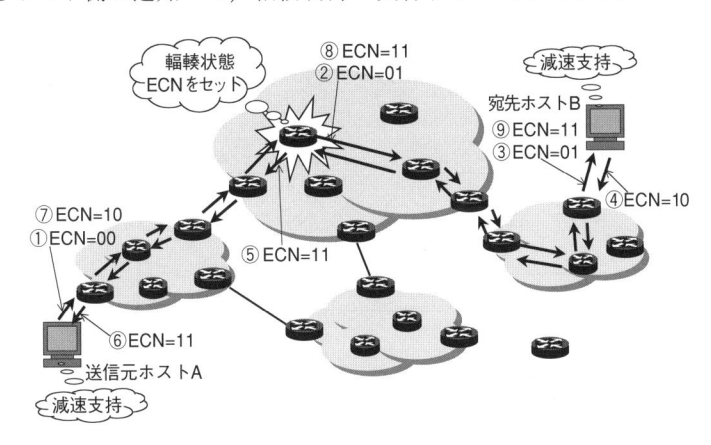

図4.8 輻輳情報の通知例

[例題 4.2] ウィンドウ制御において,常に,受信ホストから通知されるウィンドウサイズが MSS(TCP パケットの最大長)と同じ値であるときの最大データ転送速度を示せ.なお,MSS = M バイト,使用可能な帯域幅を B(ビット/秒),RTT = D(秒),ACK パケットの大きさを m バイトとする.さらに,B = 100(Mbps),M = 1,000 バイト,m = 100 バイトのときに,最大データ伝送速度が 10(Mbps)以上となるための,RTT の条件を示せ.

(解答例) ウィンドウサイズが TCP パケットの最大長と同じであるため,パイプライン的なパケット転送はできない,すなわち 1 パケットごとに送達確認を行ってデータの転送を行うことになる.1 パケットの転送に必要な時間は,$(8M + 8m)/B + D$ である.したがって,最大データ転送速度は,$8M/[(8M + 8m)/B + D]$ となる.

$10 \times 10^6 \leq 8 \times 10^3/[(8 \times 10^3 + 8 \times 10^2)/(100 \times 10^6) + D]$ より,

$D \leq 8 \times 10^{-4} - 8.8 \times 10^{-5} = 7.12 \times 10^{-4}$(秒)を得る.

4.3 マルチメディア対応プロトコル

A. UDP

UDP(User Datagram Protocol)は,TCP とは異なり,データを転送する前にアプリケーション間での(仮想)コネクションの確立を行わない.すなわち,ユーザデータが発生したときに,ハンドシェイクすることなく直ちに UDP パケットを転送することができる.また,データ通信中のデータの紛失やビット誤りを訂正/回復しない.したがって,送信されたデータが受信ホストに誤りなく転送されることを保証しない転送プロトコルである(図 4.9).

0	15 16	31
送信元ポート番号	宛先ポート番号	
UDP データ長	UDP チェックサム	
データ		

図 4.9 UDP パケットの構成

4.3 マルチメディア対応プロトコル

UDPは，VoIP（Voice Over IP）や動画転送のように，エンド-エンド間での遅延を小さくすることが，データの誤りよりも優先されるようなアプリケーションに適している．インターネットによるマルチメディアサービスの普及とともに，後述のRTPなどと組み合わせた使用が増えている．

B. RTP

インターネットにおけるマルチメディアデータ転送を実現するためのプロトコルとして，RTP（Real-time Transport Protocol）が定義されている．ここでのリアルタイムの意味は，プレイバックタイミング再生である．すなわち，送受信ホスト間でのデータ転送遅延時間は，基本的には対象としていない．

RTPの基本仕様は，RFC1889および1890で定義されている．RTPは，2つのUDPポート（ユーザデータ（5004）と制御データ（5005））を用いて，受信データのプレイバックタイミングを制御する．コンテンツごとにRTPのペイロードフォーマットを規定し，各IPパケットがシーケンス番号と**タイムスタンプ情報**をもつ．

図4.10にRTPが提供する機能の概要を，図4.11にRTPの**プレイバックタイミング制御**の動作原理を示す．

送信側ホストから受信側ホストに向かって，パケットは連続的に送信される（図中①②③④⑤）．それぞれのパケットの送信間隔は，d1,d2,d3,d4で，送信時刻は，t1,t2,t3,t4,およびt5である．パケット①は，時刻Tに，受信ホストで受信される（パケットの転送遅延はT-t1）．パケット②はパケット①の到着後d1（送信時のパケット①とパケット②の時間間隔）よりも早く到着している．同様に，パケット③は遅く，パケット④および⑤は早く到着

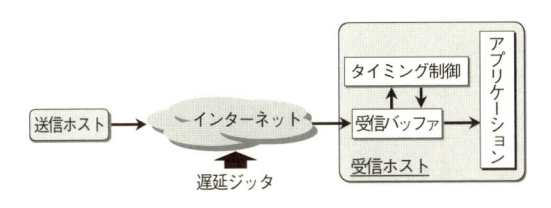

図4.10　RTPが提供する機能の概要

している．各パケットは，送信時のタイムスタンプ情報（t1, t2, t3, t4, t5）を保持している．

受信ホストでは適切なオフセット時間 α を設定し，$P = T + \alpha$ の時間にパケット①をアプリケーションに手渡す．その後，それぞれのパケットに保持されているタイムスタンプ情報をもとに，送信時の各パケットの送信間隔（d1,d2,d3,d4）が保たれたまま，受信側ホストでアプリケーションにデータが手渡されるように，受信データがアプリケーションに手渡されるタイミング（たとえばプレイバックタイミング）の制御が行われる．

RTP を用いて H.261 動画ストリーム（RFC2032）や MPEG-1, 2 動画（RFC2035, RFC2250）などのストリームデータの転送と再生を行うことができる．RTP を用いたデータ転送を制御するために，**RTCP**（RTP Control Protocol）が提供されている．RTCP を用いて，送受信ホストにおける通信品質の監視機能が提供される．具体的には，① 送信状態の通知，② 受信状態（パケット紛失率，紛失数，受信パケットの最大シークエンス番号，到着間隔ジッタなど）の通知，③ 送信ホストの情報，④ 送信元の退去，⑤ アプリケーションごとの機能である．

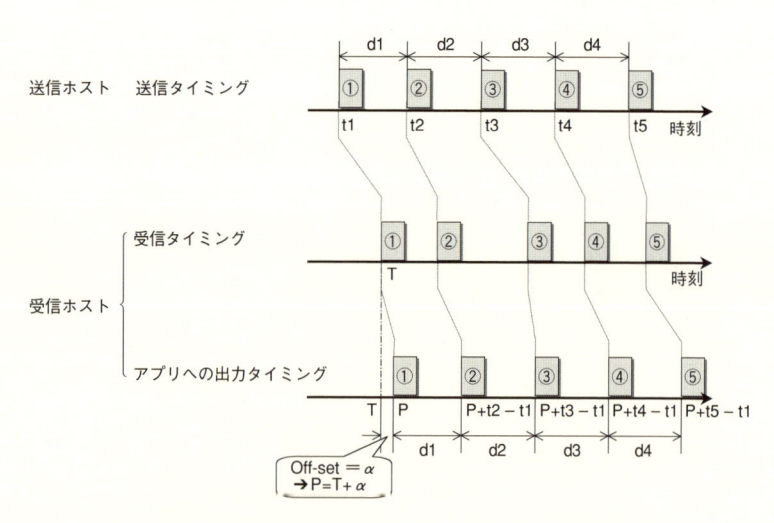

図 4.11　RTP によるプレイバックタイミング制御

C. RSVP

トランスポート層の機能として，RSVP（Resource ReSerVation Protocol）がある．これはホスト間で帯域幅と遅延時間に関する品質保証（予約）を行うためのシグナリングプロトコルである．これについては，他の品質保証関連機能とともに，8章の次世代インターネット技術の中で取り上げるが，RTPから見たRSVPの意義については，次の例題を参照されたい．

[例題4.3] RTPを用いた，ストリーム転送システムを設計する上で，重要なパラメータを述べるとともに，ストリーム転送の問題点を指摘し，その対応策を簡潔に議論せよ．

（解答例） RTPにおける重要なパラメータは，パケットの転送遅延の揺らぎと，使用可能な帯域幅である．遅延揺らぎが大きいほど，受信側ホストでの再生時間のオフセットの絶対値を大きくする必要がある．大きなオフセットは再生時間の遅延の増大と大きなバッファ量を要求する．使用可能な帯域幅の大きさがわからないと送信元ホストからの送信レートを決定できない．また使用可能な帯域幅が安定しないと受信ホストでのバッファでのオーバーフローやアンダーフローが発生する．絶対遅延が大きくなっても遅延揺らぎを小さく抑える方が，システムの設計上は有利であり（遅延揺らぎを吸収するためのバッファの大きさを小さく抑えることができる），安定な動作が期待される．遅延揺らぎを小さくする方法としては，RSVPやDiffServなどを用いたパケットの優先転送機能を利用することが現実的であり，使用可能な帯域幅の把握と安定化にも有効である．

さらに，複数のクライアントがほぼ同時にサービスの要求を行う場合への対応も，課題として挙げられる．ユニキャストによるサービスでは，5章で取り上げるコンテンツ配信ネットワーク（CDN ; Contents Delivery Network）で用いられているキャッシングやミラーリングの技術を利用する必要がある．一方，マルチキャストによるサービスでは，利用可能な帯域幅が多様な受信ホストに対応する方法を適用しなければならない．RSVPは1つの解決法である．

演習問題

4.1 TCPのコネクション設定では，3ウェイハンドシェイクの方法が取られている．これは，ネットワークの中でのパケットの紛失に対応するためである．なぜ，

3ウェイハンドシェイクが良好に動作するかについて，簡単に説明せよ．

4.2 各パケットの大きさが100バイト，帯域幅とRTTの積が800バイトの場合に，1つのパケットの先頭が伝送路に転送され始めて転送が完了するまでの時間を1単位時間として，輻輳ウィンドウが増大しパイプライン状にパケットが転送されるようになる様子を，1単位時間ごとのパケットの転送状況を用いて図示せよ．なお，パケットの廃棄はないものとする．

4.3 RTOのメカニズムを実現するプログラムの擬似コードを示せ．

4.4 TCPの最新のウェルノウンポート番号を列挙せよ．

4.5 TCPコネクションの解放手順では，FIN（ホスト1→ホスト2），ACK（ホスト2→ホスト1），FIN_ACK（ホスト2→ホスト1），FIN（ホスト1→ホスト2）の4つのパケットが転送される．ACKとFIN_ACKの間では，ホスト2からホスト1へのパケット転送が可能となっている．このような動作を行うアプリケーションの具体的な例を考えよ．

4.6 TCPの輻輳ウィンドウ制御のスロースタートにおいて，輻輳ウィンドウサイズの制御方式の擬似コードを示せ．

4.7 リアルタイム/ストリーム系のアプリケーションが利用するRTPでは，メディアごとに伝送フォーマットと通信プロトコルが定義されている．RTPで定義されているストリームメディアを列挙せよ．

4.8 標準のTCPコネクションで，ホスト間に100Mbpsの帯域幅の通信路が提供されているものとする．ホスト間でのデータ転送の最大速度を，ホスト間の遅延時間（D）をパラメータとして表せ．また，このリンクを用いて，50Mbps以上の転送速度を実現するために必要な最小のウィンドウサイズ（W）を表せ．

4.9 北米，欧州，アジア，日本，南米のそれぞれに存在する適当なftpサーバを探し，少なくとも3度，ファイル転送速度を異なる時刻に観測し，そのときの遅延時間とともに示せ．（数名のグループで行うことが望ましい）

4.10 TCPの輻輳ウィンドウの制御方式には，過去にいくつかの方法が実装され使用されてきた．少なくとも3つの方式を調査し，その制御メカニズムを簡潔に述べよ．

5 ディレクトリサービスと電子メール

人々は，さまざまなツールを用いて，インターネット上でのコミュニケーションを行うことができる．電子メールはその代表的なアプリケーションの1つである．本章では，インターネットで利用されているコミュニケーションツールとそれを支えるディレクトリサービスについて学ぶ．

コンピュータにとっては，IPアドレスのような数字の列を記憶/参照することは容易であるが，われわれ人間にとっては，それは大変困難なことである．人間が覚えやすくわかりやすい文字列を用いてコンピュータをアクセスできるように，ディレクトリサービスが提供されている．われわれはこのディレクトリサービスを利用しながら，さまざまなコミュニケーションツールを用いて情報のやり取りを行っている．

5.1 ディレクトリサービス

本節では，インターネットを人間が利用する上で，欠かすことのできないディレクトリシステムの概要を解説する．特に，ドメインネームシステム（DNS ; Domain Name System）の構造を議論し，さらに，コンテンツ配信ネットワーク（CDN ; Contents Delivery Network）において展開されているコンテンツディレクトリサービスに関する議論を行う．

A. ディレクトリサービスの概念

広義のディレクトリサービスは，あるデータA（キーワードなど）から，

それに関係するデータBを検索し，検索結果を提示するシステムのことを意味する．氏名を入力すると対応する電話番号を提示するシステムや，yahoo.com のような**検索エンジン**によるキーワード検索のシステムなどが例として挙げられる．インターネットシステムでは，IPアドレスとノードの論理名との対応関係を検索するドメインネームシステム（DNS）が，実際にグローバルに運用されているディレクトリサービスといえる．

1章で述べたように，インターネットシステムには大きく4つのアドレスが存在する．データリンクアドレス（データリンク層），IPアドレス（インターネット層），ポート番号（トランスポート層），**FQDN**（Fully Qualified Domain Name，絶対ドメイン名＝ホスト名＋ドメイン名）である．ポート番号を除いた3つのアドレスは互いに対応関係をもっており，これの対応情報を解決/検索するためのプロトコルと機能が提供されている．

また2章で述べたように，IPアドレスとデータリンクアドレスの対応は，ARP（アドレス解決プロトコル）やRARP（逆アドレス解決プロトコル）を用いて解決される．IPアドレスは階層的に割り当てられており，またIPv4ではアドレス長が短いのである程度は記憶できるかもしれないが，IPv6やデータリンクアドレス（たとえばIEEE MACアドレス）を記憶している人はきわめてまれであり，ARP/RARPの機能は重要である．

IPアドレスは32ビット（IPv4）あるいは128ビット（IPv6）のビット列であり，普通のユーザは各宛先コンピュータのインタフェースのIPアドレスを記憶することは困難である．特に，インターネットを用いたアクセスがグローバル化したことで，個別のIPをコンピュータに記憶させることすら困難となった．ユーザはビット列を暗記することは非常に困難であるが，論理的な名前は比較的容易に理解し記憶することができる．インターネットにおける論理的な名前であるFQDNとIPアドレスとの対応関係を検索し提供するシステムが，DNSである．DNSを利用して，FQDNに対応するIPアドレス解決を行うことを**正引き**，逆にIPアドレスからFQDNを検索することを**逆引き**と呼ぶ．

DNSはFQDNとIPアドレスの対応を通知するシステムであるが，最近その必要性が認識され研究開発されているのが，Webサーバなどが提供す

るコンテンツに対応するFQDN情報である．当初はyahooなどに代表される検索エンジンの機能であったが，近年はコンテンツ配信ネットワークがそれにあたる．

FQDNは階層的に定義されたドメイン名と，ホスト名の組み合わせで表現される．これはIPアドレスのネットワーク部（＝ドメイン名）と，ホスト部（＝ホスト名）に対応する．さらに，ドメイン名は階層的に定義可能で，これはIPアドレスにおけるサブネッティングとほぼ同じ概念である．たとえば "tako.hongo.wide.ad.jp" というコンピュータの場合には，"jp" という日本ドメインの中に "ad" というサブドメインが存在し，さらにその中に "wide" というサブドメインが存在する．さらに，"wide.ad.jp" の中に "hongo" というサブドメインが存在し，"hongo.wide.ad.jp" というネットワークの中の "tako" という名前のホストを特定することになる．すなわち，"tako" はホスト部で，"hongo.wide.ad.jp" がネットワーク部に相当する．

B. DNSシステム

DNSサービスを提供するために，全世界で分散的にかつ階層的に協調動作するDNSシステムが構築されている．1章で述べたように，DNSシステムは13個のルートをもつ階層化ディレクトリシステムである．

欧州に2個（KとI），北米に11個，アジア地区にはWIDEプロジェクトが管理運用するMルートサーバが1個存在している．FQDNは "." (dot) からスタートし，"com" や "jp" などのTLDをたどり，目的のFQDNのデータベースをもつDNSサーバにたどりつくことになる．

DNSシステムの仕様は，RFC1034およびRFC1035に記述されている．DNSサーバのUNIXシステム用のプログラムは，"named" と呼ばれ，BIND (Berlkery Internet Name Domain) という名前で公開されている．DNSシステムのクライアントソフトウェア，すなわちFQDNからIPアドレスの解決を行うためのクライアントプログラムは "resolver" と呼ばれる．UNIXシステムでは正引き（FQDN⇒IPアドレス）には "gethostbyname" というシステムコール，逆引き（IPアドレス⇒FQDN）には "gethostbyaddr" というシステムコールが用意されている（9.1節E項を参照）．

FQDN は階層的にその名前空間が定義されていることは上述のとおりである．ルート"."のすぐ下の名前空間を，TLD と呼ぶ．TLD には，"arpa"（逆引き用のドメイン），"gTLD"（Generic TLD），"ccTLD"（Country Code TLD）の3種類が定義されている．つい最近まで，gTLD は3文字であったが，ICANN により3文字の制限が外され，".name"や".info"などの4文字以上の gTLD が定義可能となった．

　また，TLD よりも下の階層のサブドメイン名として，従来は ASCII (American Standard Code for Information Interchange) 文字のみが使われていたが，ASCII コード以外の文字，すなわち多言語ドメイン名の定義を行うことが可能となった．すなわち，たとえばこれまでは"u-tokyo.ad.jp"しか許されなかったが，"東京大学.jp"という FQDN も定義することが可能となった．これは一見英語を母国語としない人々にとっては非常に嬉しい機能のように思えるが，実際にはさまざまな問題を引き起こす．

　最もやっかいな問題は，文字コードと表示機能の問題である．もともとコンピュータで利用されていた文字コードは，1バイトで1文字を表す ASCII 文字であった．

　日本語をコンピュータで扱えるようにするためにいろいろな試みが行われてきたが，その結果，現在は EUC, JIS, Shift-JIS, ユニコード（日本語以外にも対応可能）の4種類の文字コードが使用されている．このため，文字コードごとに FQDN を定義する必要があり，そして各コンピュータがすべての文字コードをもたないと文字化けを起こすことになる．

　FQDN の管理を行っているネットワークの単位（DNS ドメイン）を，"zone"と呼ぶ．"zone"には，一般的にプライマリィ DNS サーバとセコンダリィ DNS サーバが存在し，DNS サービスの信頼性の向上を行っている．プライマリィ DNS サーバからセコンダリィ DNS サーバへのディレクトリ情報のアップデートを"zone transfer"と呼ぶ．FQDN は階層的に定義することが可能である．したがって，"zone"も階層的にかつ回帰的に定義することが可能である．すなわち，経路制御の構造と同じく，DNS サーバシステムも階層的にかつ回帰的に配置運用することによって，大規模化への対応が可能になる．実際に，DNS システムは分散ディレクトリシステムとし

て，唯一，グローバルスケールで定常的に運用されている．

FQDN の種類，すなわち DNS サーバに格納される各ノードの論理的な名前の定義としては，以下のようなものが存在する．

➢ タイプ1：A レコード（IPv4 アドレス）
➢ タイプ2：NS レコード（DNS サーバ）
➢ タイプ5：CNAME（エイリアス，ローカルな名前）
➢ タイプ6：SOA（Start of Authority）
➢ タイプ11：WKS（Well-Known Service）
➢ タイプ12：PTR（arpa，逆引き用アドレス）
➢ タイプ15：MX（メールサーバ）
➢ タイプ28：AAAA レコード（IPv6 アドレス）

DNS サーバに格納される上記のようなマッピング情報は RR（Resource Record）と呼ばれる．図5.1 にゾーンファイルの例を示すが，9章でより詳しく取り上げる．

なお，インターネット上に存在するコンピュータの数が少なかった頃は，DNS の必要性はなく，UNIX システムでは/etc/hosts にノードの論理名と IP アドレスの対応関係を記述していた．その後，SUN OS では LAN エリアでのディレクトリサービスとして yp（Yellow Page）や NIS（Network

```
$ORIGIN .
$TTL 3600          ; 1 hour
linux-ipv6.org     IN SOA    linux6.nezu.wide.ad.jp. sekiya.linux-ipv6.org.
(
                   43        ; serial
                   1800      ; refresh (30 minutes)
                   900       ; retry (15 minutes)
                   172800    ; expire (2 days)
                   10800     ; minimum (3 hours)
                   )
              NS   shaku.sfc.wide.ad.jp.
              NS   linux6.nezu.wide.ad.jp.
              A    203.178.142.218
              MX   5 linux6.nezu.wide.ad.jp.
              AAAA 2001:200:0:1c01:2b0:d0ff:fe23:d5e5
              A6   0 2001:200:0:1c01:2b0:d0ff:fe23:d5e5
218.142.178.203.IN-ADDR.ARPA.   PTR linux6.nezu.wide.ad.jp.
1.0.0.0.0.0.0.0.0.0.0.0.0.0.0.0 PTR shaku.v6.linux.or.jp.
d.6.3.9.8.9.e.f.f.f.1.8.0.e.2.0.0.0.0.1 PTR shaku.v6.linux.or.jp.
1.0.0.0.0.0.0.0.0.0.0.0.0.0.0.3 PTR chiharu.v6.linux.or.jp.
1.0.0.0.0.0.0.0.0.0.0.0.0.0.0.4 PTR ipsmg.v6.linux.or.jp.
```

図5.1　ゾーンファイルの例

Information Service) が実装運用された．その後，DNS システム ("named" と "resolver") が実装運用されるに至った．

DNS システムが早急に解決しなければならない課題として，以下の3つがある．

(1) DNS セキュリティ

DNS システムに関するセキュリティ機能 (DNS-Sec) の実装は重要な課題である．DNS システムの成り済ましにより，容易にインターネットシステム全体あるいは大部分を機能不全に陥れることが可能である．特に，ルート DNS サーバの成り済ましが行われた場合を考えると，その影響の大きさは容易に想像できよう．なお，現在，インターネット上には 13 個のルートネームサーバ以外に，**Alternate Root** と呼ばれるルートサーバがいくつか存在しており，いわゆるインターネットの DNS によるディレクトリサービスとは異なるネームスペースをもったディレクトリサービスが提供されている．

したがって，DNS 同士の信頼関係を確実なものにするためのセキュリティ機能 (IPSec でも規定されている公開鍵暗号方式を用いた認証機能) の研究開発と展開が推進されている．基本的には，IKE (Internet Key Exchange) と呼ばれるインターネットを用いた鍵配布を実現するためのプロトコルを用いて，DNS サーバに相互認証のために必要な鍵を配布し，IPSec で規定されている AH (Authentication Header；認証ヘッダ) を用いて DNS サーバ同士での相互認証を行うというものである．

(2) IP バージョン 6 への対応

DNS システムが IP バージョン 6 に対応しないと，IPv4 から IPv6 への移行を実現することが不可能である．したがって，各 DNS サーバの IPv6 への対応を推進しなければならない．DNS サーバの参照ソフトウェアとして広く流通利用されている "bind" は，バージョン 9 (bind9) より，すでに IPv6 への対応を行っている．また，IPv6 のためのルート DNS サーバシステムの実験的運用も 2001 年夏から開始されている．

(3) ダイナミック DNS

エンドホストには，常に電源が入りネットワークに接続されているものと，

必要なときにのみ電源が入り（DHCP や IPv6 アドレス自動構成認識機能を用いて）ネットワークに接続されるものとが存在する．前者は通常の DNS システムでのディレクトリサービスの対象とすることができるが，後者は（基本的に）接続時ごとに割り当てられる IP アドレスが異なるために，DNS のデータを動的に更新する必要がある．これをダイナミック DNS と呼ぶ．DNS で解決される FQDN に対応する IP アドレスは，DNS システム内でキャッシングされており，このキャッシュ情報はグローバルに分散管理されているため，ダイナミック DNS を良好に動作させるのは難しい技術課題の 1 つとなっている．

C. ディレクトリ応用サービス

（1）ポリシーネットワーク

DNS やマイクロソフト社の Active Directory を用いて管理サービスされるのは，基本的には，ホスト名と IP アドレスの対応関係に関するディレクトリサービスのみである．しかしながら，企業ネットワークなどでは，このようなサービス以外に，さまざまな情報についてもディレクトリサービスを行いたいという要求がある．たとえば，ネットワークサービスに関するものとしては，ユーザやユーザが使用するアプリケーションに応じて，パケット転送の制御ポリシーを適切に制御管理したいという要求があげられる．このような制御を**ポリシー制御**と呼んでおり，ポリシー制御を用いて運用されるネットワークをポリシーネットワークと呼んでいる．ポリシーネットワークでは，ユーザ（エンドユーザとネットワーク運用者）が希望する運用規則に従ってネットワークを運用することができる．具体的には，重役室や会議室からのパケットは優先的に転送したり，人事関係の部署からのパケットは必ず特定の経路を通したりするなどのポリシー，あるいはある特定のマルチメディアアプリケーションには大きな帯域幅の利用を可能にしたり，指定されたセグメントあるいはノードへのアクセスは指定されたノードからのみに制限したりするなどのポリシーが考えられる．

このようなポリシー制御のために必要なディレクトリシステムとして，広く利用されているプロトコルに，**LDAP**（Lightweight Directory Access

Protocol）がある．LDAP の詳細は，RFC1777 および RFC1823 に記述されている．図 5.2 に示した LDAP と COPS を用いたポリシーネットワークの構成のように，LDAP をバックエンドのディレクトリサービスとして用いることにより，**SLP**（Service Location Protocol）や **COPS**（Common Open Policy Service）などが動作する．SLP はユーザが必要とするサービスを提供するノードをアクセスするために必要な情報を通知するプロトコルである．たとえば，600dpi の解像度のカラープリンタで A3 を印刷できるプリンタを利用したい場合には，SLP により該当するサーバの IP アドレスと必要なパラメータがエンドホストに通知される．

一方，COPS を用いてポリシーネットワークを構成する概念を図 5.2 を用いて説明する．たとえば，クライアント A がクライアント B との間で，10Mbps の帯域を確保するアプリケーションを実行させる場合を考えよう．クライアント A は，クライアントノードからの要求を実施するかどうかの判断を行う **PDP** へのアクセスを行う．PDP は，ポリシー制御に関する情報データベース（ポリシーレポジトリ）を，LDAP を用いてアクセスし，要求に関するポリシー情報を検索する．なお，ポリシーレポジトリに格納されるポリシー情報の表現方法は，現在 IETF において検討中であるが，基本的に

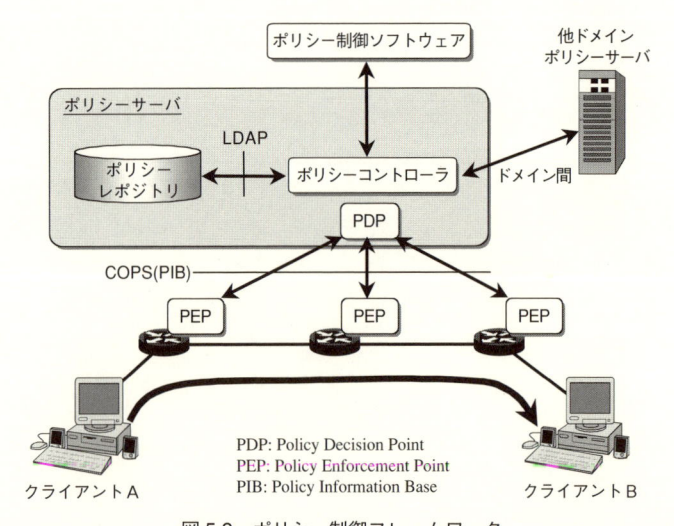

図 5.2 ポリシー制御フレームワーク

は9章で取り上げる MIB（Management Information Base）に似た定義方法をもつ **PIB** を用いて表現される方向である．この検索結果をもとに，クライアント A からの帯域確保の要求を受け入れるかの判断を行い，要求を受け入れる場合には，クライアント A に要求受け入れを通知するとともに，要求（帯域確保）を実現するために **PEP** に，必要な制御情報を通信する．PEP は，実際に IP パケットを受信した場合に，ポリシーに従って制御を行うエンティティである．このようにして，クライアント A からクライアント B への IP パケットには，10Mbps の帯域を確保するように，該当するルータの PEP に必要な制御情報が通知され，帯域が確保される．

(2) コンテンツ配信ネットワーク

DNS システムは FQDN と IP アドレスの対応をつけるディレクトリシステムであるが，近年 FQDN ではなく，個別のコンテンツが存在するサーバの IP アドレスを対応つけるサービスが非常に重要になりつつある．"yahoo" や "altavista" のようなコンテンツ検索サイトが，その走りといえる．コンテンツ検索サイトはポータルサイトとも呼ばれ，特定のキーワードに対応するサーバをユーザに通知する．ユーザは通知された検索結果を用いて，適切なサーバサイトをアクセスする．

近年，このような動作を自動的に実行し，さらにコンテンツのアクセスを高速化・効率化するために，コンテンツの**ミラーリング**（オリジナルのコンテンツサーバとまったく同一の内容のデータを保持する）や**キャッシング**（アクセス頻度の高いコンテンツのデータを一時的に保持する）を行うサーバ群をインターネット上に分散配置し，効率的にコンテンツの配信配送を行うコンテンツ配信ネットワークの開発と展開が進められている．

図 5.3(a) に示すように，現在の Web サーバシステムは，世界各所のユーザが非同期に自分が指定する Web サーバへアクセスし，コンテンツのダウンロードを行っている．このため，Web サーバへのアクセスが集中し Web サーバの負荷が大きくなるばかりか，Web サーバからのトラフィックによって途中のルータやリンクが輻輳状態になり，ユーザへの応答性が悪化することがある．

これを解決するために，図 5.3(b) のような CDN 技術が導入された．イン

ターネット上のミラー/キャッシュサーバにオリジナルコンテンツのミラーやキャッシュを保持し，ユーザは適切なミラー/キャッシュサーバへアクセスしコンテンツをダウンロードする．オリジナルの Web サーバからミラー/キャッシュサーバへは，ミラーリングあるいはリバースキャッシュにより明示的にコンテンツが転送（アップロード）される．また，キャッシュサーバは，トランスペアレントキャッシュ技術を用いてユーザがアクセスしたコンテンツのダウンロード情報を自動的にキャッシュすることも可能である．この結果，ユーザは実際にはミラー/キャッシュサーバをアクセスしているにもかかわらず，あたかもオリジナルの Web サーバへアクセスしているように見える．

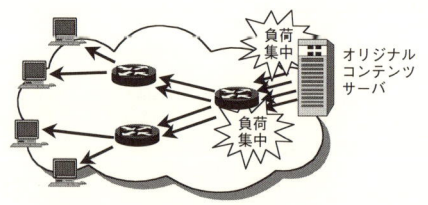

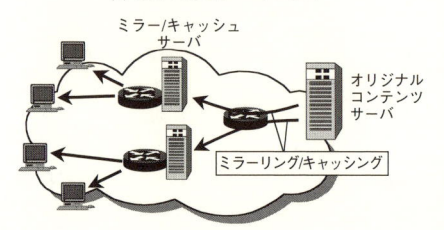

図5.3 コンテンツ配信ネットワークの概念

図5.4 に，CDN における DNS システムとの協調動作の例を示す．CDN システムでは，一般的にポータルサイトを用いた独自ネームスペースを構築する．ミラー/キャッシュサイトは，あらかじめオリジナルコンテンツサーバからコンテンツをミラーリングもしくはキャッシングしておく．

① Web クライアントから HTTP リクエストが出ると，② 最寄り（所属する ISP など）のローカル DNS はポータルサイトに対して，コンテンツサーバの IP アドレス解決を要求する．③ 同サイトの DNS サーバはローカル DNS が属する地域（たとえば，国やアジアなど）の CDN 用 DNS サーバに問い合わせるよう回答すると，④ ローカル DNS サーバは紹介された CDN 用 DNS サーバに再び IP アドレスの解決を要求する．CDN 用 DNS サーバは地域内の各ミラー/キャッシュサイトの状態（負荷や応答時間など）を常時調べており，⑤ 照会のあったクライアント（ローカル DNS）にとって最適なサイトを選択し，同サイト（コンテンツサーバ）の IP アドレスを

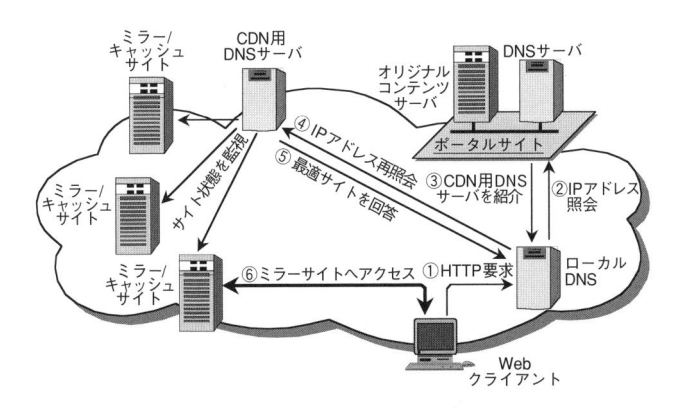

図5.4 コンテンツ配信システムの動作例

回答すると，⑥Webクライアントは自動的に同サイトへリダイレクト（別のサイトに飛ばされること）され，コンテンツのアクセスが始まる．

なお，ミラー/キャッシュサイトのコンテンツは，内容に応じて，ミラーリングの場合には，たとえば5分ごと，2時間ごと，2日ごとにリフレッシュされ，またキャッシングの場合には，同様の時間間隔でサーバから消去され，その後のリクエストにてオリジナルコンテンツサーバからキャッシングされる仕組みになっている．

[例題 5.1] ドメイン名として，ASCII文字以外の文字も使用可能となった．日本に籍を置くHAL（ハル）という会社は，いくつのドメイン名を使用するだろうか．
(解答例) 文字としては，「漢字」，「ひらがな」，「カタカナ」，「英数字」が考えられる．
(1) 漢字
  この会社の場合は，一応，登録する必要はないであろう．
(2) ひらがな
  「はる」
(3) カタカナ
  「ハル」，「ﾊﾙ」と半角と全角の組み合わせで2つを登録すべきであろう．
(4) 英数字
  各英文字に，全角大文字，全角小文字，半角大/小文字の3種類が可能である．

したがって，合計で，3×3×3 = 27 個の名前を登録すべきである．

上記の結果，「HAL」という社名に対して，合計で 32 個のアドレスを登録する必要がありそうである．さらに，TLD（Top Level Domain）として，"jp"，"com"，"biz" を候補として考える必要があり，さらに，"jp" ドメインでも，"hal.co.jp" と "hal.jp" の両方が候補となる．これらすべてに登録を行うと，実に，27×5 = 135 個のドメイン名を登録する必要がある．

5.2 電子メールシステム

本節では，インターネット上で広く利用されているコミュニケーションツールとして電子メールシステムの動作原理とプロトコル，さらに電子メールシステムにおけるセキュリティ対策について解説を行う．

A. 電子メールシステムのメカニズム

電子メールは E-Mail（Electronic Mail）とも呼ばれているもので，インターネットを通じてデータやメッセージを特定のユーザとやり取りするシステムである．電子メールが郵便メール（Postal Mail）に比べて非常に速くメールを配送することができるので，郵便メールを Snail Mail と呼ぶこともある．

電子メールを送信するためには，普通の手紙と同様に宛先（電子メールアドレス）を指定する必要がある．電子メールは **SMTP**（Simple Mail Transfer Protocol）と呼ばれるプロトコルを用いて，電子メールアドレスで示されるユーザの電子メールを受信保存するメールサーバの中の所定のメールボックス（たとえば，/usr/spool/mail/ユーザ名）に転送される．ユーザは自身のメールボックスにアクセスして，保存されている電子メールを読むことができる．メールサーバに保存されている電子メールを別のコンピュータ（クライアントまたはサーバ）にダウンロードする仕組みとして **POP**（Post Office Protocol）あるいは **IMAP**（Internet Message Access Protocol）というプロトコルがある．

ユーザがメールを読み書きするプログラムを **MUA**（Mail User Agent）と

呼ぶ．電子メールソフトと呼ばれるもので，mh や Eudora などがある．電子メールの配信処理を行うプログラムを **MTA**（Mail Transfer Agent）と呼ぶ．MTA は DNS を用いて宛先ユーザの電子メールサーバの IP アドレスを解決し，電子メールを適切なメールサーバに配信する．sendmail などが MTA のソフトウェアに当たる．SMTP はユーザの認証を行わないが，POP では第三者に電子メールが読まれないようにパスワードによるユーザの認証を行う．ただし，POP ではパスワードがそのままインターネット上を送信されるので，インターネットを介してメールのアクセスを行う場合には，使い捨てパスワード方式（ワンタイムパスワードともいう）を用いる APOP (Authenticated POP) が広く利用されている．

図 5.5(a) に，（ポイントポイント）電子メールの送信時の動作概要を示す．① 送信者（agare@tako.com）は，自社のメールサーバ（SMTP サーバ；IP アドレス＝"123.123.123.25"）に，space@hal.com 宛のメールを SMTP にて転送する．② 電子メールを受け取ったドメイン "tako.com" の SMTP

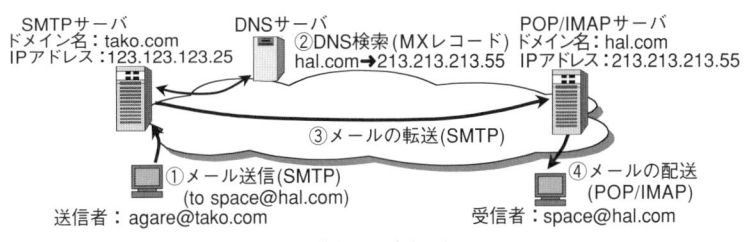

(a) ポイントポイントメール

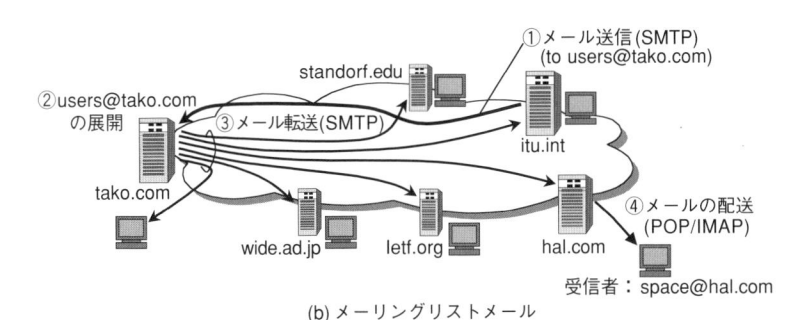

(b) メーリングリストメール

図 5.5　電子メールの配信メカニズム

サーバは，DNSサーバにドメイン"hal.com"のメールサーバのIPアドレスを問い合わせ，POP/IMAPサーバのアドレスである"213.213.213.55"を解決（resolve）する．③ドメイン"tako.com"のSMTPサーバは，受信したメールをドメイン"hal.com"のPOP/IMAPサーバにSMTPにて転送する．ドメイン"hal.com"のPOP/IMAPサーバは，ユーザ"space"のメールスプールに受信したメールを保存する．④ユーザspace@hal.comは，メールをPOPあるいはIMAPでダウンロードする．

もともと，電子メールシステムは1対1のメッセージ交換を基本としていたが，1度に複数のユーザに電子メールを送信することによって多対多のメッセージ交換も行うことができる．複数のユーザに電子メールを送信する場合に，受信者の電子メールアドレスを毎回すべて書き込まなければならないのは非効率であり，かつ配送抜けが起こりやすくなる．

そこで，複数のユーザに対して同じメールを送信するための電子メールアドレスを別途定義し，この電子メールアドレスにメールを送信すると，メールサーバはリストアップされているユーザごとに同じメールを配送するシステムが開発された．これを**メーリングリスト**と呼ぶ．メーリングリストの管理をより容易にするために，メーリングリストへの登録削除をユーザからの電子メールの送信により自動的に実行する機能や，メーリングリストへの参加者のリストを提供する機能などが提供されている．図5.5(b)は，メーリングリストusers@tako.comに対して，ドメイン"itu.int"のユーザが電子メールを送信する場合を示している．①メールはドメイン"itu.int"のSMTPサーバから，ドメイン"tako.com"のSMTPサーバに転送される．②ドメイン"tako.com"のSMTPサーバは，ユーザ名"users"がメーリングリストであることを知っており，メーリングリストに参加しているメンバーそれぞれのメールアドレスに対応するPOP/IMAPサーバのIPアドレスすべてをDNSサーバに問い合わせる．③問い合わせ結果に基づいて，おのおのPOP/IMAPサーバにメールがSMTPにて再転送される．各POP-/IMAPサーバは該当するユーザアカウントのメールスプールにメールを保存する．④各メーリングリストのメンバーは，POP/IMAPを用いて自分のメールスプールに保存されているメーリングリスト宛のメールをダウンロー

ドすることができる.

電子メールシステムは当初 ASCII 形式のみを扱っていたが，インターネットの国際化とマルチメディア化に伴って ASCII 形式以外のデータファイルの送受信もできるように機能拡張が行われた．MIME（Multipurpose Internet Mail Extensions）がそれで，以下の 2 つの機能を提供している．

(a) 多言語対応

多言語に対応するために，文字コードを示すことができる．図 5.6 に，「ISO-2022-JP」の文字コードを示した例を示す.

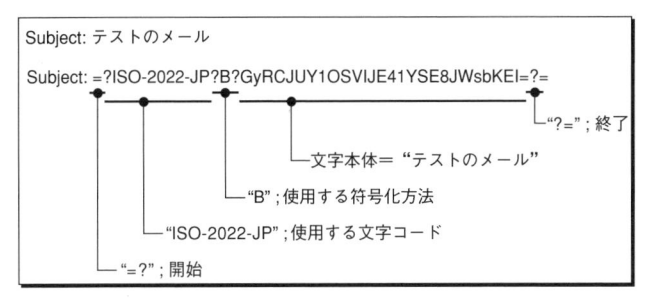

```
Subject: テストのメール
Subject: =?ISO-2022-JP?B?GyRCJUY1OSVIJE41YSE8JWsbKEI=?=
                                                    └─ "?=" ; 終了
                              └─ 文字本体＝"テストのメール"
                         └─ "B" ; 使用する符号化方法
               └─ "ISO-2022-JP" ; 使用する文字コード
       └─ "=?" ; 開始
```

図 5.6 ISO-2022-JP 文字コードの例

(b) 添付ファイル転送

バイナリファイルの転送を効率的に行うために，バイナリファイルの属性を示すことができる．さらに，バイナリファイルを転送するために，BASE64 などの符号化方式を用いてバイナリファイルをテキストファイルとして転送することができる．図 5.7 は BASE64 符号化の方法を示している．バイナリファイルをそのまま送ってしまうと，バイナリファイル中に存

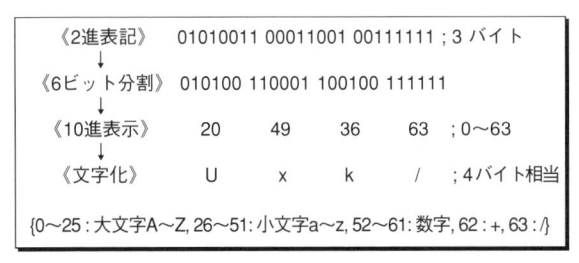

```
《2進表記》     01010011 00011001 00111111 ; 3 バイト
    ↓
《6ビット分割》 010100 110001 100100 111111
    ↓
《10進表示》    20      49     36     63    ; 0～63
    ↓
《文字化》      U       x      k      /     ; 4バイト相当
{0～25 : 大文字A～Z, 26～51 : 小文字a～z, 52～61 : 数字, 62 : +, 63 : /}
```

図 5.7 BASE64 の符号化方法

在している制御コードにより，メールが途中で切れたりしてしまうため，添付ファイルはすべてテキストファイルに変換して転送する．

なお，日本語を使った電子メールでは，ISO-2022-JP（JIS コード）を利用することになっている．これは **JUNET** コードあるいは 7 ビット **JIS** コードと呼ばれている．また，コンピュータ内部で使われている日本語文字コードは，UNIX 系では **EUC**（Extended UNIX Code），マイクロソフト Windows 系では **Shift-JIS**（JIS X 0208-1990 の変形）コードが一般的である．

B. 電子メールのセキュリティ

7 章でセキュリティについて詳しく学ぶが，電子メールシステムでは，以下のようなセキュリティ問題がある．

① ファイルアクセス権

通常，電子メールはメールサーバの中の/usr/spool/ユーザ名というファイルに保存される．したがって，このディレクトリのファイルは，システム管理者のみがアクセス可能という設定にしなければならない．

② パスワード管理

電子メールスプールのアクセスにはユーザ認証を行う．そのためにパスワードが用意されているが，ユーザが入力したパスワードをそのままネットワーク上に流すのは危険である．そのため，共通鍵暗号方式を用いた使い捨てパスワード（OTP；One Time Password）を用いた **APOP 方式**が広く利用されている．APOP の導入により，パスワードをインターネット上の第三者に盗まれる危険性が大幅に改善されている．

③ 不正使用

後述するスパムメールとも関係の深い問題である．転送すべき電子メールの受理には SMTP が使用されるが，通常，SMTP にはユーザの認証機能がないため，デフォルトの状況では任意のユーザからの電子メールを受理することになる．ダイヤルアップ接続の場合には，ダイアルアップコネクションを設定するときに **RADIUS**（Remote Authentication Dial In User Service）と呼ばれるユーザ認証のためのプロトコルなどを用いてユーザ認証を行うた

め，ダイヤルアップ接続したプロバイダのSMTPサーバへ転送される電子メールは認証されたユーザからのものに限定されるので，さほど問題にはならない．

一般的には，不正なユーザがSMTPサーバを利用しないように，メールに対するフィルタリングを行っている．具体的には，送信元ユーザの電子メールアドレスあるいは送信元ホストのIPアドレスを用いて，登録していないユーザホストからの電子メールを受理しないようにしている．

④ メールの改ざん

電子メールがインターネット上で書き換えられることがないように電子署名を付加したメール（署名メール）が提供されている．通常は，図5.8(a)

[ディジタル署名したいメール]
7月30日午前10時に天満橋で会いましょう。

[ディジタル署名されたメール]
-----BEGIN PGP SIGNED MESSAGE-----

7月30日午前10時に天満橋で会いましょう。

-----BEGIN PGP SIGNATURE-----
Version: 2.6.3ia
Charset: noconv

iQCVAwUBMey8R6UtC+xzFETZAQEnUAP+N30di02slY+rRYa2gBJ2u2ImWofjey
1AkvsN9errDk4N/VcFmc3d6F4heDkiy87u3XAVoulz2orb9xZ3qFveoEZp3QLLa6
Pkzs6/N1nmJZFZFlf1M8yUR5WZTbyaVHQmC1AuSZhJsM8+8S/+IbpXVPJJ68
cDYBT86eekM=
=UE6f
-----END PGP SIGNATURE-----

(a) ディジタル署名メールの例

[暗号化したいメール]
7月30日午前10時に天満橋で会いましょう。

[暗号化されたメール]
-----BEGIN PGP MESSAGE-----
Version: 2.6.3ia
hIwDpS0L7HMURNkBA/4qk4BDXaiLag9tOS8srdd09IP4Pbocw8ERnYZKc8BJZH
bmePoSNRpv8QwRPttwB3pkUhPH9ET5BbGiyuw36hLvIet5z5ot3RS+XnfSz1Tyxw
xkXT+nNDCE6Gntb6JqBUym2/FRowwMNOc1bnKD6eIqZfekDUWBuHKSRduH6B
AAA3YBJcBDcrQtcIuA5R+bvivZ8gc8Fx3JCcUtW4yH+embVTTSUw+xTt0JSUo
u5+LHGrrzBESSg==
=00WV
-----END PGP MESSAGE-----

(b) 暗号化メールの例

出典：http://www.psn.or.jp/security/security-pgpmail.html

図5.8 電子署名メールと暗号化メール

に例を示すように公開鍵方式を使ってメールの本文に対する署名を付加する．メールの本文が改ざんされた場合には，電子署名の計算結果が合わず，メールが改ざんされたことがわかるようになっている．

また，電子メールの内容を盗聴されないように，メールの本文を暗号化する機能も提供されている．図5.8(b)に例を示すように **PGP** (Pretty Good Privacy) 暗号メールがよく知られている．暗号化メールにも，通常公開鍵暗号方式が利用されている．

⑤ **スパムメール**（Spam Mail）

いわゆる電子メール版のダイレクトメールである．郵送によるダイレクトメールよりもはるかに安価に多数のユーザに同一の情報を同報可能なため，急速に普及している．SPAMとは米国軍用達のコーンビーフ缶を指すが，米国のコメディアンが意味もなくSPAMと連呼していたことから名づけられたとされている．セキュリティ対策が十分でないメールサーバ（SMTPサーバ）やメーリングリストを用いて，多数のユーザに同一の電子メールを送りつける．スパムメールへの対策としては，(1) SPAMブラックリストの利用，(2) DNSを用いた送信元ホストの確認，(3) メーリングリスト参加者以外のユーザからのメールは受理しないなどの対策を行う必要がある．

[**例題 5.2**] メーリングリストが，スパムメールで利用されることがよくある．メーリングリストがスパムメールで利用されないための方策を考えよ．
（**解答例**） メーリングリストに電子メールを投稿可能なユーザは，メーリングリストに参加しているユーザのみとするのが，最も一般的な対策である．これにより，仮にセキュリティ対策が不十分なSMTPサーバからメーリングリストに対してメールが送信されても，メールのFromがメーリングリストの参加者でなければ，そのメールを転送せずに廃棄することができる．しかしながら，この方法だけではメーリングリストに参加しているユーザの電子メールアドレスが1つでもわかれば破綻してしまう．これに対応するには，メールを受信した際に，そのユーザのドメインのIPアドレスをDNSサーバを用いて調査し，受信したIPパケットの送信元IPアドレスと照合するという方法が考えられる．

5.3 その他のコミュニケーションツール

本節では，電子メールのほかに，インターネットで日常的に利用されているコミュニケーションツールを概観する．コミュニケーションツールは，テキストベースでリアルタイム性の乏しいものから，音声や動画を含むマルチメディアでリアルタイム性の高いものへと，技術の進展とともに進化している．

A. BBS（Bulletin Board System）

インターネット上の電子掲示板であり，インターネット上のメンバーが自由にメッセージを書き込むことのできる共有のメッセージボードを提供する．各メンバーは共通の BBS サーバにアクセスし，BBS メッセージの書き込みまたは削除を行うことができる．

B. ネットニュース

不特定多数の人々に対するコミュニケーション手段であり，インターネット上のメンバーの間にニュースが配信される．ニュースグループが開設され，メンバーに登録すると，記事の投稿とニュースの読み込みを行うことができる．1 台のホストコンピュータの上に参加者が記事を投稿する BBS（電子掲示板）とは異なり，ネットニュースを配信するサーバが多数存在し，それぞれが隣接サーバとバケツリレーのようにニュースデータの配信を行う．ニュースは投稿記事が付加されながらリレーされていく．なお，ニュースファイルの伝達には，NNTP（Network News Transfer Protocol）が使われる．

C. talk

UNIX システムに用意されている 1 対 1 の文字ベースのリアルタイムチャットを実現するソフトウェアである．遠隔地のコンピュータからインターネットを介してリアルタイムに文字通信を行うことができる．

D. IRC（Internet Relay Chat）

IRC は Jarkko Oikarinen 氏が 1988 年にフィンランドで開発した分散型マルチユーザチャットシステムである．IRC クライアントソフトを用いることで，インターネット上の複数のユーザと双方向テキストメッセージの交換をリアルタイムに行うことができる．IRC システムでは，インターネット上の IRC サーバが相互に接続され，どの IRC サーバに接続しても他の IRC サーバにいるユーザとチャネル識別子を指定することで会話をすることができる．"AOL Instant Messenger" などがその例である．複数のユーザが同じ情報をリアルタイムに共有することが可能なアプリケーションであり，インターネット上で広く利用されている．

E. インターネット電話

インターネットを介して行うリアルタイムの音声通信で，**VoIP**（Voice over IP）とも呼ばれる．通信プロトコルとしては，H.323 および SIP（Session Initiation Protocol）を利用する．通常は一般の電話通信と同程度の品質で通話できるが，ネットワークが混んでくると音切れなどが起こりやすくなる．しかしながら，データ回線の高速化と通信品質保証技術の開発と適用により，すでにバックボーン部における音声通話は部分的にインターネット電話に置き換わりつつある．この傾向は今後も加速し，音声通信の大部分はインターネット電話に置き換わることが期待されている．

インターネット電話は，これまで議論してきたクライアント－サーバ型のシステムとは異なる **Peer-to-Peer** 型のサービスシステムである．Peer-to-Peer 型のサービスでは，すべてのノードがサーバとなり，クライアントとなる．また，Peer-to-Peer 型のシステムでは，ピアとなるノードと出会う場（ランデブーポイント）やピアを検索する場が必要となる．VoIP システムの場合，図 5.9 に示すように，ピアを検索する機能を提供するサーバとして "ゲートキーパー" と呼ばれるサーバが用意される．ゲートキーパーは，通話相手の電話番号（電話網での電話番号）から，適切な VoIP ゲートウェイを通知する機能をもつ．電話網とインターネットは，VoIP ゲートウェイ

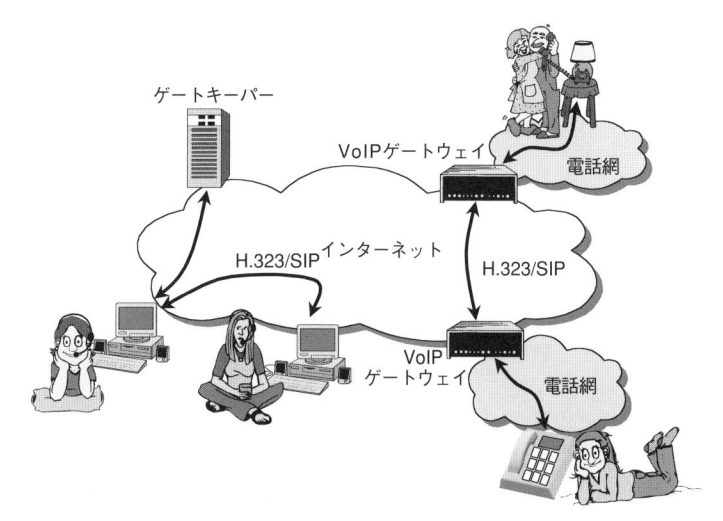

図 5.9　インターネット電話の仕組み

で相互接続される．**VoIP ゲートウェイ**は，インターネット上に複数存在し，通話相手に近い VoIP ゲートウェイが選択されることになる．VoIP 通信を行うコンピュータと VoIP ゲートウェイの間のパケット通信では，H.323 や SIP が用いられる．

また，電話網上同士の通話を，インターネットバックボーンを通して行うサービスもすでに商用化されている．電話機－電話網－VoIP ゲートウェイ－インターネット－VoIP ゲートウェイ－電話網－電話機という経路での音声通信となる．すでに長距離電話会社の電話サービスのうち，かなりの通話が VoIP を適用したバックボーン上を流れている．

F．インターネットファックス

図 5.10 は，インターネットファクスの動作概要を示している．ファックス装置，スキャナ，電子メールなどを入力データとし，それらを適宜目的のファックス装置，プリンタ，電子メールなどに出力することができる．1980 年に書かれた RFC769 に電子メールを用いたインターネットファックスの考え方が示されていたが，1996 年から IETF において技術の標準化作業が行われた．現在のところ，リアルタイム性のないオフラインモード（イ

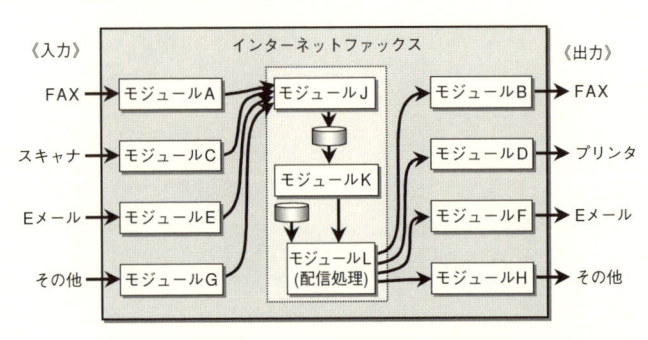

図 5.10 インターネットファックスの構成

ンターネットには接続されていない状態での動作）での，ファックス装置と電子メールシステムの相互接続システムを実現するための技術仕様が決められた．この仕様はITU-Tにおいても採用され，電子メールを用いてファックス装置にメッセージやイメージを発信するために，イメージファイルや電話番号の表現方法などを規定している．

G. 動画通信

インターネットを用いた動画のリアルタイム通信も可能となった．8章で取り上げるように，H.261やH.263を用いたISDNによる低速動画通信からMPEG-1，MPEG-2さらに近年ではDV（Digital Video）を用いた高精細の動画通信も可能となった．また，一方ではMPEG-4を用いた**携帯情報端末**（**PDA**; Personal Digital Assistance）や次世代携帯電話でのリアルタイム動画通信も実現されつつある．さらに，すでにスタジオ品質の動画データであるD1フォーマットを，インターネットを介して転送することにも成功している．

図5.11は，MPEG-4を用いたインターネットによる動画のリアルタイム転送システムの概要を示している．ビデオ信号は，MPEG-4のデータ圧縮フォーマットに帯域圧縮されたデータとしてコンピュータやPDAに取り込まれる．同図に示されているように，アプリケーションヘッダとしてRTPが付加され，UDPを用いて宛先のコンピュータに転送される．受信側のコンピュータでは，MPEG-4データがRTPにより再生タイミングが調整され，

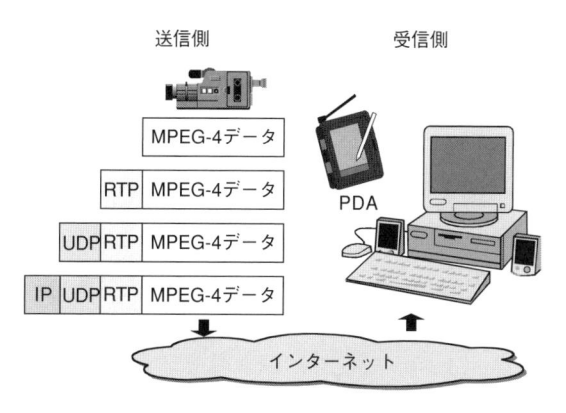

図 5.11 動画のリアルタイム転送システムの例

ビデオ信号が再生される．

[例題 5.3] インターネット電話は，通常の電話網を用いた通話料金よりも安い．理由を考察せよ．

（解答例） 通信回線の使用効率が，電話網にくらべて，インターネットの方が大幅に高いため．また，データ通信の量の増加に伴い，すでにデータ通信の量は音声通信の量よりも大きくなってしまった．データ通信は常に通信を行っているわけではなく，比較的多くの余剰帯域をもち，しかもこれが，これまでの電話通信に必要だった帯域よりも十分大きくなってきた．したがって，電話専用のネットワークを構築するよりも，インターネットの資源を利用した方がコスト的に安くなった．また，電話サービスでは 64kbps ごとに回線のチャネル化を行わなければならない．このため，交換機が必要となる．一方，インターネットでは，回線のチャネル化を行わないため，高価な交換機が不要となる．したがって，同一帯域幅の帯域コストを比較した場合，インターネットの方が安価になる．

演習問題

5.1 現在存在する gTLD（Generic Top Level Domain）名，と ccTLD（Country Code TLD）をすべてリストアップせよ．また，ドメイン数の増加してきた様子を調査せよ．

5.2 ドメイン名と IP アドレスの取得方法について調査せよ．

5.3 データサイズが 1 メガバイトのファイルを，100 万人のユーザに与えられた時

間（T）内に配信を完了するサービスを提供したい．データの配信を1つのサイトのみから行う場合に必要な最低帯域幅（B）を，以下の場合について示せ．$T = 10$ 分，1 時間，10 時間．

5.4 上記のサービスをミラーサーバ（あるいはリバースキャッシュ）を用いて実現したい．ミラーが階層的に行われ，上位層のサーバは下位層の n 式のサーバにミラーデータを送信し，このような動作が滞りなく連続して行われるものとする．$n = 10$，$n = 100$，$n = 1,000$ のとき，システム全体で必要となるミラーサーバの台数と，$T = 10$ 分を満足するために必要な帯域幅を示せ．

5.5 電子メールシステムでは，バケーション設定を行うことができる．これは，休暇中の場合には，送信者に対して自動的に応答をするシステムである．メーリングリストに参加しているユーザが，このバケーションシステムを使用する際の注意点を述べよ．

5.6 電子メールの大きさの分布を調べよ．

5.7 スパムメール対策として，自ドメインの IP アドレスをもつノードからの SMTP メッセージしか受けつけないという設定を行う場合がある．この場合の問題点と解決方法を述べよ．

5.8 日本国内のある場所から，米国のある場所に電話を行う場合を考える．以下のケースで，そのコストを比較せよ．
(1) 通常の国際電話サービス
(2) VoIP をバックボーンで用いた国際電話サービス
(3) インターネットを用いた VoIP サービス（電話網は一切使わない）

5.9 多言語のドメイン名が利用可能になった．利用者によっては日本語がドメイン名に使えて便利になるが，一方では，さまざまな技術課題を発生させている．多言語ドメインが抱える技術的な問題とその解決法について議論せよ．

5.10 Web 技術の登場以来，インターネットの急速な発展を支えてきたのは，クライアント - サーバモデル，すなわちサーバがクライアントに対してサービスや情報を提供する構成であった．ところが，最近，すべてのノードがサーバにもクライアントにもなる Peer-to-Peer 型のアプリケーションが急速に注目を浴びてきた．Peer-to-Peer 型のアプリケーションの例を3つ挙げ，Peer-to-Peer アプリケーションが良好に動作するために必要なインフラと技術を議論せよ．

6 World Wide Web

　　　　　　　　本章では，Web アクセスの仕組み，Web ページの作成や，
　　　　　　　Web サービスと呼ばれるサーバ間でのデータ交換に必要な
　　　　　　　マークアップ言語，そして Web ブラウザとの連携によるさ
　　　　　　　まざまな Web アプリケーションを構築するためのソフト
　　　　　　　ウェアと，Java ベースのプログラミングについて学ぶ．

　クライアント-サーバモデルの典型例である WWW（地球規模の蜘蛛の巣という意味）は，テキストだけでなく写真などのグラフィックスやアニメーション，さらにオーディオやビデオまで扱えるマルチメディア統合サービスを提供する．Web ブラウザの表示画面上のハイパーリンクをマウスでクリックするだけで，インターネットを介して世界中の Web ページへ移動することができる．

　また，ホテルなどのサービス業や提携先とのデータ交換を可能とする Web サービスは，一般消費者や企業間商取引の高度化に止まらず，企業間の業務連携を加速する．WWW が世界経済の発展に大きな役割を担うといわれるゆえんである．

　本章では，WWW の生い立ちと仕組みを概観した後，いくつかのソースコードを示しながら，WWW のコア技術であるマークアップ言語と，Web ブラウザおよび Web サーバのソフトウェア技術について学ぶ．

6.1　WWW の仕組み

　ここでは WWW の生い立ちを述べた後，Web アクセスのシーケンスなど

の説明を通して，WWW の仕組みを明らかにする．

A. WWW の生い立ち

WWW は，1989 年にスイスにある欧州粒子物理学研究センター（CERN）の研究者であった Tim Berners-Lee らが提案したのが始まりである．その目的は，世界中に散在する高エネルギー物理学に関する資料を関連づけて閲覧できるようにする，すなわちネットワークを介してある情報から別の情報へと次々に読み手の興味ある情報へ読み進むことを可能にするものであった．これはハイパーテキスト技術と呼ばれるもので，次の 2 つのコア技術から成り立っている．

① ハイパーテキストマークアップ言語

文書構造（表題，段落など）や表示属性（レイアウト，文字の大きさなど）に加え，ハイパーリンク（関連リンク先の URL）を指定するための文書構造記述言語で HTML（HyperText Markup Language）と呼ばれる．

② ハイパーテキスト転送プロトコル

ハイパーリンクで指定された文書を転送するためのクライアント（リクエスト）-サーバ（レスポンス）型のアプリケーション層プロトコルで **HTTP**（HyperText Transfer Protocol）と呼ばれる．

HTML で記述された文書を HTML 文書，HTML と HTTP を実装し HTML 文書を表示するためのクライアントソフトウェアを **Web ブラウザ**，ブラウザに表示された HTML 文書を **Web ページ**と呼ぶ．初期のブラウザは文字列（テキスト）のみを扱い，またハイパーリンクの後に表示されている数字をキーボードから入力しなければならないなど，使いやすいものではなかった．

1993 年，NCSA（イリノイ大学，スーパーコンピュータ応用ソフト開発センター）に在籍していた Marc Andreessen が開発した **Mosaic** は，テキストだけでなく図形や写真などのグラフィックスも扱えるようになり，また強調表示されたハイパーリンクをマウスでクリックするだけで所望の Web ページへジャンプできるなど，ブラウザの使い勝手と用途を一変させるものであった．Mosaic はフリーソフトウェアとして提供されたため，瞬く間に

世界中で使われるようになり，WWWひいてはインターネット普及の大きな原動力となった．

なお，Marc Andreessen は翌年ネットスケープコミュニケーションズ社を創設した．同社の Netscape Navigator はマイクロソフト社の Internet Explorer とともに世界で広く使われているが，WWW の普及と標準化を推進する **WWW コンソーシアム（W3C）**を媒介に，果てしない機能強化競争が続けられている．

B. WWW の仕組み

図 6.1 と図 6.2 は，検索エンジンへのアクセスを例にした Web アクセスのシーケンス例と，これに対応する Web ブラウザの表示例を示している．

ユーザが Web クライアントであるブラウザのアドレスバーに所望の URL をセットしエンターキーを押すと（図 6.1，図 6.2 ①），ブラウザは前述した DNS サーバによる IP アドレス解決を経て（図では記述省略），URL に記述されたドメイン名の Web サーバとの間で TCP コネクションを確立し，直ちに URL にて指定された HTML 文書の転送が開始される（②）．ユーザの

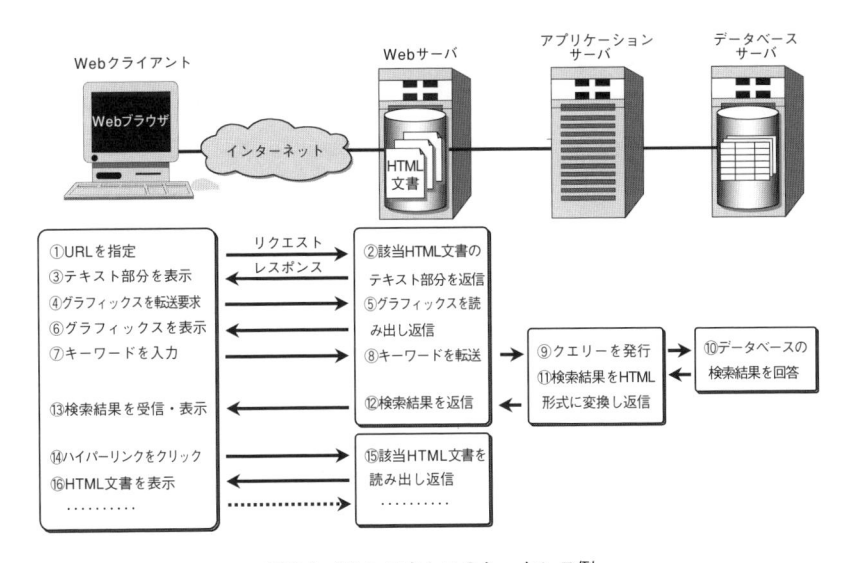

図 6.1　Web アクセスのシーケンス例

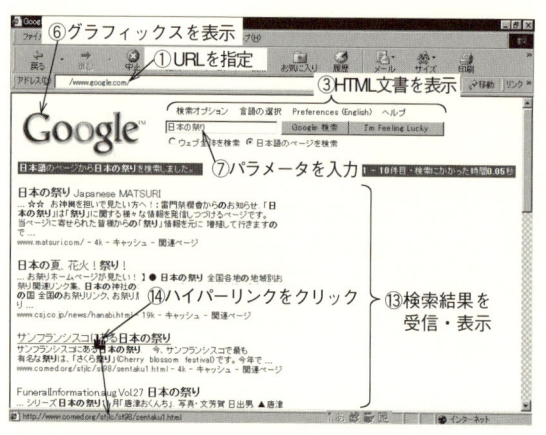

図 6.2 Web ブラウザの表示例

待ち時間を短くするため，サーバは1度にすべてのファイルを転送するのではなく，まずテキスト部分だけを転送する．ブラウザは HTML の記述に従ってテキスト部分を表示（③）し，次いで HTML 記述の中にグラフィックスなどが含まれていないかを調べ，含まれていればサーバにこれらの転送を要求する（④）．ブラウザは受信したグラフィックスなどの表示を終えると（⑤⑥），ユーザの操作を待つ．

　Web ページの表示内容に沿ってユーザが検索したいキーワードを入力ボックスに入力すると（⑦），キーワードは Web サーバを介して所定のアプリケーションサーバへトランザクション処理（サーバへ一連の処理を一括要求し，処理結果を返してもらうこと）として転送される（⑧）．転送を受けたアプリケーションサーバは，データベースの検索に必要なクエリー（データベース名，テーブル名，検索条件などを指定したもの）を生成発行する（⑨）．データベースサーバでは，発行されたクエリーに従って当該データベースを検索し，結果をアプリケーションサーバへ回答する（⑩）．検索結果を受け取ったアプリケーションサーバは，ブラウザで表示できるよう HTML 形式に変換し，Web サーバへ返送する（⑪）．Web サーバはこれを HTTP を用いてクライアントへ返信し（⑫），Web ブラウザにて検索結果が表示される（⑬）．

　検索結果として表示されたハイパーリンクの中の1つにマウスポインタ

を重ねてクリックすると（⑭），対応する Web サーバにジャンプし（⑮），別の HTML 文書が表示される（⑯）．

以上からわかるように，Web サーバは基本的にはブラウザからのリクエストに呼応して TCP コネクションを確立して所望のファイルを返送する．返送後はコネクションを解放して次のリクエストを待つ，あるいはトランザクション処理をアプリケーションサーバに転送するという単純な機能を行うだけである．

これに対して，**ネットサーフィン**と呼ばれているように，ユーザが Web サイトを次から次へと飛び移ったり，興味あるサイトで立ち止まって買い物をしたり，あるいは遠く離れた海外の博物館サイトに訪れじっくりと調べものをしたりするなど，コンピュータネットワークの中にサイバースペースと呼ばれる仮想的な世界があたかも存在しているような錯覚をユーザに与えるのはブラウザの働きによるものである．URL について補足的な説明を加えた後，ブラウザのアーキテクチャについて解説する．

C. URL

1 章で触れたように，URL はインターネット上の資源（オブジェクト）をアクセスするための方法とその位置を指定するものである．ここでは URL の書式（シンタックス）上の決まりと Web ブラウザや Web サーバでの補完処理について解説する．

図 6.3 に示すように，一般的に URL は**スキーム**と**スキーム規定部**から構成される．スキームに指定するクライアントプロトコルは Web アクセスであれば "http" であるが，この他にもファイル転送用の "ftp" や仮想端末用の "telnet" などのプロトコルを指定することができる．"//" で始まるスキーム規定部にはユーザ名とパスワードを記述できるが，これは会員制のサイトや企業内に閉じたサイトなどで特定のユーザのみにアクセスを制限する

```
<スキーム>:           <スキーム規定部>
使用プロトコル://ユーザ名:パスワード@FQDN:ポート番号/ファイル名
```

図 6.3　URL の一般的な書式

場合に用いられるもので,開かれたサイトではドメイン名以降を記述すればよい.

ドメイン名は前述したように階層的な構造を取っているが,最下位層(最左端に記述)のドメイン名はホスト名("www"のことが多い)を表す.ポート番号はTCP層のアプリケーションポート番号を指定するためのものであるが,省略された場合には使用プロトコルが"http"であれば"80"をブラウザが挿入する."/"の後には,アクセスしようとしているHTML文書のファイル名を指定する.省略された場合には,Webサーバがホームページのファイル名("index.html"のことが多い)などを付加する.

以上の他にもたとえば,スキーム(使用プロトコル)の記述なしに,ドメイン名などが記述されている場合にも,URLの最初に"http://"を追加するブラウザもある.このような補完処理は,コンピュータ操作に日頃慣れ親しんでいない一般ユーザへの利便性を配慮したものである.

D. Webブラウザの構成

図6.4に示すように,WebブラウザはHTMLインタープリタ(ソースコードを1行ずつ機械語に翻訳しながら実行するソフトウェア)とHTTPクライアントプロトコル(図にはTCP以下の層の記述省略)およびコントローラを基本構成要素とし,これにJavaScript言語などのインタープリタやアプレットの実行環境となるJava仮想マシン,他に画像や動画を表示するビューア,サウンドプレーヤ,他のクライアントプロトコルなどがオプ

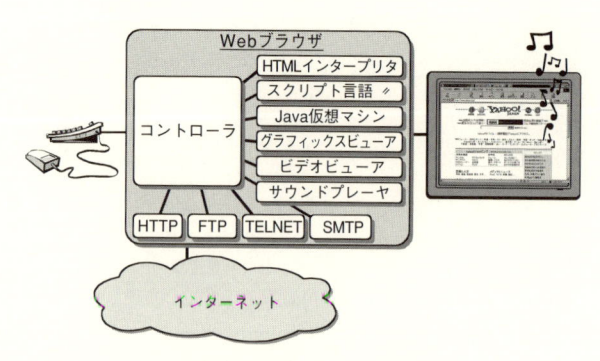

図6.4 Webブラウザの構造

ションとして**プラグイン**（追加）できる構造となっている．

　ブラウザの中心をなすコントローラは，ユーザがキーボードから URL を入力したり，ディスプレイ上に強調表示されたハイパーリンクをマウスでクリックしたりしたときに，HTTP プロトコルを起動し指定された Web サイトとの間で TCP コネクションを確立してから，所望の HTML 文書を読み込み，HTML インタープリタを起動する．HTML インタープリタは，読み込んだ HTML 文書の中に記述されているタグと呼ばれる表示属性を解釈し，同属性に沿ったレイアウトにて文書を表示する．また，GIF 形式のグラフィックスが同文書に含まれている場合には，コントローラが再び Web サイトからファイルを読み込み，今度は GIF 形式のグラフィックスビューアを起動して HTML 文書に記述されている表示属性に沿ってグラフィックスを表示する．

　HTML インタープリタとコントローラの連携動作の中で最も重要なのは，HTML 文書に埋め込まれているハイパーリンク先の URL とディスプレイ上での表示位置との対応関係を記憶しておき，ユーザがマウスをクリックするだけで所望のサイトへジャンプしたり，希望する写真や音楽をダウンロードしたりすることができるグラフィカルな対話インタフェースを提供することによって，ユーザにはブラウザ内や Web サーバとの間で行われる煩雑な処理を隠蔽し意識させないことである．

　なお，図中のスクリプト言語インタープリタは，電子ショッピングにおける入力データのチェックなど，ユーザと Web ページ間の対話性を高め，WWW サービスの応用範囲を広げるためのものである．

　また，ブラウザのもう 1 つの重要な機能にキャッシュがある．これは，表示した Web ページをパソコンのハードディスクに一定期間保存しておくもので，再度同じページがアクセスされたときにインターネットから再び同じページを読み込むことなく直ちに表示する．またインターネットに接続していないオフラインの状態でも表示できるようにするための仕掛けである．同様の仕掛けがプロキシサーバにもあるが，これについては次章で取り上げる．

[例題 6.1] インターネットの中にサイバースペースと呼ばれる仮想的な世界があたかも存在しているような錯覚をユーザに与えるのは，ブラウザの働きによるものであるが，その仕組みを説明せよ．

(解答例) ブラウザは，HTML 文書に埋め込まれているハイパーリンク先の URL とディスプレイ上での表示位置との対応関係を記憶しておき，ユーザがマウスをクリックするだけで所望のサイトへ飛び移ったり，希望する写真や音楽をダウンロードしたりすることができるグラフィカルな対話インタフェースを提供し，ユーザにはブラウザ内や Web サーバとの間で行われる煩雑な処理を隠蔽し意識させないようにしている．

6.2 マークアップ言語

ハイパーテキスト技術のコア技術であるマークアップ言語について，その生い立ちと発展を概観した後，Web ページの作成に広く使われている HTML と，電子商取引などで今後幅広い応用が期待されている XML と Web サービスについて解説する．

A. マークアップ言語の生い立ちと発展

文書の中に"<title>マークアップ言語の生い立ちと発展</title>"というように，< >記号で囲んだタグを埋め込む（これをマークアップという）ことによって，文書の論理構造（表題，章，節，段落など）や表示属性（レイアウト，文字の大きさ，色など）を指定するための言語をマークアップ言

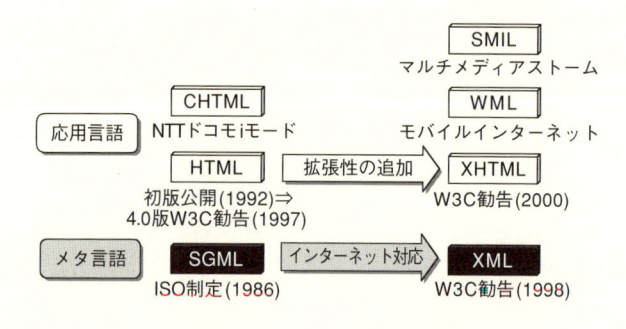

図 6.5 マークアップ言語の発展

語と呼ぶ．そのルーツは，図 6.5 に示すように，異なるワープロソフトで作られた文書ファイルや電子出版物に互換性をもたせるために 1986 年に国際標準規格として制定された標準汎用マークアップ言語 **SGML**（Standard Generalized Markup Language）に遡ることができる．

SGML は，報告書や論文，雑誌，見積書などあらゆる分野の文書に対応できるよう拡張性に富んでいる．分野ごとに必要なタグの集まりを文書型定義 **DTD**（Document Type Definition）として定義し，この定義に基づいて各分野に適したマークアップ言語体系を構成することができる．こうした言語体系を記述するための言語を**メタ言語**，メタ言語を母体に作られた言語体系を**応用言語**と呼ぶが，SGML は拡張性とともにメタ言語機能を備えていることが大きな特徴である．

SGML はインターネットが普及する前に開発されたものであるが，応用言語の HTML はハイパーリンク機能を付加し，Web ページの作成に特化したマークアップ言語で，DTD は 1 種類のみである．なお，1992 年に公開された HTML は，1997 年 12 月に W3C から HTML4.0 が勧告されているが，CHTML はモバイルインターネット用途（NTT ドコモの i モード用）にさらに機能を限定したものである．

ところで，WWW の爆発的な普及とともに，業務アプリケーションや電子商取引，マルチメディアストリームなど，多種多様な応用が考えられるようになったが，HTML のままでは機能拡張やアプリケーションシステムとの連動などに限界があることが露呈してきた．このため SGML が備えていた拡張性に立ち戻り，インターネットへの適用を前提とする新たなメタ言語として拡張可能なマークアップ言語 **XML**（Extensible Markup Language）の開発が W3C にて進められ 1998 年に勧告された．

XML は Internet Explorer 5.0 や Netscape Navigator 6.0 以降のバージョンで利用できるが，業種や業務に適した文書構造を定義（現在は SGML 用の DTD を使用）することによって，さまざまな Web ベースの業務アプリケーションや電子商取引で使われていくものと期待されている．また XML の応用言語には，2000 年に勧告化された XHTML（Extensible HyperText Markup Language）があるが，これは HTML の母体であった SGML を

XMLに置き換えたもので，独自タグの追加による機能拡張性などの改善が図られている．この他にも，WAP（Wireless Application Protocol）フォーラム対応のモバイルインターネットサービス用のWML（Wireless Markup Language）や，ビデオやアニメーションを音声や文字と同期して再生できるテレビとWebとを融合したマルチメディアストリームサービス用のSMIL（Synchronized Multimedia Integration Language）など，いろいろな応用言語が実用化されつつある．

なお，DTDはデータ型（整数，日付…）が定義できない，XMLと文法が異なるなどの問題があり，W3Cにて新たな文書構造定義言語としてXML Schemaの仕様検討を行っているが，仕様が複雑化し標準化は難航している．

B. HTML

SGMLやHTMLにおけるタグの標準的な表記規則を図6.6に示す．**開始タグ**と**終了タグ**およびこれらによって挟まれた文字列から構成され，全体を**エレメント**と呼ぶ．エレメントの中には，別のエレメントを階層的（多重）に埋め込むことができる．開始タグの中には，文字列を修飾するための属性名とその値を記述することができる．

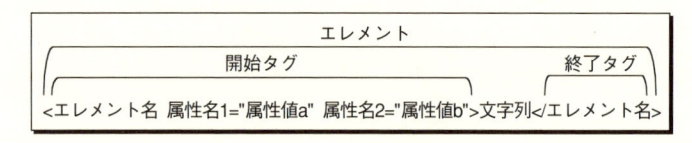

```
                    エレメント
        開始タグ                        終了タグ
<エレメント名 属性名1="属性値a" 属性名2="属性値b">文字列</エレメント名>
```

図6.6　タグの表記規則

たとえば，<h1 align="center"> HTMLとWebページの作成 </h1>は，文字列"HTMLとWebページの作成"を見出しとして扱い，h1として規定されているフォントサイズで画面水平方向の中央位置に表示することを意味する．グラフィックスの表示タグ<img>や改行タグ
のように，終了タグのないものもある．また，文字列に別のエレメントを入れ子として埋め込み，階層的な表記を行うことができる．HTML文書は".html"または".htm"を拡張子とする**テキスト形式**（文字コードのみで構成）のファイル

6.2 マークアップ言語

で，グラフィックスなどは別のファイル形式で保存管理される．

図 6.7 のブラウザ表示例と図 6.8 の対応する HTML 文書の記述例に示すように，HTML 文書はヘッダ部（同図 1～5 行目）とボディ部（6～16 行目）とに分けられる．ヘッダ部には，文書タイプ宣言，HTML 文書宣言，タイトル，この他に文書全体に及ぶスタイル指定や，文書内で使用するスクリプト言語とその関数も記述される．

一方，ボディ部は文書の本体をなすもので，この例では見出し表示（7 行目）の後に，表形式による表示の記述（8～13 行目）が続き，最後に矢印アイコンに対してハイパーリンク（14 行目）が施されている．

ボディ部の各エレメントでもスタイルを指定でき，ヘッダ部でのスタイル指定よりも高い優先度で扱われる．たとえば，7 行目では h1 という文字サイズで左端から 100 ポイントの位置に "アドレス帳" を見出し表示せよというスタイル指定が施されている．また，8～13 行目は，<table> エレメントの中の <tr> エレメントを行に，また <td> エレメントを列に，さらに <th> エレメントを見出しとする表形式による表示を規定している．

図 6.7　ブラウザ表示例

```
 1: <!DOCTYPE HTML PUBLIC "-//W3C//DTD HTML4.0 Transitional//EN">
 2: <html>
 3: <head>
 4: <title>address</title>
 5: </head>
 6: <body>
 7:   <h1 style="margin-left:100pt">アドレス帳</h1>
 8:   <table border="3">
 9:     <tr style="background-color: yellow"><th>氏名</th><th>住所</th><th>郵便番号</th><th>電話</th></tr>
10:     <tr><td>東京太郎</td><td>東京都新宿区</td><td>160-1234</td><td>03-1234-5678</td></tr>
11:     <tr><td>大阪花子</td><td>大阪府大阪市</td><td>535-4321</td><td>06-8765-4321</td></tr>
12:     <tr><td>青森鈴子</td><td>青森県青森市</td><td>038-7654</td><td>017-765-4321</td></tr>
13:   </table>
14:   <a href="index.html"><img src="msb1.gif"></a>
15: </body>
16: </html>
```

（1～5 行目：ヘッダ部，6～16 行目：ボディ部）

図 6.8　図 6.7 の HTML 文書の記述例

なお，ハイパーリンク先を指定する <a> エレメントは

```
<a href="リンク先URL">文字列</a>
```

と記述するのが基本で，文字列はWebページ上では色が変わって表示され，これをマウスでクリックすることによってリンク先のURLにジャンプする．リンクの基点（文字列）のことを**アンカ**と呼ぶ．アンカには，他に14行目の例のようにグラフィックスやプログラムなども用いることができる．

Webページの作成には，HTMLを使って直接に書き下してもよい．使いやすいWebページ作成ツールは多数流通しており，これらを使えばHTMLを熟知していなくても見栄えの良いWebページを作成することができる．作成者の意図に沿った細かい調整には，HTMLを理解しておく必要がある．

C. XMLとWebサービス

WWWの爆発的な普及とともに，Webブラウザをベースとする電子商取引などの業務アプリケーションへの応用も盛んに行われるようになってきた．しかしながら，HTMLはWebブラウザ上での表現手段の提供を目的としたマークアップ言語であるため，業務アプリケーションで不可欠な情報処理的な取り扱いには適していない．こうした視点に立ってSGMLをベースに開発されたのがXMLであり，次のような特徴をもっている．

① 日本語などでの記述を含めタグを自由に定義でき，商取引に必要な単価や数量などのデータの意味をタグとして用いることができる．
② 開始タグと終了タグを必ず対で用いるなど，簡素で厳密な言語仕様にしたため，アプリケーションプログラムの開発が容易になる．
③ 文書の内容情報（XML文書）と表示属性（スタイル）情報を分離したため，XML文書をブラウザ表示のみならず，さまざまな目的に再利用できる．
④ 企業間で共通したタグを定義（DTD）することによって，企業間でのデータの交換が可能になる．

すなわち，XMLは人間にとって理解しやすい，またコンピュータにとっても取り扱いやすい文書を記述できるところにその本質がある．XML文書の記述例を参照しながらXMLの概要について以下に説明する．

XMLでは，図6.7と同じ内容を同じようにブラウザ表示するためには，図6.9(a)の情報内容の本体をなすXML文書と，同図(b)の **XSL** (Extensible Stylesheet Language) スタイルシートが必要である．両者ともHTML文書と同様にテキスト形式のファイルである．

同図(a)において，1行目はXML宣言を，2行目は適用するスタイルシートを指定している．HTML文書と同様に，XML文書でもエレメントの中に別のエレメントを階層的に埋め込むことができる．最上位層に位置する〈アドレス帳〉エレメント（3と7行目の対）を**ルートエレメント**と呼び，XML文書の中に1つだけ存在する決まりになっている．〈個人情報〉エレメント（4〜6行目）が第2階層をなし，さらにこのエレメントの中に<氏名>や<住所>などの最下位層のエレメントが埋め込まれている．

図6.9(b)のXSLスタイルシートでは，11行目のXML宣言後に，12行目で使用するXSLのタグや属性の集まりを特定するためのURLを指定してから，13行目でルートエレメントに対して変換操作を行うことを宣言している．14，15行目はHTML文書のヘッダ部に当たるもので，これによってブ

```
1: <?xml version="1.0" encoding="Shift-JIS"?>
2: <?xml-stylesheet type="text/xsl" href="address.xsl"?>
3: <アドレス帳>
4:   <個人情報><氏名>東京太郎</氏名><住所>東京都新宿区</住所><郵便番号>160-1234</郵便番号><電話>03-1234-5678</電話></個人情報>
5:   <個人情報><氏名>大阪花子</氏名><住所>大阪府大阪市</住所><郵便番号>535-4321</郵便番号><電話>06-8765-4321</電話></個人情報>
6:   <個人情報><氏名>青森鈴子</氏名><住所>青森県青森市</住所><電話>017-765-4321</電話><郵便番号>038-7654</郵便番号></個人情報>
7: </アドレス帳>
```

(a) XML文書（内容情報）

```
11: <?xml version="1.0" encoding="Shift-JIS"?>
12: <xsl:stylesheet xmlns:xsl="http://www.w3.org/TR/WD-xsl" xml:lang="ja">
13:   <xsl:template match="/">
14:     <html lang="ja">
15:       <head><title>address</title></head>
16:       <body>
17:         <h2 style="margin-left: 100pt">アドレス帳</h2>
18:         <table border="3">
19:           <tr style="background-color:yellow"><th>氏名</th><th>住所</th><th>郵便番号</th><th>電話</th></tr>
20:           <xsl:for-each select="アドレス帳/個人情報">
21:             <tr><td><xsl:value-of select="氏名" /></td><td><xsl:value-of select="住所"/></td>
22:             <td><xsl:value-of select="郵便番号" /></td> <td><xsl:value-of select="電話" /></td></tr>
23:           </xsl:for-each>
24:         </table>
25:       </body>
26:     </html>
27:   </xsl:template>
28: </xsl:stylesheet>
```

(b) XSLスタイルシート

図6.9 XML文書とXSLスタイルシート

ラウザのタイトルバーの表示内容を指定する．

16～25行目がボディ部に当たり，その中の20～23行目以外は図6.8の記述と同じである．すなわちこの部分では，＜アドレス帳＞エレメントの下に位置するすべての＜個人情報＞エレメントに対して（20行目），＜氏名＞や＜住所＞エレメントなどの文字データを抽出して行および列を構成し，表形式で表示する（21, 22行目）ことを規定している．

以上の説明から，XML対応のブラウザではXSLスタイルシートの記述に従ってXML文書をHTML文書へ変換し，表示していることがわかる．こうした変換操作を **XSLT**（XSL Transformation）と呼ぶが，XML未対応ブラウザに対しては，サーバ側でXSLT操作をし，クライアントにはHTML文書のみを送信する方法が取られている．

なお，図6.9のXML文書は，XMLの文法規則を守っているものの，タグを独自に定義して使っている．こうした文書を**整形文書**（well-formed XML document）と呼ぶ．これに対して，XMLの文法規則と文書型定義（DTD）で定義されたタグづけ規則を守っている文書を**妥当な文書**（valid XML document）と呼んでいる．業種ごとあるいは複数の企業間で共通のデータ形式を取り決めて商取引などを行うには，妥当な文書を使用することになる．

ブラウザへの表示を例にXMLの概要を説明したが，XMLの真価は図6.10に示すサーバ間でのデータ交換において発揮する．すなわち，同図は旅行会社のWebサイトをアクセスしているユーザが新幹線の料金問い合わせを行うと，Webサーバは鉄道料金を提供しているサービス会社にXML文

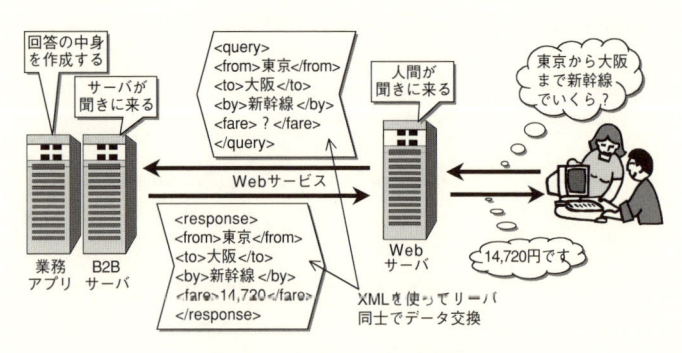

図6.10　Webサービスの概念

書を生成して回答を要求し，同社からXML文書にて料金の回答が直ちに返ってくる様子を示している．ユーザの要求によっては，さらに新幹線の発券や，ホテル，レンタカーなどの予約に発展するかもしれないが，そのつど，Webサーバは該当するサービス会社に照会することによって，旅行会社のサイトはユーザの多種多様な要求に柔軟かつスピーディに応えられることになる．このようにサーバ同士が連携してビジネスアプリケーション（サービス）を提供することを**Web サービス**，バックエンドの業務アプリケーションと連動してWebサービスを提供するサーバをB2B（Business to Business）サーバと呼ぶ．

Webサービスと異なる方法として，**CORBA**（Common Object Request Broker Architecture；汎用）や**RMI**（Remote Method Invocation；Java用）などの分散オブジェクト技術を適用することも考えられているが，これらはプログラムを組んでサービス会社ごとにリンクを張らなければならない方法である．これに対して，WebサービスはXML文書を媒介にプログラムとは疎結合に，いわば電子メールにて問い合わせする感覚で情報交換を行うことを可能にする．なお，Webサービスで用いられるプロトコル**SOAP**（Simple Object Access Protocol）は，XMLデータ転送プロトコルとしてHTTPもしくは電子メール用のSMTPを用いることができ，またXML文書の宛先情報を記述するためのエンベロープ（封筒）機能を備えている．

10章にて，Webサービスを用いた企業間取引について，業界でのデータ形式の標準化活動を交えながら，より突っ込んだ解説を行う．

[例題6.2]　（1）図6.9(a)について，スタイルシート指定行（2行目）を除いたXML文書（ファイル名：address.xml）を作成し，これをXML対応のブラウザに読み込ませ，どのように表示されるか試せ．次に，（2）図6.9(b)のXSLスタイルシート（同：address.xsl）を作成してから，address.xmlにXSLスタイルシート指定行を付加したものをブラウザに読み込ませ，図6.7と同じ表示結果（矢印アイコンを除く）が得られることを確認せよ．さらに，address.xmlファイルに個人情報エレメントを追加しても，ブラウザには追加した分，表示行数が増えて表示されることを確認せよ．

（ヒント）　（1）ではXML文書の構造が表示される．ミス入力するとブラウザには

間違い箇所などが表示されるので,これを参考に粘り強く修正すること.

6.3　Web アプリケーション

Web アプリケーションを構築するうえで多用されている各種ソフトウェアとオブジェクト指向プログラミングについて概説した後,JavaScript と Java Servlet を用いた Web アプリケーションのプログラミングについて解説する.

A. Web アプリケーションを実現する各種ソフトウェア

図 6.11 は,各種 Web アプリケーションの構築に必要なクライアント側とサーバ側の代表的なソフトウェアとインタフェース規格およびプログラミング言語などを示したものである.

クライアント側のブラウザは,Netscape Navigator と Internet Explorer が広く使われている.前述したようにブラウザにプラグイン機能をもたせたことが WWW の普及に大きく貢献した.すなわち,当初の HTML 文書は動きのない静的なものであったが,プラグイン機能によってさまざまなプログラムを埋め込み画像を動かしたり,エンドユーザがデータを入力するための

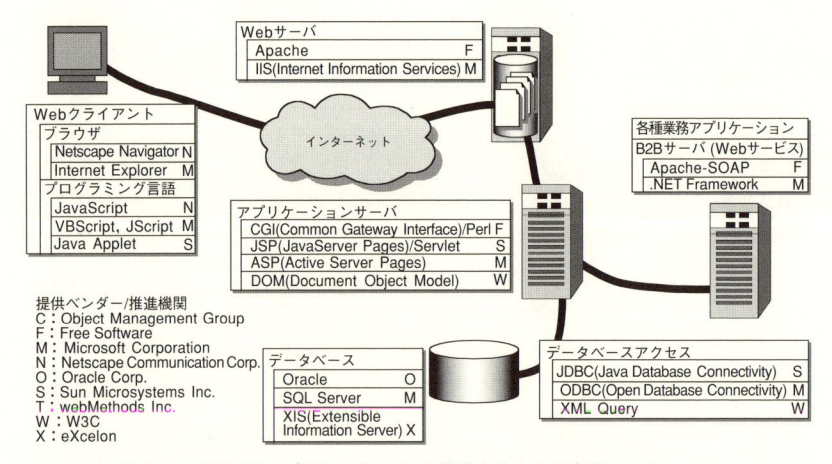

```
Webサーバ
  Apache                                    F
  IIS(Internet Information Services)        M

Webクライアント
  ブラウザ
    Netscape Navigator    N
    Internet Explorer     M
  プログラミング言語
    JavaScript            N
    VBScript, JScript     M
    Java Applet           S

アプリケーションサーバ
  CGI(Common Gateway Interface)/Perl   F
  JSP(JavaServer Pages)/Servlet         S
  ASP(Active Server Pages)              M
  DOM(Document Object Model)            W

各種業務アプリケーション
  B2Bサーバ(Webサービス)
    Apache-SOAP            F
    .NET Framework         M

データベース
  Oracle       O
  SQL Server   M
  XIS(Extensible
  Information Server)  X

データベースアクセス
  JDBC(Java Database Connectivity)    S
  ODBC(Open Database Connectivity)    M
  XML Query                           W

提供ベンダー/推進機関
C : Object Management Group
F : Free Software
M : Microsoft Corporation
N : Netscape Communication Corp.
O : Oracle Corp.
S : Sun Microsystems Inc.
T : webMethods Inc.
W : W3C
X : eXcelon
```

図 6.11　WWW アプリケーションを構築するための各種ソフトウェア

フォームを提供したり，音楽や動画などを組み込んだりすることが可能となり，マルチメディアに富んだ Web ページが多用されるようになった．

　プラグインプログラムには，JavaScript などの**インタープリタ型プログラミング言語**で記述されたものと，Java などの**コンパイル型**（ソースコードを一括して機械語に翻訳してから実行する）**プログラミング言語**で記述された Applet などに大別される．前者はすみやかに処理に入るが，処理そのものは遅い．このためエンドユーザが入力したデータの妥当性チェックなど，軽い機能の実装に向いている．一方，後者は実行環境（Java 仮想マシン）が立ち上がるまでいったん待たされるが，処理は速い．クライアント側で複雑な帳票処理を行ったり，アニメーションに複雑な動きを与えたりするなど，アクティブな Web ページを作成し，サーバ側の処理負担を軽減しようとする場合に有効である．

　一方，クライアントの要求に応じて HTML 文書を返送する Web サーバは，UNIX 系の Apache と Windows 系の IIS が広く使われている．

　また，アプリケーションサーバには，Web クライアントからの要求に応じて，データベースなどの外部プログラムを呼び出し，実行結果を Web クライアントに返すための仕組みが組み込まれる．CGI（Common Gateway Interface）はインタープリタ型のプログラミング言語 Perl で記述されることが多く，JSP や Servlet は Java 言語を応用したもので，また ASP は IIS 専用，DOM は XML 文書を分析し操作するためのものである．これらは，実行結果を反映した Web ページを動的に生成するもので，Web サーバの拡張機能として Web サーバ内に組み込まれることもある．

　また，Oracle や SQL Server などのリレーショナルデータベース，XML 対応のデータベース XIS とは，ODBC や JDBC，XML Query などのインタフェースを介して検索要求と結果が返される．

　さらに，業務アプリケーションと連動してさまざまな Web サービスを提供する B2B サーバには，Java ベースの UNIX 系 Apache-SOAP と，Windows 系の .NET Framework などがあるが，前述の SOAP や WSDL（Web Service Description Language，Web サービス仕様の記述），UDDI（Universal Description, Discovery and Integration，Web サービスのディレ

クトリシステム）を媒介に相互接続できるようになっている．

B. WebアプリケーションとJava

オブジェクト指向プログラミング（OOP；Object-Oriented Programming）では，(1) データ（状態，メンバー変数，属性，プロパティ，フィールド，インスタンス変数とも呼ぶ）と，操作（メソッド，メンバー関数，動作，実行手続き，振る舞い）をもつ実体（実世界の事象や事物，エンティティ）を**オブジェクト**と総称し，(2) オブジェクトの中から共通するものをまとめて抽象化（カプセル化，実装の隠蔽化，ブラックボックス化）した表現を**クラス**（ひな型，テンプレート，設計図）と呼び，さらに (3) あるクラスの実体を**インスタンス**（オブジェクト）と呼ぶ．そして，(4) オブジェクト間で交換される**メッセージ**（オブジェクトに対する操作命令）を記述することによってプログラムを作ることを，OOPと呼ぶ．また，(5) 下位クラスは，上位クラスの機能や性質を受け継いで（**継承**，インヘリタンス），機能を拡張することができる．これはプログラム資産の再利用性を飛躍的に高めることになり，OOPの大きな特徴といわれている．

Javaは，1995年にSun Microsystemsが発表したインターネットに照準したオブジェクト指向プログラミング言語である．(a) **Java仮想マシン**（JVM；Java Virtual Machine）と呼ばれる特定のプラットフォーム（OSやCPU）に依存しないソフトウェア環境で動作すること，(b) 豊富なクラスライブラリとメモリ管理機能の充実により，新しいプログラマにとって学習しやすいプログラミング言語であること，(c) インターネットとの親和性に優れ，斬新なアイデアによる絶え間ない進化を続けていることが特徴で，今後も広範な分野で使われていくものと期待されている．

Javaプログラムは，2つに大別することができる．1つは**Applet**と呼ばれるもので，別のプログラム（Webブラウザ）内部で実行される．もう1つは，単独で実行できる**Javaアプリケーション**と呼ばれるものである．

Appletはソースコードをコンパイルした**バイトコード**と呼ばれる機械語に翻訳されたものが，Webサーバからダウンロードされて実行される．HTML文書のボディ部には，次のような形式で\<applet\>エレメントが埋め

込まれる．

```
<applet code = "AppletSample" width=100 height=100>
</applet>
```

　ネットワークを介してプログラムをダウンロードする方式は，使い方によってはコンピュータ内のファイルを消したりすることもできる．このため，Appletではファイルシステムへのアクセスを禁止しており，コンピュータウィルスなどの蔓延を防いでいる．また，Appletには，ダイアログ（独自のウィンドウを生成し，その中に警告メッセージを表示したり，ラジオボタンなどを配置したりできる自己完結的な部品）やツールバーなどのメニュー選択，グラフィックスの描画，マウス操作の検出など，多数のクラスライブラリィが提供されており，Javaを普及させる大きな原動力となっている．

　一方，Javaアプリケーションの典型例を，Webクライアントとアプリケーションサーバとの連携動作に見ることができる．図6.12は，アンケート調査の回答をサーバで受け取り，集計結果を，HTML文書を生成して返送するやり取りを示したものである．

　同図において，①ユーザがブラウザに所望のURLを入力すると，②該当するWebサーバから指定のHTML文書が送られ，ブラウザには同図左側のアンケート調査画面が表示される．このHTML文書は，図6.13に示すように<FORM>エレメントと<INPUT>エレメントを用いて，ユーザがアンケートに回答するための**GUI**（Graphical User Interface）を提供し，入力

図6.12　Webブラウザとアプリケーションサーバの連携動作例

されたデータをリクエストとしてサーバに転送するためのフォーム部分（20〜36行目）と，**JavaScript 言語**（文法が Java と類似したスクリプト言語で，Java ではない）を用いた入力の正当性をチェックする部分（6〜17行目）から構成されている．

ユーザが送信ボタンを押すと，入力チェックが起動され（20行目），年齢が未入力であれば，警告ダイアログが表示され入力を促す（9, 10行目）．③ 入力されていれば，20行目の記述に従って，get メソッドを使って URL 先のサーバにリクエストを送信する．

④ クライアントから送信されたリクエストは，Web サーバを経由してアプリケーションサーバに送られる．同サーバでは，Servlet エンジンと呼ばれる Java 仮想マシンが動作しており，リクエストを受け取ると，該当するアプリケーションプログラムが起動していないときは，対応する Java バイトコードをロードし，インスタンスを生成し実行に入る．

図 6.14 に示すプログラムは，HTTP の get リクエストなどを扱う HttpServlet クラスを継承（4, 5行目）したものである．詳細は同図に記載されたコメントに記されているが，同プログラムはクライアントからのリクエストを受けてアンケートの回答を取得し，かつこれまでの回答者の集計結果をファイルから読み込む doGet メソッド（6〜26行目），回答を年齢別/回答内容別に仕分けて既回答に加算し，かつ加算結果をファイルに格納する ansShukei メソッド（27〜61行目），年齢別/回答内容別の回答者比率を求める ansKeisan メソッド（62〜90行目），クライアントにレスポンスとして返送するための HTML 文書を生成する ansHyoji メソッド（91〜118行目）から構成されている．

⑤ このようにして生成された HTML 文書が，クライアントのブラウザに表示（HTML 文書のソースは，図 6.14 の 92〜115行目を参照）される．なお，ansHyoji メソッドでは，out.println メソッドを使って HTML タグの記述を行っているが，JSP（JavaServer Pages）を使用すれば，HTML 文書の中に Servlet が動的に生成するコンテンツを埋め込むことができるため，ホームページ作成ツールなどを利用して効率良く表示部分を記述することが可能になる．

6.3 Webアプリケーション　145

```
 1: <!DOCTYPE HTML PUBLIC "-//W3C//DTD HTML 4.0 Transitional//EN">   <!-- 文書タイプ宣言 -->
 2: <HTML>                                                           <!-- HTML文書の開始 -->
 3: <HEAD>                                                           <!-- ヘッダ部の開始 -->
 4: <TITLE>★☆アンケート入力画面☆★</TITLE>                          <!-- HTML文書のタイトル名を指定 -->
 5: <SCRIPT LANGUAGE="JavaScript">                                   <!-- JavaScript によるデータ入力チェック -->
 6: <!--                                                             // JavaScript の記述開始(JavaScript 内のコメントは"//"で識別する)
 7: function ageCheck(){                                             //ageCheck() 関数を定義する
 8:   if(document.ank.age.value==""){                                //ページ1行内の"ank"の中の変数"age"の値が空ならば,次行を実行せよ
 9:     window.alert("年齢を入力してください");                       //警告ダイアログウィンドウを生成し,( )内の文字を表示せよ
10:     return false;                                                //戻り値を"false"とし,戻れ
11:   }else{
12:     return true;                                                 //"age"が空でなければ戻り値を"true"とし,戻れ
13:   }
14: }
15: //-->                                                            //JavaScript の記述終了
16: </SCRIPT>                                                        <!-- JavaScript の記述が終了したことをHTMLインタープリタに知らせる -->
17: </HEAD>                                                          <!-- ヘッダ部の終了 -->
18: <BODY>                                                           <!-- ボディ部の開始 -->
19: <FORM NAME="ank" onSubmit="return ageCheck()" method=get         <!-- フォーム名を"ank"とし,送信ボタンが押されたら,ageCheck()を実行せよ.戻り値が
20:   action=http://www.lol.co.jp/examples/servlet/Shukei >          true ならば, action で指定したURLのサーバにget メソッドで入力データを送信せよ -->
21: <H3>アンケート調査☆☆☆<FONT COLOR="red">★アンケート調査★</FONT></H3><P>  <!-- サイズはH3,赤色で でアンプで囲まれた文字を表示した後、改行しさらに1行開けよ -->
22: <HR WIDTH=280 ALIGN=left><P>                                     <!-- 横線を表示せよ -->
23: </b>Q1.あなたの年齢：</b>
24:   <INPUT TYPE="text" SIZE="2" NAME="age" MAXLENGTH="2" VALUE=""><BR>  <!-- テキスト入力フィールド(変数名:"age",初期値:"")を作成せよ -->
25: <b>Q2.「<FONT COLOR="blue">ニューマニズム</FONT>」を知っていますか？</b><P>  <!-- <BLOCKQUOTE> タグで囲まれた部分を前行に対しインデント表示せよ -->
26:   <BLOCKQUOTE>
27:     <INPUT TYPE="radio" NAME="ans" VALUE="yes" CHECKED>はい       <!-- ラジオボタン(選択式ボタン)を作成せよ -->
28:     <INPUT TYPE="radio" NAME="ans" VALUE="no">いいえ              <!-- 押されたら,変数"ans"に指定文字列を入れよ -->
29:     <INPUT TYPE="radio" NAME="ans" VALUE="little">少しだけ<P>     <!-- ボタンが押される前の初期値は"yes"とする -->
30:   </BLOCKQUOTE>                                                  <!-- インデント終了 -->
31: <HR WIDTH=280 ALIGN=left >
32:   <BLOCKQUOTE>
33:     <INPUT TYPE="submit"VALUE="送信する">                         <!-- 指定文字列を表示した送信ボタンを生成し,押されたら所定の送信動作に入れ -->
34:     <INPUT TYPE="reset" VALUE="消去する">                         <!-- 対応文字列を表示したリセットボタンを生成し,押されたら画面を初期状態に戻せ -->
35:   </BLOCKQUOTE>
36: </FORM>                                                          <!-- フォーム終了 -->
37: </BODY>                                                          <!-- ボディ部終了 -->
38: </HTML>                                                          <!-- HTML文書終了 -->
```

図 6.13　JavaScript を用いたアンケート表示ファイルの記述例

```
 1:   import java.io.*;                                            //Javaの入出力パッケージの中から必要なものを組み込め
 2:   import java.lang.*;                                          //Javaの数学関係パッケージの中から必要なものを組み込め
 3:   import javax.servlet.*;                                      //JavaのServlet関係パッケージの中から必要なものを組み込め
 4:   import javax.servlet.http.*;                                 //JavaのServlet/http関係パッケージの中から必要なものを組み込め
 5:   public class Shukei extends HttpServlet{                     //ShukeiクラスはHttpServletクラスを継承する
 6:     protected void doGet(HttpServletRequest req,HttpServletResponse res) //クライアントからのリクエストreqとサーバーからのレスポンスresを引数とするdoGetメソッドを定義する
 7:                    throws ServletException,IOException{        //doGetメソッドで出力処理で例外が発生したらServletException、finにリンクせよ
 8:       res.setContentType("text/html; charset=Shift_jis");      //setContentTypeメソッドを使って出力形式をtext/htmlにセットせよ
 9:       PrintWriter out = res.getWriter();                       //レスポンスresからgetWriterメソッドを使ってPrintWriter型のインスタンスoutを取得せよ
10:       String ans[] = new String[2];                            //文字列型変数ansのメモリ領域(配列)を確保せよ
11:       double ageans[][] = new double[3][3];                    //倍精度型変数ageansのメモリ領域(配列3x3)を確保せよ
12:       ans[0] = req.getParameter("age");                        //getParameterメソッドを使ってリクエストreqからageを取得し、ans[0]に格納せよ
13:       ans[1] = req.getParameter("ans");                        //getParameterメソッドを使ってリクエストreqからansを取得し、ans[1]に格納せよ
14:       try{                                                     //データ、ファイルを読み込むむ
15:         FileInputStream fin = new FileInputStream("Shukei.data"); //FileInputStream型(バイト単位の入力)インスタンスfinのメモリ領域を確保し、Shukei.dataにリンクせよ
16:         ObjectInputStream oin = new ObjectInputStream(fin);    //ObjectInputStream型のデータ型での入力インスタンスoinのメモリ領域を確認し、finにリンクせよ
17:         double ageds[][] = (double[][])oin.readObject();       //インスタンスoinから倍精度2次配列で読み込み、agesに格納せよ
18:         for(int i=0;i<3;i++){                                  //iの初期値を0とし、iが3未満なら{ }内を実行し、iに1を加えよ
19:           for(int j=0;j<3;j++){
20:             ageans[i][j] = ages[i][j];                         //agesをageansにコピーせよ
21:           }
22:         }
23:         fin.close();                                           //ファイルfinを閉じよ
24:       }catch(Exception e){}                                    //実行中の例外発生を検知せよ
25:       ansShukei(ageans,ans);                                   //ageans、ansを引数にメソッドansShukeiを実行せよ
26:     }                                                          //doGetメソッドのブロックはここまで
27:     private void ansShukei(double[][] ageans,String[] ans){    //倍精度型2次配列ageansと文字列型1次配列ansを引数とする関数ansShukeiを定義する
28:       if(Integer.parseInt(ans[0])<30){                         //文字列ans[0]を整数に変換した値が30未満ならばageans [0][0]に1を加えよ
29:         if(ans[1].equals("yes")){                              //文字列ans[1]が"yes"ならばageans [0][0]に1を加えよ
30:           ageans[0][0]++;
31:         }else if(ans[1].equals("no")){
32:           ageans[0][1]++;
33:         }else {
34:           ageans[0][2]++;
35:         }
36:       }else if(Integer.parseInt(ans[0])<40){                   //以上の条件に該当しないならばageans[0][2]に1を加えよ
37:         if(ans[1].equals("yes")){
38:           ageans[1][0]++;
```

図6.14 ServletによるWebサーバ調集計プログラムの記述例(1/3)

```
39:     }else if(ans[1].equals("no")){
40:         ageans[1][1]++;
41:     }else {
42:         ageans[1][2]++;
43:     }
44: }else {                                        //ans[0]が40以上のときこの行の実行に入る
45:     if(ans[1].equals("yes")){
46:         ageans[2][0]++;
47:     }else if(ans[1].equals("no")){
48:         ageans[2][1]++;
49:     }else {
50:         ageans[2][2]++;
51:     }
52: }
53: try{                                           //Dataファイルに書き込む
54:     FileOutputStream fout = new FileOutputStream("Shukei.data"); //FileOutputStream型インスタンス foutのメモリ領域を確保し、Shukei.dataにリンクせよ
55:     ObjectOutputStream oout = new ObjectOutputStream(fout);      //ObjectOutputStream型インスタンス ooutのメモリ領域を確保し、リンク先の Shukei.dataファイルも更新)
56:     oout.writeObject(ageans);                  //ageansを ooutに書き込み(リンク先の Shukei.dataファイルも更新)
57:     oout.flush();                              //ooutの内容を消去せよ
58:     oout.close();                              //ooutを閉じよ
59: }catch(Exception e){}
60: ansKeisan(ageans);                             //ageansを引数に関数 ansKeisanを実行せよ
61: }                                              //ansShukei メソッドのブロックはここまで

62: private void ansKeisan(double[][] ageans){     //ansKeisan メソッドを定義する
63:     double twesu[] = new double[3];            //倍精度型変数のメモリ領域を確保せよ
64:     double thisu[] = new double[3];
65:     double forsu[] = new double[3];
66:     double twewari = 0,thiwari = 0,forwari = 0;
67:     double twen[] = new double[3];
68:     double thir[] = new double[3];
69:     double fore[] = new double[3];
70:     double count = 0;
71:     for(int i=0;i<3;i++){                      //年齢別の集計
72:         twesu[i] = twesu[i] + ageans[0][i];    //20歳代以下について回答内容("yes", "no", "little")ごとに回答数の和を求めよ
73:         thisu[i] = thisu[i] + ageans[1][i];
74:         forsu[i] = forsu[i] + ageans[2][i];
75:     }
76:     for(int i=0;i<3;i++){                      //態件数の集計
77:         for(int j=0;j<3;j++){
78:             count = count + ageans[i][j];      //いまでの回答者数を求めよ
```

図 6.14 ServletによるWebサーバ側集計プログラムの記述例(2/3)

```
 79:     }
 80:     twewari = 100 / (twesu[0] + twesu[1] + twesu[2]);
 81:     thiwari = 100 / (thisu[0] + thisu[1] + thisu[2]);
 82:     forwari = 100 / (forsu[0] + forsu[1] + forsu[2]);   //20歳代以下の各回答者数の和を求め、これを分母にせよ
 83:     for(int i=0;i<3;i++){
 84:         twen[i] = twesu[i] * twewari;
 85:         thir[i] = thisu[i] * thiwari;
 86:         fore[i] = forsu[i] * forwari;                    //20歳代以下の回答内容ごとの回答者数の割合を求めよ
 87:     }
 88:     ansHyoji(twen,thir,fore,count);                      //ansHyojiメソッドを実行せよ
 89: }                                                        //ansKeisanメソッド下のブロックはここまで
 90:
 91: private void ansHyoji(double[] twen,double[] thir,double[] fore,double count){
 92:     out.println("<HTML><HEAD><TITLE>★集計結果(見本)</TITLE></HEAD>");   //ansHyojiメソッドを定義する
 93:     out.println("<BODY>");                                                //out.printlnメソッドを用いてHTMLファイルを生成し
 94:     out.println("<H3><FONT COLOR=red>★集計結果★<FONT COLOR=blue>コーマニズム</FONT>」を知っていますか？</H3>");   //クライアントに送付せよ
 95:     out.println("<HR WIDTH=300 ALIGN=left><P>");
 96:     out.println("<b>2.【年齢別の割合】</b>");
 97:     out.println("<TABLE BORDER = 1 WIDTH = 280>");
 98:     out.println("<TR><TH ROWSPAN=3>20歳代以下</TH>");
 99:              "<TR><TD>知ってる</TD><TD>"+Math.round(twen[0])+"%</TD></TR>
100:              <TR><TD>知らない</TD><TD>"+Math.round(twen[1])+"%</TD></TR>
101:              <TR><TD>少し知る</TD><TD>"+Math.round(twen[2])+"%</TD></TR></TABLE>");
102:     out.println("<TABLE BORDER = 1 WIDTH = 280>");
103:     out.println("<TR><TH ROWSPAN=3>30代の割合</TH>");
104:              "<TR><TD>知ってる</TD><TD>"+Math.round(thir[0])+"%</TD></TR>
105:              <TR><TD>知らない</TD><TD>"+Math.round(thir[1])+"%</TD></TR>
106:              <TR><TD>少し知る</TD><TD>"+Math.round(thir[2])+"%</TD></TR></TABLE>");
107:     out.println("<TABLE BORDER = 1 WIDTH = 280>");
108:     out.println("<TR><TH ROWSPAN=3>40歳代以上</TH>");
109:              "<TR><TD>知ってる</TD><TD>"+Math.round(fore[0])+"%</TD></TR>
110:              <TR><TD>知らない</TD><TD>"+Math.round(fore[1])+"%</TD></TR>     //Math.roundメソッド：()内の数値を四捨五入せよ
111:              <TR><TD>少し知る</TD><TD>"+Math.round(fore[2])+"%</TD></TR></TABLE><P>");
112:     out.println("<H5>調査数："+Math.round(count)+"件</H5>");
113:     out.println("<HR WIDTH=300 ALIGN=left>");
114:     out.println("</BODY></HTML>");
115:     out.flush();                                         //インスタンスoutの内容を消去し、閉じよ
116:     out.close();
117: }                                                        //ansHyojiメソッド下のブロックはここまで
118: }                                                        //Shukeiクラスのブロックはここまで
119:
```

図 6.14　ServletによるWebサーバ側集計プログラムの記述例(3/3)

[例題 6.3] Web 文書は，表示内容の変化形態によって 3 つに分類できる．担当者が意図的に更新しない限り内容が変わらない**静的文書**，クライアントのリクエストに応じてサーバ側で生成する**動的文書**，Web 文書に組み込まれたプログラムによって表示内容を変化させる**アクティブ文書**である．これらの文書の得失を考察せよ．

(解答例)　静的文書はホームページ作成ツールなどを使用すれば，プログラムの知識がなくても作成でき，その検査（ブラウザによる表示の違い）も簡単であるが，柔軟性に乏しく頻繁に変化する情報の提供には適していない．

動的文書は最新の株価情報などを入れ込んだ Web 文書を生成できるが，送付した後は新鮮さが徐々に失われていく．また，動的文書の生成には，Servlet などを使用する高度なプログラミング技術が必要である．

アクティブ文書は Web サービスなどを利用して株価表示などを時々刻々更新することができるが，高機能なブラウザや B2B サーバとの連携が必要であり，プログラム開発と検査に多大な労力を必要とする．

演習問題

6.1　同じ文書内容を Word のようなワードプロセシングソフトで作成したものと，HTML で記述したものとを用意し，これらのファイルのサイズを比較せよ．そして，こうした違いが生じる理由と，WWW における意義を考察せよ．

6.2　写真やイラストを含む自己紹介のホームページをパソコン上に作成し，その中に自分の趣味や興味ある分野でお勧めのホームページへジャンプするリンクとその理由を明記し，実際にジャンプできることを確認せよ．

6.3　複数の検索エンジンをアクセスし，どのようなアルゴリズムで検索対象を絞り込んでいるか，また検索効率を上げるための使い方（キーワードの入力方法など）を調べよ．（海外の検索エンジンを含め，数名のグループで行うことが望ましい）

6.4　ネットワークアナライザが準備できるならば，ブラウザが Web サイトから HTML 文書をロードする際のトラフィックを監視し，使われた TCP コネクションとそのパケット数を調べよ．（数名のグループで行うことが望ましい）

6.5　SOAP では，転送プロトコルとして HTTP または SMTP を用いるが，これらを用いることによるメリットを考察せよ．

6.6　XML もしくは Web サービスの特徴を活かした身近なアプリケーションを創造し，これを実現するためのアーキテクチャを考えよ．

6.7 Perlなどのスクリプト言語を用いたCGIプログラムと，Servletを適用したWebアプリケーションのプロセス処理上の違いを調べよ．

6.8 JavaとXMLとを組み合わせると，どのようなメリットがあるか考察せよ．

6.9 図6.13のソースコードでは，年齢のテキスト入力フィールドに入力があったか否かのみをチェックしているが，年齢にふさわしい数字（アルファベットやマイナスの数値でない）が入力されたか否か，さらに回答ボタンが押されたか否かもチェックするようにプログラムを改造し，正しく動作することを確認せよ．

6.10 図6.12はアクティブ文書と動的文書（例題6.3参照）の組み合わせによって実現しているが，これをWebサービスとアクティブ文書との組み合わせで実現するためのアーキテクチャを考えよ．

7 セキュリティ

オープンだが無防備なインターネットでは，クラッカーたちが国境を越えてさまざまな攻撃を仕掛けてくる．各サイト，組織，ユーザすべてが技術面と管理面での適切な防御策を実施し，インターネット全体のセキュリティレベルを高める必要がある．

2000年初頭に政府機関のWebサイトが攻撃されホームページが改ざんされた事件や，yahoo!やamazon.comなどの米国大手サイトがDDoS攻撃を受けて，一時サービス不能に陥ったことは記憶に新しいところである．セキュリティ後進国と呼ばれるわが国でも，ようやくセキュリティへの関心が高まってきた．

本章では，まず不正アクセス行為が周到な事前準備を経て，ターゲットに接近し，管理者権限を奪って悪事三昧を働き，最後は足跡が残らないように後始末してから退去する一連の手口を紹介する．次に，こうした不正アクセス行為に対する具体的な防御策を一連の手口に沿って解説し，さらにインターネット全体のセキュリティレベルを高めるための技術および管理面での国際標準化活動と法制面での取り組みを述べる．最後に，セキュリティに関わる重要な技術手段として，ファイアウォールと公開鍵基盤を取り上げる．

7.1 不正アクセスの手口

コンピュータやインターネットの知識を悪用してアクセスが許可されていないコンピュータシステムに侵入し，データを改ざんしたり，サービスを妨

害したりすることを不正アクセス行為（サービス妨害は法律上不正アクセス行為に該当しないが）もしくはクラッキング行為，こうした悪事を行う人たちをクラッカーと呼ぶ．なお，マスコミは彼らをハッカーと呼ぶことがあるが，正しくはクラッカーである．ちなみに，ハッカーはコンピュータやネットワークの内部動作を深く理解することに喜びを覚える人を指し，こうした人たちの努力によってインターネットが作られた．

A. 不正アクセス行為の手口

図7.1は代表的な不正アクセス行為の手口とそれによる被害を示したものである．以下，4つのフェーズに分けて解説する．

(1) 事前準備

クラッキングの第1歩は，**攻撃ターゲット**に対する綿密な調査である．まず，NIC（Network Information Center）の公開データベースなどから，ホスト名やIPアドレスを入手する．次いで，ずさんなパスワード管理や情報管理を突いて，パスワードやシステム情報の入手を図ろうとする．米国では清掃員になりすましてゴミ箱をあさった例もある．システム管理者になりす

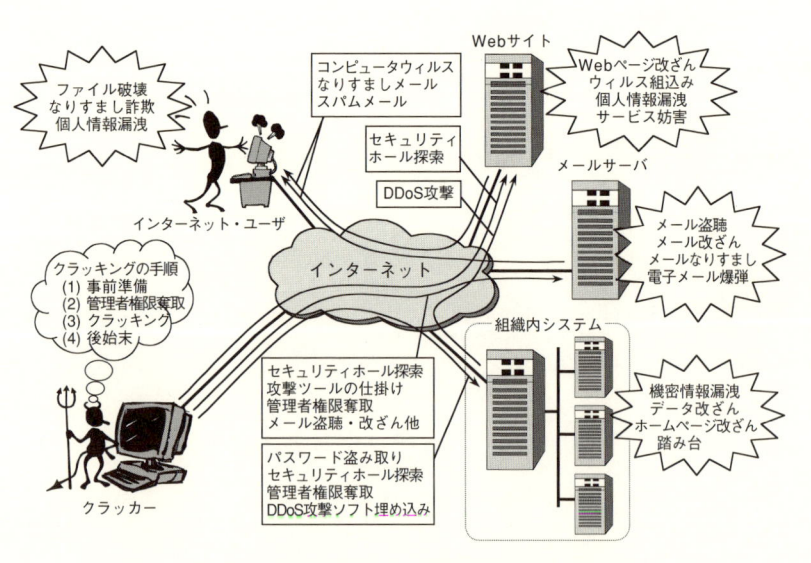

図7.1 不正アクセス行為の手口と悪事

まして言葉巧みに社員からパスワードを聞き出したり，また構内に侵入して社員のキーボード操作からパスワードを盗み見たり，LANの開放端子にパソコンを接続してシステムの様子を探ったり，pingを使ってIPで到達可能な範囲を調べたりすることもある．

特に，**ポートスキャン**と呼ばれるクラッキングツールは，外部に不用意に開放しているポートを調べ，さらにその先に見えるアプリケーションプログラムのバージョン情報を調べるために多用されている．そして，インターネットのバグ情報サイトから該当バージョンの弱点（不正侵入口となるバグをセキュリティホールと呼ぶ）を調べ，この弱点を突くための攻撃ツールをダウンロードする．こうした調査を通して攻撃に必要な情報と武器を揃えていく．

(2) 管理者権限奪取

不正入手したIDとパスワードや外部開放ポートを使ってターゲットのサーバに接近し，攻撃ツールをセキュリティホールに向けて仕掛ける．

たとえば，WebサーバのCGIにセキュリティホールがあると，外部からの不正コマンドに反応して動作が異常になり，管理者権限モードに切り替わる．クラッカーは管理者権限を奪取し，後は自由にサーバを操ることになる．

また，受信バッファ（入力データを一時的に格納しておくメモリ領域）のセキュリティホール攻撃では，大量のデータを送り込み受信バッファをオーバーフローさせ，さらにスタック（サブルーチンを呼び出す際の戻りアドレスを一時的に蓄えておくメモリ領域）もオーバーフローさせる．送り込むデータの中に，特定のプログラムへジャンプさせるための戻りアドレスを書き込んでおく．やがてCPUはクラッカーが指定したプログラムを実行し，管理者権限をクラッカーに渡してしまう．2000年1月の政府機関ホームページ改ざん事件は，これによるものだったようである．

こうしたサーバへの不正侵入は，攻撃ターゲットに向けて直接行われるとは限らない．セキュリティ管理が緩い大学などのサーバに忍び込み，これを**踏み台**にして別のサーバに忍び込む．そこからターゲットを攻撃すれば，犯人（クラッカー）を特定するのがやっかいになる．特に国境を越えて踏み台

が何回も使われた場合には，その足取りを辿ることはきわめて困難になる．なお，こうした行為は必ずしも外部からとは限らない．内部職員が情報漏洩に関わっていたり，展示会対応のため一時的に社内用サーバをインターネットに直結し不正侵入されたなど，職員の不注意によって引き起こされたりすることもある．ちなみに，米国のある調査では，不正アクセスを受けた企業の 70％以上が，組織内部の問題だったという報告もある．

(3) クラッキング

管理者権限を奪取すれば，クラッカーは悪事のしたい放題になる．組織の内部システムに侵入すれば，ホームページの改ざんはもとより，機密情報を盗んだり，改ざんしたりする．メールサーバに侵入すれば，メールの盗聴や改ざん，なりすまし，**コンピュータウィルス**の埋め込み，さらに偽造メールの大量配信（電子メール爆弾）を行ったりする．また，**トロイの木馬**（巨大な木馬に兵を忍ばせて敵の城内に侵入したトロイ戦争の故事）をヒントに，機密情報を定期的に盗み出すプログラムをいつ誰が埋め込んだかわからないように埋め込むこともある．

こうした攻撃の 1 つに **DDoS**（Distributed Denial of Service）**攻撃**と呼ばれるものがある．まず踏み台にするサーバを見つけ，これに DDoS 攻撃用マスタープログラムを組込む．マスタープログラムは内部ネットワークに接続している別のサーバを探し出し，手先プログラムを移植していく．同様の手口で多数のサーバに DDoS 攻撃プログラムを仕込んだ後，クラッカーが一斉攻撃指令を出す．ターゲットにされたサイトは攻撃パケットが次々に送り込まれ，その処理に追われて本来のサービスができなくなる．攻撃を受けたサイトは攻撃が止むまで手の施しようがなくなる．2000 年 2 月に yahoo!や buy.com，eBay，amazon.com，CNN.com，MSN.com などの米国有名サイトが 2 日の間に相次いでサービス妨害にあったのは，この攻撃によるものであった．

また，インターネットの一般ユーザにおいても，コンピュータウィルスに感染したメールを受信し，パソコンの動作が不安定になったり，ウィルスに感染したメールを他の人に送信し被害を拡大したりすることもある．また，スパムメールを大量に送られ，うっかり信用して詐欺にあうこともある．な

お，こうした不正メールは，匿名で登録できる無料メールサービスが使われることが多い．

(4) 後　始　末

攻撃が終わったら，次回侵入しやすいようにアカウント情報ファイルを改造したり，トロイの木馬を使って再侵入用のポートを作り込んだりする．また，足跡を辿れないよう自分のログ情報を消してから退去する．

以上はクラッキング行為の一例である．こうした行為に必要な攻撃ツールの作成にはCPUやOSなどの高度な専門知識が必要であるが，インターネット上で流通している攻撃ツールを使ってクラッキングするだけならば，さほどの専門知識は要らない．こうした専門知識をもたないクラッカーをスクリプトキディと呼び，インターネット上に散在するセキュリティホールを探しまわり，すきがあれば攻撃を仕掛け，インターネット上でその成果を誇示し合っているようである．

B.　不正アクセス行為の実態とセキュリティへの認識

図7.2は日米のコンピュータ緊急対応センターへの不正アクセスの被害届け出件数の推移を示したもので，毎年2倍近い勢いで急増していることがわかる．ただし米国の方が10倍位多いように見えるが，この違いは日本が欧米諸国に比べて情報セキュリティに対する取り組みに10年程度遅れていることを反映したものと思われる．

すなわち，日本ではトロイの木馬を仕掛けられて機密情報が漏洩しても誰も気がつかなかったり，金銭目的に内部職員が機密情報を社外へ漏らしても誰も察知できなかったり，あるいはクラッキング行為によって具体的な被害が出ても会社の信用喪失を恐れて届けなかったりするケースが多々あるものと思われ，

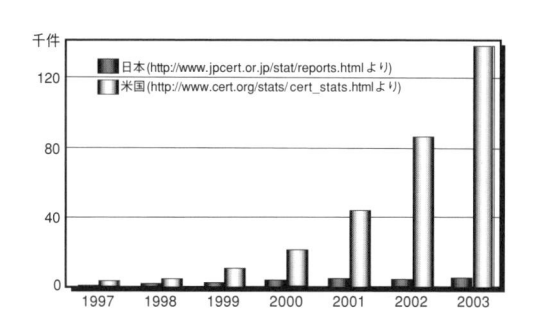

図7.2　不正アクセス被害届け出件数

実態は届け出件数よりはるかに多いといわれている．

ちなみに，欧米ではセキュリティ対策が不十分な企業が踏み台になって攻撃を受けたり，コンピュータウィルスに感染したメールが送られ被害を受けたりした場合には，当該企業が損害賠償で訴えられることもある．また，企業間取引のためにコンピュータシステムを相互接続する場合には，契約で多額の賠償額を明記し，互いにセキュリティに対して保証し合うのが当たり前になっている．

こうした考え方を受け入れ，欧米並みに高度なセキュリティを築いていくことが，わが国が国際社会の一員として活動していくための必須条件となりつつある．

[例題 7.1] 無数のサーバやパソコンがネットワークを介して接続されている分散環境でのセキュリティ脅威の特徴を考察せよ．

(解答例) ① ハードディスクなどの大容量記憶媒体の普及によって，機密情報がいたるところに存在するようになり，セキュリティ防御すべき対象が急増している．② 外部からだけでなく組織内部からの不正行為や，設定ミス，操作ミス，故障など，セキュリティを脅かす要因が多様化し増えている．③ トロイの木馬に代表されるようにクラッキング行為が巧妙化し，不正行為の発見が難しくなっている．④ 国境を越えた踏み台攻撃に代表されるように，犯人を特定することが困難なことが多い．

7.2　セキュリティ防衛

悪意ある不正アクセス行為からサーバやネットワークを守るには，技術的な対策はもとより管理面さらには法制面からの多岐にわたる系統立った防御策が必要である．しかもクラッキング行為の隠れ蓑になっている踏み台を撲滅するには，インターネット全体でセキュリティレベルを高めなければならない．

A.　セキュリティ防衛の具体策

図 7.3 は，防御策の具体的なイメージを想起するために，不正アクセスの

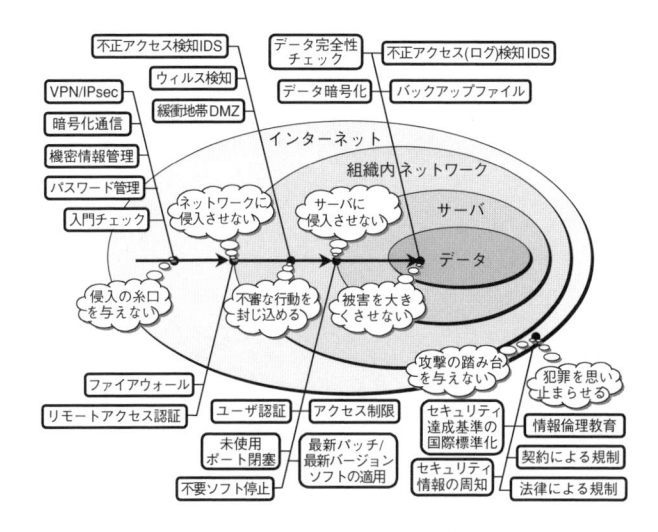

図 7.3 セキュリティ防衛策

手口に沿った対処策を示したものである．あらゆる攻撃や内部職員による不正行為などに対して，系統立った質の高い防御体制を確立するには，後述のセキュリティに関する国際標準に則った対策をおのおのの組織に適した形で適用していく必要がある．

(1) 侵入の糸口を与えない

ユーザ ID とパスワードの漏洩はもとより，社員名簿や組織表など企業運営していくための機密情報の管理（情報を経営資産ととらえて分類整理し，おのおのの管理責任者を決めておくことが必要）には十分気をつけなければならない．社内書類は必ずシュレッダーにかけて廃棄する，類推し難いパスワードの使用と定期的な更新，入門入室管理の高度化，建物内での不審者への目配りなど，社員のセキュリティへの啓蒙も必要である．

また，インターネットを利用して機密情報の交換を行う場合にも，電子メールを暗号化して送る，インターネット層を暗号化（IPsec）した**仮想私設網**（**VPN**；Virtual Private Network）で事業所間を結ぶなど，個人情報を含めた機密情報の漏洩防止とともに不正アクセスの手掛かりとなる情報をクラッカーに与えないことがセキュリティ防衛の第 1 歩である．

(2) ネットワークに侵入させない

外部から内部ネットワークへの不正侵入を防ぐ手段として多用されているのが，ルータやファイアウォール（防火壁の意味）である．アクセスリストに則り外部から内部へ入るパケット，内部から外部へ出て行くパケットを監視し制御することができる．なお，ルータやファイアウォールにも後述するサーバと同様にソフトウェアのバグによる**セキュリティホール**があるので，常に最新のバージョンを適用していく必要がある．また，セキュリティ診断ツールを使ってアクセスリスト以外のパケットがすり抜けられないかをチェックすることも重要である．

また，社員が外部からアクセスすることをリモートアクセスと呼ぶが，**ワンタイムパスワード**（パスワードを認証ごとに変える方式で，使い捨てパスワードとも呼ぶ）など信頼性の高い認証手段を用いる必要がある．

(3) 不審な行動を封じ込める

次は，ファイアウォールなどをすり抜けた場合に備えた対策である．内部ネットワークに向けて別のファイアウォールを設け，外部に面したファイアウォールとの間に緩衝地帯（DMZ；Demilitarized Zone，非武装地帯ともいう）を形成し，ここに外部からのアクセスに供されるWebサーバや電子メールサーバなどを配置する方法がある（図7.7）．たとえこれらのサーバが攻撃されても，一種のおとりとなって内部ネットワークへの侵入に時間を稼ぐことができる．

また，DMZに**ネットワーク型侵入検知システム**（IDS；Intrusion Detection System）を配置し，ネットワーク内での不審な行動パターンを検知したり，あるいはウィルス駆除ソフトにてウィルスの内部への流入を防いだりするなどの手段を講じる方法も有効である．

なお，フロッピーディスクなどネットワーク以外の媒体からコンピュータウィルスが侵入することもあるので，エンドユーザのパソコンにも最新のウィルス検知ソフトウェアを常時起動させ，ウィルス感染を未然に防ぐ必要がある．

(4) サーバに侵入させない

以上の対策が適切に施されれば，内部ネットワークに接続されたサーバが

外部から攻撃される可能性は少なくなる．しかしながら，DMZ をすり抜けた攻撃や内部職員による不正行為に備え，ネットワーク型 IDS の配備とともに，DMZ に配置された外部アクセス用サーバと同等の防御対策をすべてのサーバやデータベースに対して施す必要がある．

具体的には，提供サービスやファイルあるいはデータベースに対するアクセス権をユーザやグループ単位に木目細かく設定管理すること，セキュリティ情報に基づいてベンダーが提供するパッチ（ソフトウェアのバグを修正するための小さなプログラム）を当て，また最新バージョンを適用してセキュリティホールのない状態に保つことがポイントである．また，ファイアウォールと同様にセキュリティ診断ツールを使って，設定ミスなどで不用意に開放しているポートを見つけて塞ぐことも必要である．

(5) **侵入されても被害を大きくさせない**

さらにサーバに侵入されたときには，その被害を最小化するような対策を行っておく必要がある．ユーザ ID やパスワードファイル，個人情報ファイルなどの機密情報は暗号化しておくことが必須である．

そして，ファイルのバックアップを定期的に取り，改ざんや消去されたファイルを短時間で復帰できるようにしておかなければならない．ただし，バックアップファイルが改ざんされたものでないことを確認しておくことも大事である．サーバのアクセス記録（ログ）などからサーバ内での不審な行動を検知するホスト型 IDS を実装し，早期発見に努めることも有効である．ただし，クラッカーがログを消去し足跡を消そうとすることもあるので，別のサーバにも記録しておくことが望ましい．

(6) **攻撃の踏み台を与えない**

大学などの管理が緩いサイトや，セキュリティに無関心な企業，匿名でユーザアカウントを取得できる無料メールサービスなどが，攻撃の踏み台やメール爆弾の隠れ蓑として使用されることが多い．国際標準となっているセキュリティ管理対策基準をすべてのサイトや組織が満たすことが理想である．またコンピュータ緊急対応センターなどによるセキュリティ情報の周知徹底も重要である（http://www.jpcert.or.jp/）．

(7) 犯罪を思い止まらせる

以上述べてきたように，クラッキング行為の多くは，技術的防御手段を適切に施すことによって未然に防止できる．しかしながら，新しい攻撃ツールに対しては，その対応技術手段の手当てに時間的な遅れを伴う．またDDoS攻撃のように自サイトの防御能力を高めても防げないものもある．

こうした犯罪行為を思い止まらせることも，セキュリティ防衛の視点から大事である．11章で述べる情報倫理教育，ISPとの契約（不正行為を行っていることが発覚すると契約を解除される）や企業間取引に伴う契約による規制，さらに法律による処罰も抑止効果として期待できる．

B. セキュリティに関する国際標準化

暗号技術などの国際標準化活動とは別に，欧米では1980年代からコンピュータなどが備えるべきセキュリティ技術基準と，企業などの組織が守るべきセキュリティ管理基準が鋭意検討され，大企業や政府機関などを中心に長年にわたって採用されてきた．そして，インターネットの地球規模での急速な展開に伴って，1999年から2000年にかけてこれらの基準がISO（国際標準化機関）およびIEC（国際電気標準会議）によって国際標準化された．

その1つが，Common Criteriaと呼ばれるITセキュリティ評価基準をベースとするISO/IEC 15408 **セキュリティ技術評価基準**で，IT製品やシステムのセキュリティ設計に関する技術基準を規定している．もう1つが英国規格のBS7799情報セキュリティ管理をベースとするISO/IEC 17799 **セキュリティ管理対策基準**で，各組織が情報システムを安全に運用するための管理基準を規定している．日本では情報処理振興事業協会を中心に，これらの国際標準の導入に向けた活動が始まったところで，欧米各国に比べて大きく遅れているのが実態である．

図7.4はISO/IEC 15408の概要を示すもので，暗号操作や認証，セキュリティ機能保護など11件のセキュリティ機能要件集と，設計と実装との照合，テストの有効性評価，脆弱性の評価など10件のセキュリティ保証要件集を提示し，さらに7段階の保証レベルを規定している．そして，同一分野の製品やシステムごとにセキュリティ要求書（PP）を作成する．この中で

7.2 セキュリティ防衛

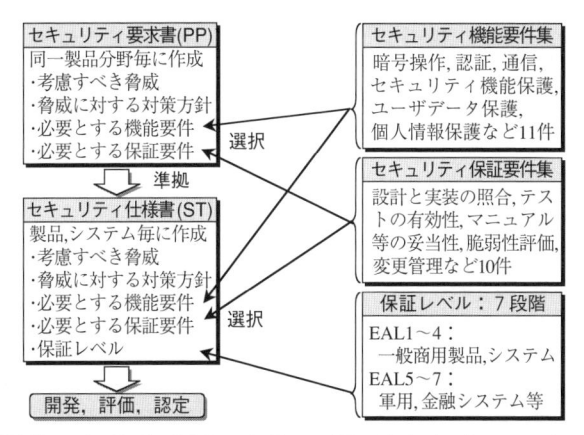

```
セキュリティ要求書(PP)
同一製品分野毎に作成
・考慮すべき脅威
・脅威に対する対策方針
・必要とする機能要件
・必要とする保証要件
       ↓準拠
セキュリティ仕様書(ST)
製品,システム毎に作成
・考慮すべき脅威
・脅威に対する対策方針
・必要とする機能要件
・必要とする保証要件
・保証レベル
       ↓
開発,評価,認定

セキュリティ機能要件集
暗号操作,認証,通信,
セキュリティ機能保護,
ユーザデータ保護,
個人情報保護など11件

セキュリティ保証要件集
設計と実装の照合,テストの有効性,マニュアル等の妥当性,脆弱性評価,変更管理など10件

保証レベル:7段階
EAL1～4:
 一般商用製品,システム
EAL5～7:
 軍用,金融システム等
```

PP: Protection Profile, ST: Security Target, EAL: Evaluation Assurance Level

図 7.4　ISO/IEC 15408 セキュリティ技術評価基準

は，まず考慮すべき脅威をリストアップし，脅威に対する対策方針を明確にする．その上で必要となるセキュリティ機能要件と保証要件とを上述の要件集から選択する．

さらに，具体的な製品あるいはシステムの開発に当たっては，PP を参照しながら製品やシステムごとにセキュリティ仕様書（ST）を作成し，この中で保証レベルの達成目標（一般商用では EAL3 が多い）を設定する．同仕様書を満たすように設計開発された製品やシステムは，所定の評価機関にて評価試験が実施され，合格したものには国際認定証が発行される．すでに，サーバ用オペレーティングシステムやデータベース，ファイアウォールなどで認定製品が販売されており，米国では 2002 年から認定製品しか購入できなくなっている．

一方，図 7.5 は ISO/IEC 17799 の概要を示すもので，セキュリティ管理対策の基盤となるセキュリティポリシーの記載事項や管理活動組織の整備，情報資産の分類と管理責任の明確化，利用者に対する教育，アクセス制御，セキュリティ事故が発生したときに備えた業務継続管理など，127 件の管理要件集を提示している．

そして，適用に当たっては，まず経営トップによってその組織の特性を踏まえたセキュリティに対する基本方針の提示とセキュリティ委員会の設置を

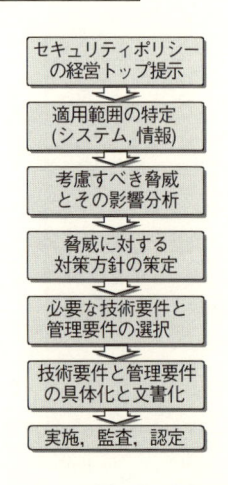

図 7.5　ISO/IEC 17799 セキュリティ管理対策基準

宣言し，次いでシステムや情報などの適用範囲を特定する．さらに ISO/IEC TR 13335（GMITS: Guideline for the Management of IT Security）などを参考に，考慮すべき脅威とその影響分析を行い，脅威に対する対策方針を策定する．この対策方針を具体化するための管理要件ならびに技術要件を選択し，その具体化を行う．結果は，組織全員が遵守すべきセキュリティ規定と，アクセスリストなどの詳細を記述したセキュリティ実施ガイドとして文書化する．組織全員に対するセキュリティ教育などを経て実施に移していくが，セキュリティ管理対策がうまく機能しているかを定期的に検証していく必要がある．また，欧米では所定の認定機関による監査を受けて認定してもらう制度が確立しているが，わが国はこれからの課題となっている．

　ISO/IEC 17799 はすべての管理要件を満足しなければならないものではなく，組織の特性や事情から適用除外するものはその理由を明記すればよい．組織のセキュリティ管理基準の策定や，電子商取引などの企業間システム接続におけるセキュリティ保証の拠り所として利用することができる．

C. 不正アクセスに関わる法整備

（1）刑法の改正（コンピュータ犯罪防止法）
　コンピュータ情報の破壊行為や，データの改ざんによって副次的に銀行口

座に金を振り込ませる詐欺行為などは，人に対する直接的な犯罪行為のみを対象としていた従来の刑法では取り締まることができなかった．このため，1987年に刑法改正が行われ，コンピュータに対する不法行為も処罰することができるようになった．この改正部分を俗にコンピュータ犯罪防止法と呼んでいる．この改正によって，電子的な文書やデータも従来の紙文書と同様に扱われるようになり，そして次のような行為を刑法で処罰できるようになった．

① 公文書や私文書に関する電子データを破壊もしくは偽造したり，偽造した公文書や私文書を使用したりする行為．

② 虚偽の情報や不正な指令などにより，コンピュータに本来の目的と異なる動作をさせて，人の業務を妨害する行為．

③ 虚偽の情報や不正な指令をコンピュータに与え，不法に財産を得たり，他人に与えたりする行為．

しかしながら，この刑法改正はメインフレームコンピュータが全盛の頃に行われたもので，今日のようにたくさんのサーバやパソコンがネットワークによって結ばれるようになった，分散コンピューティング環境を想定したものではなかった．このため，インターネットの普及とともに，サーバに不正侵入しパスワードを盗み出しても，刑法では取り締まれないという新たな問題が露呈してきた．

(2) 不正アクセス禁止法

不正アクセス行為を犯罪行為として取り締まろうとするのが，2000年2月に制定された不正アクセス禁止法である．同法によれば，不正アクセス行為とは，「システムを利用する者が，その者に与えられた権限によって許された行為以外の行為を，ネットワークを介して意図的に行うこと」と定義されている．具体的には

① 他人のIDとパスワードなどを無断で使用する行為

② セキュリティホールなどを攻撃してサーバに侵入する行為

③ IDやパスワードを売るなど，不正アクセス行為を助長する行為

が禁止され，被害の有無にかかわらず処罰対象になる．

また，同法では

(A) アクセス管理者の設置,
(B) パスワードファイルの暗号化など識別符号の適正な管理,
(C) アクセス制御機能の有効性の検証,
(D) ログの有効活用などにより,

すべてのサイトが適切な防御手段を講じることを努力義務として規定している.

[例題 7.2] ISO/IEC 15408 に沿って製品やシステムを設計開発することは,セキュリティ防衛上どのような効果をもたらすか考察せよ.

（解答例） これまではセキュリティホールが発見されるたびにパッチを当てていたが,製品やシステムの設計開発段階から質の高いセキュリティ対策が施され,かつ国際基準に則って評価認定されるため,ISO/IEC 17799 の適用と相俟って,強固で抜けのないセキュリティ対策を安価に実現できるようになる.

7.3 セキュリティ技術

セキュリティ防衛に効果的な技術の中で,特徴的なファイアウォールと,公開鍵基盤について以下に解説する.

A. ファイアウォール技術

ファイアウォールは安全性が保障されていないインターネットと,安全に保たなければならない内部ネットワークとの境界に配置され,外部からの不正なアクセスを防御する.ファイアウォールには,図 7.6 に示すようにパケットフィルタリング型と,アプリケーションゲートウェイ型とに大別される.

前者は,送信先 IP アドレスとポート番号および送信元 IP アドレスとポート番号との組み合わせでフィルタリングするもので,アクセスリストに従って通過が許可されたパケットの転送を行う.プロトコル階層モデルでは,インターネット層とトランスポート層が対象になる.したがって,ルータでもフィルタリング機能を実装すれば実現できるが,設定が煩雑になり,また機

能も限定されるため，実際には専用装置として設置することが多い．

一方，アプリケーションゲートウェイ型は，**プロキシサーバ**による中継機能を利用してアクセス制御を行うものである．たとえば，組織内のユーザが外部（インターネット）のWebサイ

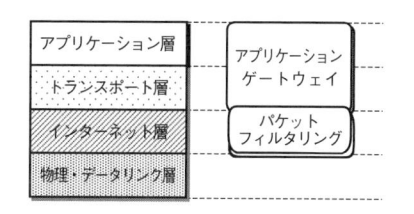

図7.6　ファイアウォールの種類

トをアクセスしようとする場合，ユーザからのHTTPパケットをそのままインターネットに送出するのではなく，プロキシサーバがユーザに代わってWebサイトをアクセスし，Webサイトから送られてきたWebページをユーザに中継する．すなわち，内部と外部との直接的な情報の授受を避けることによって，組織内システムをインターネットから隠蔽しセキュリティを高めようとするものである．階層モデルでは，アプリケーション層とトランスポート層が対象になり，プロトコルはSOCKSが用いられる．パケットフィルタリング型機能も備えたハイブリッド型もある．

なお，プロキシサーバには，上述の機能の他にキャッシング機能がある．これは，ユーザがアクセスしたWebページを一定期間サーバ内に記憶しておくもので，別のユーザが同じWebページをアクセスした場合には，サーバに記憶しておいたものを送り返すことによって，ユーザへの応答性を高め，さらにインターネットへのアクセストラヒックを軽減することができる．

図7.7は，ファイアウォールの配置例を示したもので，ファイアウォール#1をインターネット側に，ファイアウォール#2を内部ネットワーク側に配置し，外部に開放しているメールサーバやWebサーバを**緩衝地帯DMZ**（非武装地帯ともいう）に設置したものである．この例では，ファイアウォール#1をすり抜けて外部公開サーバが攻撃されても，ファイアウォール#2によって内部ネットワークが防御される．なお，この例では2台のファイアウォールを使用しているが，外部，内部およびDMZ用に計3本のインタフェースをもつファイアウォールを使えば1台で構成することができる．

9章にて，ファイアウォールの具体的な設定方法について解説する．

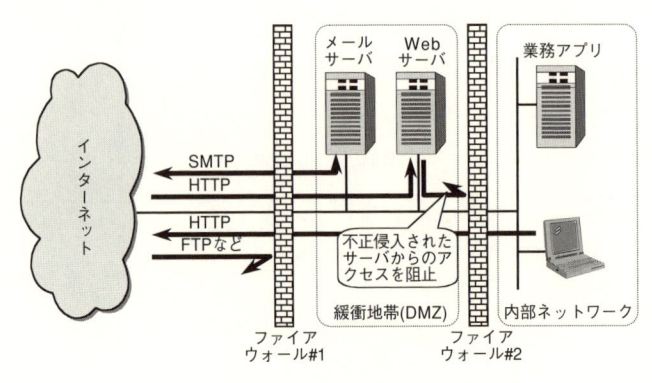

図7.7 緩衝地帯DMZ

B. 公開鍵基盤

データの改ざんや盗聴を防ぐ上で重要な役割を担っている公開鍵暗号やこれを応用したディジタル証明書を利用できる環境を公開鍵基盤（PKI；Public Key Infrastructure）と呼ぶ．PKIのベースとなる暗号化技術，ディジタル証明書とこれらの技術を適用したプロトコルと対象サービスについて解説する．

(1) 暗号化技術

暗号とは，ごく少量の情報を管理するだけで，大量の情報を盗聴されることなく相手方へ送付もしくは保存しておくための技術である．暗号化技術は図7.8に示すように，**共通鍵暗号方式**と**公開鍵暗号方式**とに大別される．

共通鍵暗号方式の代表が，1977年に米国商務省標準局が定めた**DES**（Data Encryption Standard）で，送信者と受信者双方が同じ秘密鍵（第三者に漏洩してはならない）を共有する方式である．56ビットの鍵を用いて64ビット単位に平文を暗号化し，逆に暗号文を復号化する．共通鍵暗号方式には，他にDESを3重に施すトリプルDES，IDEA，FEALなどがある．これらは高速に暗号処理を行うことができるが，相手との間で共通鍵の交換を行わなければならないこと，送信データの信憑性を確認する手段がないことが問題である．

一方，公開鍵暗号方式の代表は，1978年に開発された**RSA**（3名の開発

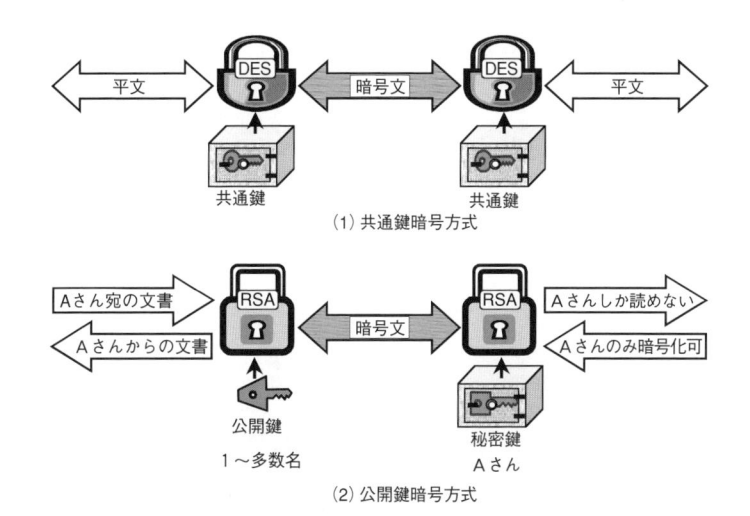

図7.8 暗号方式の種類

者：R. Rivest, A. Shamir, L. Adelman の頭文字を取って命名した）で，公開鍵（第三者に漏洩しても構わない）と秘密鍵とからなる非対称型の暗号方式である．鍵には512〜1024ビットが使われることが多く，暗号化処理は共通鍵方式に比べ数百〜数千倍重くなる．公開鍵暗号方式には，他にDSA，ECC，El Gamalなどがあり，いずれも以下のような面白い性質をもっている．

　たとえば，Aさんが公開している公開鍵を使って暗号化した文書は，対応する秘密鍵をもっているAさんしか復号して読むことができない．これは，Aさんが多数の人と秘密文書の相互交換を行おうとしても，Aさんは受信用の秘密鍵1つのみを厳重に管理し，他の人がAさんに秘密文書を送るときは，Aさんの公開鍵を使えばよいことを意味している．

　逆に，Aさんが秘密鍵を使って暗号化したものは，Aさんが公開している公開鍵でしか復号できない．すなわち，Aさんの公開鍵で復号できることは，Aさんの秘密鍵で暗号化されたことを意味している．

　前者の性質を使ったものとして，図7.9に示す**ハイブリッド型**の暗号方式がある．同図において，Aさんが公開鍵と秘密鍵の対を生成して，公開鍵をBさんに知らせる．Bさんは実際の情報を暗号化するための共通鍵を生成し，

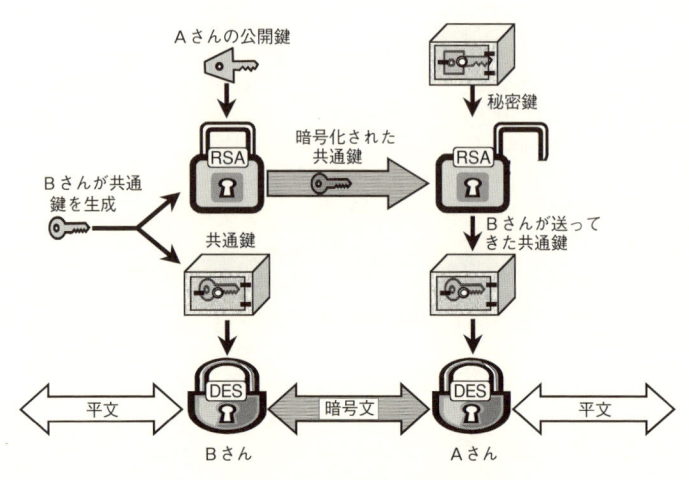

図7.9 ハイブリッド型暗号方式

公開鍵を使って共通鍵を暗号化してAさんに送る．Aさんは送られてきた暗号化された共通鍵を，Aさんが以前に生成した秘密鍵を使って復号し，共通鍵を復元する．その後，AさんとBさんはこの共通鍵を使って情報交換を行う．

共通鍵方式は鍵が短いため，何度も使用していると破られる可能性が高くなるので，通常，公開鍵暗号方式を使って定期的に更新していく．高速処理性と高い秘匿性とを両立させた理想的な暗号方式といえる．

(2) ディジタル証明書

一方，後者の性質を利用したものに**ディジタル署名**あるいはディジタル証明書がある．図7.10は，ITUの規格となっているX.509によるディジタル証明書のメカニズムを示している．

たとえば，インターネット上で電子店舗を開店しようとする被証明者が，信頼できる第三者として「**証明書発行局（CA；Certification Authority）**」にディジタル証明書の発行を依頼する．ディジタル証明書には，被証明者の名称や被証明者が生成した公開鍵情報に，CA側が使用するX.509規格のバージョン，シリアル番号，証明書の有効期間（数秒から100年間まで）などが付加された後，**ハッシュ関数**（長いデータを16〜20バイトの固定長に圧縮変換したダイジェストを算出するもので，**ダイジェストから元のデータ**

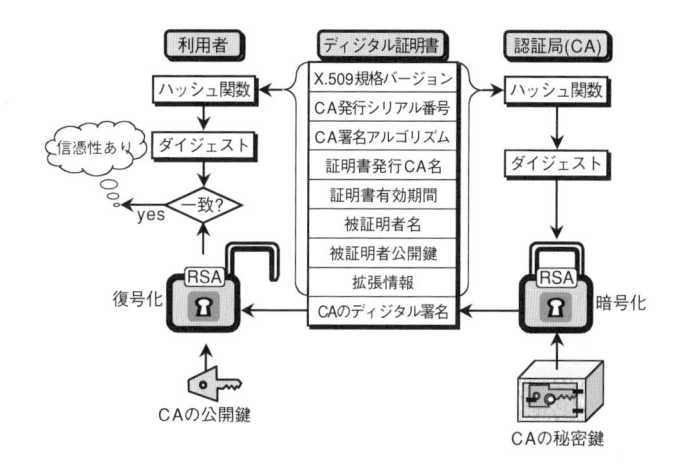

図 7.10　X.509 ディジタル証明書

を復元できないことが暗号と異なる）にてダイジェストを求める．これをCAの秘密鍵で暗号化したものをディジタル署名と呼び，ディジタル証明書に添付される．

電子店舗の利用者は，ブラウザにプラグインされた暗号処理機能を使って，電子店舗からディジタル証明書をダウンロードし，CAと同様にハッシュ関数にてダイジェストを求める．そして添付されたCAのディジタル署名をCAの公開鍵を使って復号し，利用者自身が算出したものと比較する．一致していれば信頼できる店舗と認識することができる．その後，ディジタル証明書に添付されている被証明者が生成した公開鍵を使って注文などを行っても，第三者に見られることなく電子店舗に送ることができる．

こうしたディジタル証明書は電子店舗などの企業に限らず，個人，メール，文書など，証明が必要なものすべてが対象になるが，対象の正当性を証明するものと一緒に自分の秘密鍵を沿えて申し込み，CAの審査を受ける必要がある．VeriSignやThawte, Entrustなど有名なCAがいくつかあるが，さらにこれらのCAの正当性を証明する機関をルート証明局と呼び，インターネットにおける信頼基盤の根幹をなしている．

(3) PKIとプロトコル

以上の説明からわかるように，公開鍵暗号方式を活用すればオープンで安

全性が保証されていないインターネットであっても，信頼できる情報交換や電子商取引を行うことが可能になる．図7.11は，こうした公開鍵基盤を担う代表的なセキュリティ関連プロトコルをプロトコル階層，セキュリティ機能ならびに適用サービスの視点から分類したものである．

セキュリティ機能には，情報やパスワード，共通鍵などを暗号化する**暗号機能**，アクセス者のアクセス権もしくは本人であることを確認するための**認証機能**，受信した情報に改ざんがなかったことを確認したり，送り手が後で送ったことを否認できないようにしたりするための**署名機能**の3つがある．

また，階層とサービスごとにいろいろなプロトコルが開発され，多くの選択肢が用意されている．これらの中には，PGPとS/MIMEやSSLとTLS，あるいはPPTPとL2TPのように，技術の進歩に伴う改良や，統合化が行われたもの，あるいはベンダー間の競争によって類似製品が出回るようになったものもある．

Webによる電子商取引にはHTTPSもしくはSSLを，また電子メールにはPGPまたはS/MIMEを選ぶことになる．また，また前述のVPNでは事業所間で暗号化するIPsecと，社員の自宅などからのアクセスにはPPTPもしくはL2TPを使ってリモートアクセスVPNを実現することができる．

プロトコル		サービス	暗号	認証	署名	WWW	電子メール	仮想端末	VPN	電子決済	RFC番号
アプリケーション層		HTTPS	✓	✓	✓	✓					
		PGP	✓	✓	✓		✓				
		S/MIME	✓	✓	✓		✓				RFC2632他
		PET	✓	✓				✓			RFC1421他
		SSH	✓	✓				✓			
		SET	✓	✓	✓					✓	
トランスポート層		SSL/TLS	✓	✓		✓	✓	✓		✓	RFC2246
		SOCKS		✓		✓	✓	✓		✓	RFC1928
ネットワーク層		IPsec	✓	✓					✓		RFC2401他
データリンク層		PPTP	✓	✓					✓		RFC2637
		L2TP	✓	✓					✓		RFC2661

HTTPS : Hypertext Transfer Protocol Security, PGP : Pretty Good Privacy, PET : Privacy Enhanced Telnet, S/MIME : Secure Multipurpose Internet Mail Extensions, SSH : Secure Shell, SET : Secure Electronic Transaction, SSL : Secure Sokets Layer, TLS : Transport Layer Security, IPsec : IP Security Protocol, PPTP : Point to Point Tunneling Protocol, L2TP : Layer 2 Tunneling Protocol

図7.11 公開鍵基盤を形成するセキュリティ関連プロトコル

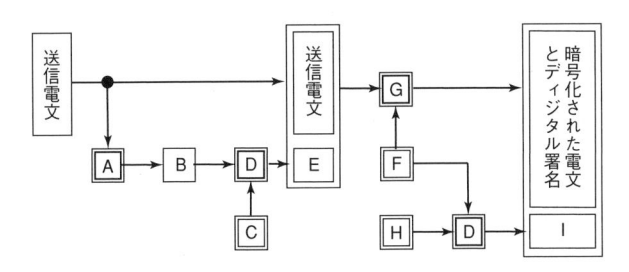

A：ハッシュ関数　B：メッセージダイジェスト　C：送信者の秘密鍵
D：公開鍵暗号化　E：送信者のディジタル署名　F：生成した共通鍵
G：共通鍵暗号化　H：受信者の公開鍵　　　　　I：暗号化された共通鍵

図7.12　ディジタル署名つき暗号化メールのメカニズム

図7.12は，PGPやS/MIMEで用いられているディジタル署名付き暗号化メールの送信側のメカニズムを示したものである．送信者と受信者の公開鍵や秘密鍵，共通鍵などが巧みに組み合わされていることが理解されよう．

[例題7.3]　アプリケーションゲートウェイ型のファイアウォールは，組織内システムをインターネットから隠蔽するが，これによるセキュリティ上の効果を考察せよ．

(解答例)　プロキシサーバは，組織内からインターネットへアクセスする際に代理サーバとして組織内IPアドレスをグローバルアドレスに変換する機能をもつ．したがって，外部からは内部のIPアドレスが見えないため，内部への攻撃を難しくする．

演習問題

7.1　インターネット上のクラッカーたちのサイトをアクセスし，どのような情報やツールが交換されているかを調べ，どのような脅威が起こり得るか，そしてその脅威から自分たちのシステムを防御するための対策案を考察せよ．（数名でグループを作り，海外を含む複数のサイトから数アイテムを選んで検討することが望ましい）

7.2　わが国はセキュリティ後進国といわれているが，なぜこれまで後進国でいられたか，そして今後も後進国のままでいたらどうなるかを考察せよ．

7.3　ファイアウォールを厳重に管理しても，内部ネットワークやサーバは必ずしも安全とはいえない．その理由を具体例をあげて説明せよ．

- 7.4 セキュリティ対策が緩いサイトや組織が存在し続けると，他のインターネット利用者やサイト，組織に対してどのような脅威になるか，そして実際に脅威を直接的あるいは間接的に与えた場合に，被害者などからどのようなことが要求されるかを考察せよ．
- 7.5 ワンタイムパスワードには，複数の方式が実用化されている．これらの方式とそのメカニズムを調べ，従来の固定パスワードに対する優位性と，ワンタイムパスワードの方式上の限界を考察せよ．
- 7.6 DDoS攻撃は，どのような法律によって処罰されるか考察せよ．
- 7.7 ISO/IEC 17799に則ってセキュリティ管理することは，セキュリティ防衛上どのような効果をもたらすか考察せよ．
- 7.8 ハイブリッド暗号化方式を用いて，顧客情報センターと100人の営業マンとの間で顧客情報を相互に交換したい．鍵が盗まれたときの被害を最小とするには，顧客情報センターと各営業マンの端末が，おのおの生成しなければならない鍵の種類と，厳重管理しなければならない鍵の和を求めよ．ただし，共通鍵は定期的に更新しないものとする．
- 7.9 図7.12に示された暗号化メールの送信側メカニズムに対する受信側のメカニズムを図示せよ．
- 7.10 図7.11に示した公開鍵基盤を適用したWWW，VPNおよび電子決済について，おのおののセキュリティ上のメカニズムを調べ図示せよ．（数名のグループで，手分けして調べ報告し合うことが望ましい）

8 次世代インターネット技術

　　　　　21世紀の社会基盤の一翼を担う次世代インターネットの姿とその課題を考察した後，この実現に必要な中核技術として，ネットワーク基盤技術とデータ圧縮技術に焦点を当てて解説する．

　20世紀におけるコンピュータ技術とディジタル伝送技術に関する研究成果の結合がインターネットを生み出し，われわれはグローバルスペースでの自由なディジタルデータの流通と処理を可能とした．その結果，インターネットは21世紀の社会基盤として位置づけられるに至った．インターネットは，TCP/IP技術の導入によるClosed Open Networkのグローバル接続（第1の波），Webブラウザ技術の導入による利用者の一般化（第2の波），セキュリティ機能の導入と信頼性の向上によるe-コマース化（第3の波）という3つの大きな波を経験してきた．21世紀を迎えるにあたり，常時接続を前提としたブロードバンド化とユビキタス化という第4の波を経験しようとしている．ブロードバンドとユビキタス環境の提供には，特にデバイス技術のさらなる発展と技術革新が大きな原動力となるであろう．

　インターネットシステムを形作るプロトコル群（さまざまな機能を実現するために多数の個別プロトコルが定義され実装されている）は，IPをその核としており，TCP/IPプロトコルスウィートとも呼ばれている．TCP/IPプロトコルスウィートは，インターネットの発展とともに次々に継続的に進化を遂げてきた．すなわち，インターネット自身の成長と発展は，インターネットの環境を変化させ，それに対応するために必要な新しい技術が発明され導入普及してきた．しかしながら，その根幹にある思想は一貫して変わっ

ていないのも，また事実である．それは，以下の4点に集約できる．
- End-to-End Principle（エンド‐エンドの原則）
- IP over Everything（データリンクに依存しないシステム）
- Everything over IP（IPを用いたディジタル通信の統合化）
- Connectivity is its own Reward（接続性こそが本質）

本章では，21世紀のディジタルコミュニケーションの基盤となる次世代インターネットの技術と姿についての議論を行う．次世代インターネットは，20世紀の終盤に急速な発展と普及を遂げたこれまでのインターネットの基本原理を踏襲し，さらにこれを発展させるであろう．

8.1 インターネットのインパクト要因

A. ネイティブインターネットへの進化

20世紀のインターネットを支えてきたディジタル伝送基盤は，ディジタル専用線とダイヤルアップ回線であった．すなわち，音声通信を提供するために敷設された電話システムの基盤を用いて，インターネットシステムが構築された．したがって，インターネットの発展は電話会社の収益に大きく貢献してきた．

ところが，21世紀を迎え，**ダークファイバ**（敷設済みの未使用ファイバ）の開放やxDSL技術，あるいはケーブルモデムなどを用いたインターネットのためのデータ通信基盤が急速に整備されつつある．こうしたデータ通信基盤の整備と普及は，有線システムのみならず，無線システムでも進展していることは3章で述べたとおりである．

このようなインターネットサービスの提供のために整備されたデータ通信基盤，"ネイティブインターネット"環境では，音声通信サービスを含むすべてのディジタル通信が安価に提供されるようになる．放送型のサービスもインターネットの上に統合化され，現在の放送サービスもいずれは取り込まれよう．また，インターネット上でのインタラクティブなマルチパーティのアプリケーションも展開されよう（図8.1，例題8.1）．

8.1 インターネットのインパクト要因

図8.1　ネイティブインターネットへの進化

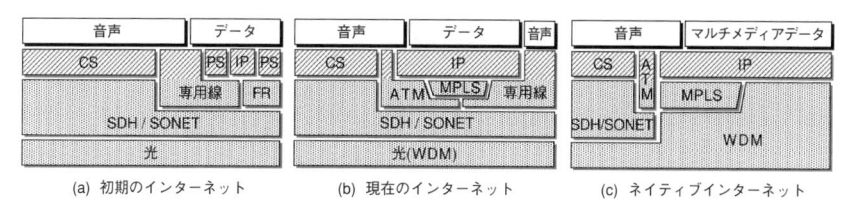

(a) 初期のインターネット / (b) 現在のインターネット / (c) ネイティブインターネット

ATM: Asynchronous Transfer Mode, CS: Circuit Switch, FR: Frame Relay, MPLS: Multiprotocol Label Switching, PS: Packet Switch, SDH: Synchronous Digital Hierarchy, SONET: Synchronous Optical Network, WDM: Wavelength Division Multiplex

　ネイティブインターネット環境と，電話システムを基盤にしてきたこれまでのインターネット環境との違いは，その基盤が提供するディジタルデータの伝送コストに顕著な違いとして現れる．電話システムは，Fate - Share と呼ばれるように，送受信端末の経路上の交換機が１つでも故障すると，データ通信は途絶えてしまう．つまり，１つの機器の故障がエンド - エンド通信に対して致命的な打撃を与えることになる．電話システムはこのような特徴をもっているため，非常に堅牢な信頼性の高いシステム設計を行い，それに基づいた実装が行われてきた．その結果，高いシステムコスト（伝送コスト）を余儀なくされてきた．

　一方，インターネットシステムでは，ネットワーク機器はもとより，伝送回線の故障に対しても自動的に迂回経路を検索し，エンド - エンドでのデータ通信を継続することが可能なアーキテクチャを採用している．このため，各ネットワーク構成要素の信頼性を電話システムより低く設定でき，システムコストの削減に大きく寄与することになった．

B. 常時接続がもたらすもの

　ネイティブインターネットの実現に伴い，ディジタル機器には常にインターネットに接続された状態（これを常時接続と呼ぶ）が提供される．身のまわりのディジタル機器は，いつでもグローバルなインターネットとの情報のやり取りを行うことができるようになる．常時接続環境の提供は，これまでの「必要なときに接続されるディジタル機器」とは，本質的に異なるアプリケーションを出現させることになる．その一方で，常時接続環境が普及し

人々が安心してこれを利用するためには，信頼できる高いセキュリティ技術の確立が必須となる．

常時接続環境を提供するためには，すべてのディジタル機器がグローバルインターネットで一意な IP アドレスをもつ必要がある．20 世紀のインターネットは，32 ビットのアドレス長をもつ IPv4 が支えてきた．しかしながら，32 ビットのアドレス空間は，約 50 億のディジタル機器しか収容することができない．たとえば，日本の人口は現在約 1.3 億人程度であるが，各人が 10 個のディジタル機器を所有すると，13 億個の IP アドレスを消費することになる．21 世紀のインターネットは IPv4 で実現することは不可能であり，128 ビットのアドレス空間をもつ IPv6 が導入されなければならない．

C. ブロードバンドがもたらすもの

ネイティブインターネット環境の整備は，安価な広帯域通信基盤の提供，すなわち高速かつ常時接続の環境が提供されることになる．ブロードバンドの環境においては，ディジタル映画など，高精細の動画像がリアルタイムに転送されたり，これまではオンライン配送が困難であった大容量のアプリケーションファイル（オペレーティングシステムなども含む）の転送も容易に実現されたりするようになる．したがって，これまでの記憶媒体をベースにしたディジタルコンテンツは，オンラインで流通されるようになる．これは，1 つにはネットワークコンピュータがオフィス環境のみならず，家庭やSOHO，さらに個人のディジタル機器まで適用可能になることを意味する．これと後述のエンド - エンドアーキテクチャモデルを組み合わせることによって，ソフトウェアや映画などのディジタル情報の流通スピードが速くなり，同時に流通コストも急速に低下していく．

大量のディジタル情報が高速かつ自由に流通する環境を提供するために必要な帯域幅（伝送速度）について考えてみよう．図 8.2 は CD-ROM 1 枚（630M バイト）の伝送に必要な時間を，代表的な伝送速度ごとに示したものである．

つまり，現在 CD-ROM で流通しているソフトウェアや音楽をインターネットで流通させるには，50Mbps 〜 100Mbps の帯域が必要になる．映画

はMPEG2という圧縮技術を用いることによって，映画1本分を約2.6GBに圧縮できる（DVD＝CD-ROM×4）．これは，DVD程度のディジタル情報の流通にも100Mbps程度の帯域が必要になることを意味する．さらに，非圧縮のディジタル映像（DV; Digital Video）を伝送するには，40Mbps

CD-ROM 1枚 630MB を転送するには		
−V.32 (9600bps)	524,288 sec	約146時間
−ISDN B-ch (64kbps)	76,800 sec	約21.3時間
−T 1 (1.5Mbps)	3,200 sec	約53分
−Ethernet (10Mbps)	480 sec	8分
−OC-1 (45Mbps)	106 sec	1.8分
−OC-3 (156Mbps)	31 sec	
−OC-48 (2.5Gbps)	1.9 sec	
−OC-192 (10Gbps)	0.4 sec	

図 8.2　CD-ROM の転送時間

程度の伝送速度が必要になる．このように考えると，次世代インターネットでは，少なくとも100Mbps程度のアクセス帯域幅を提供できる通信基盤の構築が必要なことがわかる．

次に，ネットワークの基幹系であるバックボーンに必要な処理能力と帯域幅について考察してみよう．現在のインターネットの基幹系で使われているバックボーンルータは，数10Gbps程度の処理能力をもっている．現在のアクセス回線の平均速度は50kbps〜100kbps程度であるが，100Mbpsのアクセス環境に対応するには，少なくとも1,000倍の100Tbps程度の処理能力をもったバックボーン機器が必要になる．さらに，現在の基幹系の各回線の帯域幅は10Gbps程度であるが，同様に考えれば10Tbps程度の超広帯域通信が必要になってくる．

D.　フルディジタルメディアがもたらすもの

現在のディジタルコンテンツの多くは，ディジタル処理されたものをわざわざ2次元のビットマップ情報に加工して流通させている．最近の映画の制作を見ればわかるように，すでにコンテンツの制作側は多くの部分がビットマップ情報ではない，フルディジタルのコンテンツとなっている．21世紀にはブロードバンドのインターネット基盤と，各ディジタル機器が十分なディジタル情報処理能力をもつことになり，フルディジタルメディアの情報が流通し，これを利用して各ディジタル機器がディジタル情報の処理と加工を行い，さらにこれらが各ディジタル機器から再流通させられることにな

る．

　また，次世代インターネット上で流通するディジタルオブジェクトはメタ構造になり，オブジェクトの中にオブジェクトが存在する．こうしたメタ構造のディジタルオブジェクト環境では，個別のオブジェクトの管理機構と課金機構の確立が必要になってくる．

　さらに，エンドホストが装備すべきディジタルデータの処理能力の向上が，フルディジタルメディアの本格的普及と展開を促進する．現在の家庭用ゲーム機器に装備されているような3次元CGの処理能力が多くのディジタル機器に実装され，同時に暗号化技術や認証技術なども重要になってくる．

E. ユビキタスコンピューティング環境がもたらすもの

　インターネット技術が示した大切な機能は，Connectivity（接続性）の提供である．これまではパソコンやワークステーションなど，いわゆるコンピュータが主体のネットワークであったが，21世紀を迎え，携帯ディジタル機器や情報家電，あるいは自動車，さらには極小のセンサーなど，すべてのディジタル機器がインターネットに接続されるようになる．これをユビキタスコンピューティング（Ubiquitous Computing）と呼ぶ．また，さまざまディジタル機器を身につけて，これらが相互に通信を行い，さらにグローバルインターネットとデータ交換を行う**ウェアラブルコンピューティング（Wearable Computing）**も研究開発されている．このような環境が構築整備されるためには，これまでのインターネットでは想像もできないくらいの大量のIPアドレスが必要となる．このような視点からも，広大なアドレス空間（128ビット）を提供するIPv6技術を適用したインターネット基盤が展開されなければならない．

　また，このようなユビキタスコンピューティング環境では，これまでのパソコンのようなディジタル機器とは大きく異なる性能諸元を，デバイス（ハードウェアモジュール）に要求することになる．大きさ，消費電力，温度，湿度，力学的ストレスなど，多様な要求条件が顕在化しつつある．

F. エンド-エンドアーキテクチャモデルがもたらすもの

インターネットにおけるアプリケーションは，20世紀のインターネットの発展を支えてきたクライアント－サーバモデルから，すべてのディジタル機器がサーバになり，各ディジタル機器同士が対等にデータ交換を行うPeer-to-Peer（P2P）型へと移行が進むことになろう．10章と11章で取り上げるナップスターやグヌーテラに代表されるようなアプリケーションや情報家電機器など，各ディジタル機器からの情報発信が増大することになる．従来のB2B（Business-to-Business）のディジタルシステムはP2P型，B2C（Business-to-Consumer）はクライアント－サーバ型，そして21世紀には再びP2P型のC2C（Consumer-to-Consumer）が進展することになる．エンド-エンドモデルは，これまでのインターネットの発展と進化を支えてきた根本思想であり，このアーキテクチャモデルの堅持が，21世紀を支える次世代インターネットの発展を継続させるための重要な条件となろう．

［例題8.1］ 図8.1について，OSIの第1層，第2層，第3層を中心に，トラフィックの変遷とネイティブインターネットへの進化を議論せよ．

（解答例） 同図(a)は，インターネットの商用サービスが開始された間もない頃の様子を表している．第1層に光ファイバを用い，第2層ではSDH/SONETをベースに専用線サービスとフレームリレー（FR）サービスが提供されている．第3層では音声系回線交換（CS）サービスと，X.25パケット交換（PS）およびインターネット（IP）によるデータ系サービスが行われている．トラフィック的には音声系が大半を占め，電話システムの資産を使ってインターネットが始まったことを示している．

同図(b)は現在の様子を表したもので，波長多重（WDM）技術の適用によってデータリンクは広帯域化したが，トラフィック的にほぼ等しい音声系とインターネット系とで共用されている．なお，第3層と第2層の技術の組み合わせにより，IP over ATMあるいはIP over MPLS over Anythingなどと呼ぶことがある．

同図(c)は，後述のMPλS技術などを第2層に適用したインターネットサービスのために構築されたネイティブインターネットを示している．トラフィックの大半

がインターネット上を流れ，社会経済活動を根底から支えることになろう．

8.2　ネットワーク基盤技術

A.　IPバージョン6技術

IPv6は，これまでのインターネットを支えてきたIPv4が提供可能なアドレス空間の10^{29}倍のアドレス空間を提供することが可能であり，次世代インターネットとして必要なアドレス空間を十分に提供可能である．IPv6技術は，そのアドレス長の大きさのみならず，IPSec技術や自動構成認識技術など，次世代のインターネットに必要な機能を提供することが可能である．なお，IPv6技術については，2章などで取り上げたので，ここではこれ以上は言及しない．

B.　QoS制御技術

これまでのインターネットは，最大限の努力でIPパケットを配送するベストエフォートサービスをユーザに提供してきた．しかしながら，一定の帯域幅の確保が必要なアプリケーション（たとえば，ストリーミング系アプリケーション）や，高い信頼性を要求するユーザが，インターネットの発展と普及に伴って現れてくるようになった．こうした要求，すなわちさまざまな**通信品質**（QoS；Quality of Service，あるいはCoS；Class of Service）の提供を要望する声が顕在化してきた．なお，通常QoSは絶対的な通信品質（帯域幅や絶対遅延時間など）を，CoSは相対的な通信品質を意味する．

通信品質（QoS/CoS）を提供するアーキテクチャには，IntServ（Integrated Services）とDiffServ（Differentiated Services）とがある．前者は個々のアプリケーション（これをフローと呼ぶ）ごとにシグナリングプロトコルを用いて資源予約を行うことによってQoSが提供される方式で，後者はあらかじめISPとの間で取り交わした契約に従ったCoSが提供される方式である．

（1）IntServアーキテクチャ

IntServアーキテクチャで用いられるシグナリングプロトコルが，**RSVP**

（Resource reSerVation Protocol）で，ルータやホストでの具体的なパケット転送のスケジューリング方法やルーティングなどは規定していない．ソフトステート型の状態管理を採用しており，定期的に予約状況やノードの動作状況の確認を行うことによって予約状態を維持する必要がある．RSVP はユニキャスト型とマルチキャスト型のデータ通信の両方を提供するが，予約の対象は片方向である．したがって，2 地点間でのテレビ会議のようなアプリケーションでは，両方向から予約しなければならない．

　図 8.3 は，IntServ アーキテクチャのメカニズムを RSVP メッセージとパケット流の流れで示したものである．送信元ホスト（上流側）は，送信しようとするパケット流のトラフィック特性を記述した **Path** メッセージを受信先ホストに向けて送信する．Path メッセージを受け取った受信先ホストは，資源予約を要求する **Resv** メッセージを上流に向けて発信する．Resv メッセージは Path メッセージと逆の経路を辿って送信元に届けられるが，経路上のルータは Resv メッセージの内容に応じておのおの独立に資源予約を行ってから，上流に Resv メッセージを転送する．Resv メッセージを受け取った送信元ホストは，エンド-エンド間で資源予約が行われたことを確認すると，パケット流の送信を開始する．その後は，Path メッセージと Resv メッセージが定期的に送信され，予約資源の維持，マルチキャストのメンバー変更や経路変更などが行われる．

　図 8.4 は RSVP を実装した送信元ホストと経路上のルータ内の機能ダイアグラムを示したものである．送信元ホストでは，（受信先ホストからのアクセス要求を受けた）アプリケーションからの通知により，RSVP プロセスが

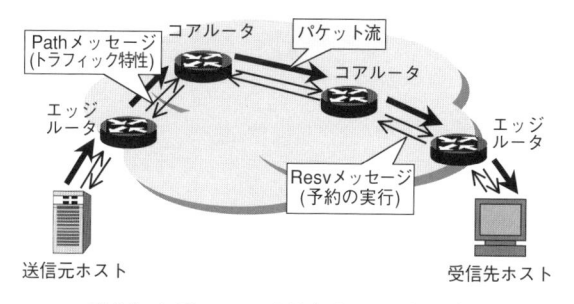

図 8.3　IntServ アーキテクチャのメカニズム

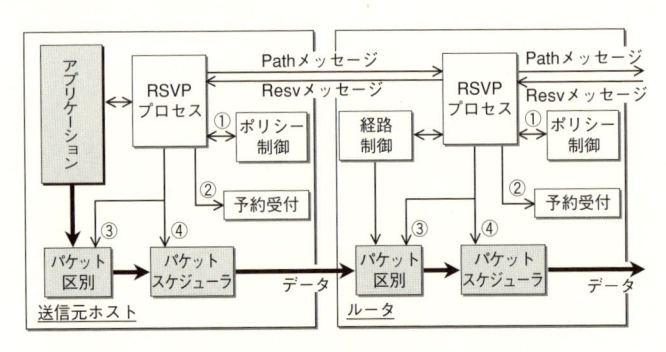

図8.4 RSVP の機能ダイアグラム

起動され Path メッセージを生成して下流に向けて送信する．Path メッセージを受信したルータは，次ホップノードに向けて順次転送していく．逆に，受信先ホストが発信した Resv メッセージを受信すると，① ポリシー制御モジュールにより予約に関するポリシーのデータベース（予約すべき帯域幅の情報などが格納されている）を検索し確認する．次に，② 予約受付モジュールにて資源予約要求の受付け可否判断を行い，資源予約を許可すると，③ パケット区別モジュールに予約したパケット流を識別監視するための情報を通知し設定する．さらに，④ 予約した通信品質（帯域幅および遅延）を確保するためのパラメータをパケットスケジューラに通知し設定する．なお，パケット区別モジュールは，受信したパケット流がどの予約に属しており，どのようなパラメータでパケットスケジューラに渡すべきかという判断を行うとともに，パケット流が許可したトラフィック特性を遵守しているかを監視し，違反している場合にはパケットの廃棄やマーキングなどの処理を行う．

なお，RSVP におけるトラフィック特性の表現は，Tspec と Rspec からなるフロー仕様で表現される．Tspec は**漏れバケツモデル**を用いて表現される．バケツの容量 B（バッファサイズ）に水（パケット流）が注がれ，バケツの底からは水が一定速度 V（帯域幅あるいはレート）で流出する．バケツの水が容量を越えると水は溢れ出し，溢れた水は消失（パケットの紛失/廃棄）する．B と V とで定義される漏れバケツモデルでは，パケット流が Tspec に従っていれば，バケツからパケットが溢れ出ない，すなわち QoS

```
  ΣSi = BW              ΣSi ≧ BW              ΣSi ≧ BW
```

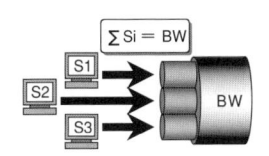

(a) 固定フィルタ／送信者になれるホストは予め指定 例) TV/ラジオ放送, 講義

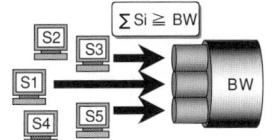

(b) 指定共有フィルタ／送信者になれるホストは予め指定 例) 会議中継

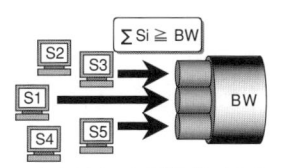

(c) ワイルドカードフィルタ／すべてのホストが送信者になれる 例) IRC(Internet Relay Chat)

図 8.5 RSVP の予約形態

が保証されることになる．

Rspec は複数のフローに対する予約形態を表現する．図 8.5(a) は固定フィルタ，(b) は指定共有フィルタ，(c) はワイルドカードフィルタの概念を示したもので，固定フィルタと指定共有フィルタでは資源予約を行うホストはあらかじめ指定されている．一方，ワイルドカードフィルタでは，資源予約を行うホストは指定されておらず，任意のホストが自由に資源の予約を行うことができる．固定フィルタでは資源予約は確実に許可されるが，他の 2 つのフィルタでは資源予約が許可されない場合がある．

(2) DiffServ アーキテクチャ

DiffServ アーキテクチャは，アプリケーションごとのフローを意識せずに，IP パケットに記述された優先制御用の情報（DSCP ; DiffServ Code Point）を用いて，相対的な優先制御を行う．IPv4 では 8 ビットの TOS フィールドの内の 6 ビットが，IPv6 では 8 ビットのトラフィッククラス内の 6 ビットが DSCP に割り当てられている（図 2.1）．DiffServ アーキテクチャは，IntServ のようにフローごとの状態管理を行う必要がないため，拡張性に優れたインターネット向きの方式といわれている．

DiffServ アーキテクチャでは，すべてのエンドホストが DiffServ をサポートしていることが期待できないため，エッジルータで DSCP フィールドを操作する方法が考えられている．図 8.6 に示すように，DiffServ ドメイン（同じポリシーで管理運用しているネットワーク．通常は ISP などの単位）は，受信した IP パケットのヘッダ情報をもとに DSCP の操作を行う**エッジルータ**と，受信した IP パケットの DSCP 値をもとに転送スケジューリング（優先制御）を行う**コアルータ**とから構成される．また，複数の

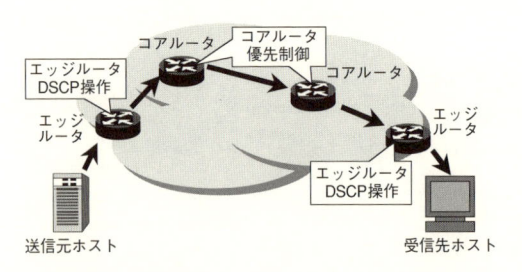

図 8.6 DiffServ アーキテクチャのメカニズム

DiffServ ドメイン（IPS）にまたがってサービスを提供する場合には，ドメインの境界に位置するエッジルータは，先方ドメインの DSCP 値に翻訳する機能をもつ．

図 8.7 は DSCP フィールドの構成とクラス区分を示している．8 ビットの TOS フィールドを再定義（オリジナルの TOS はほとんど使われなかった）して，6 ビットが DSCP フィールドに，残りの 2 ビットが 4 章で取り上げた輻輳情報の通知用に割り当てられた．DiffServ の優先制御方式を PHB (Per Hop Behavior) と呼び，この中には EF PHB (Expedited Forwarding PHB) と AF PHB (Assured Forwarding PHB) とがある．EF PHB は低廃棄，低遅延，低遅延揺らぎな帯域保証された仮想専用線を提供するものである．

一方，AF PHB は 4 つのクラスと，3 つの廃棄優先度とに分けて CoS を定義することができる．具体的な CoS は ISP に委ねられているが，たとえば，帯域幅やマルチキャストなどの通信形態によってクラスを設定し，さらに各クラスの中で最小保証レート以下のときには低廃棄，最大レート以下のときには中廃棄，契約の範囲を超えるパケット流を送出したときには高廃棄に DSCP 値を操作する方法などが考えられる．

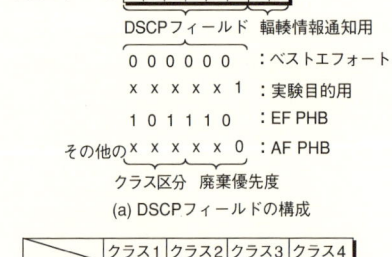

TOSフィールド | 0 1 2 3 4 5 6 7

DSCPフィールド　輻輳情報通知用

0 0 0 0 0 0　：ベストエフォート
x x x x x 1　：実験目的用
1 0 1 1 1 0　：EF PHB
その他の x x x x x 0　：AF PHB

クラス区分　廃棄優先度
(a) DSCPフィールドの構成

	クラス1	クラス2	クラス3	クラス4
低廃棄率	001010	010010	011010	100010
中廃棄率	001100	010100	011100	100100
高廃棄率	001110	010110	011110	100110

(b) AF PHBのクラス区分

図 8.7　DSCP フィールドの構成とクラス区分

C. 高速スイッチング技術とトラフィックエンジニアリング

ブロードバンドインターネットを実現し，良好な QoS/CoS を実現するためには，高速パケット伝送スイッチング技術と，トラフィックの偏在を回避するトラフィック制御技術を確立しなければならない．これを実現するために次世代インターネットにおいて適用導入されるべき技術として，(1) 波長多重 (WDM) 技術，(2) MPLS (Multi-Protocol Label Switch) 技術，(3) ポリシー管理技術の3つが挙げられる．

(1) WDM 技術

3章で解説した（図3.1，図3.2）ように，1対（あるいは1本）の光ファイバを用いて複数の異なる波長の伝送路を実現する技術である．波長の多重度の向上と伝送距離の向上が進展しており，低コストで広帯域の伝送路を実現することが期待されている．

(2) MPLS 技術

当初は ATM スイッチを高速大容量のスイッチエンジンとして用いるアーキテクチャが提案されたが，IETF においてデータリンクに依存しない形に拡張された．任意の粒度のパケット流に対して固定長のラベルを割り当て，このラベル情報を用いて IP パケットの転送を行うルータを **LSR** (Label Switching Router)，LSR によって形成される経路を LSP (Label Switch Path) と呼ぶ．すなわち，LSR は IP アドレスを用いて転送するインターネット層の転送機能と，データリンクフレームに付加されるラベル（ATM リンクでは ATM ヘッダを転用）を用いて転送するレイヤ2スイッチング機能とをあわせもっている．

LSP の設定は LDP (Label Distribution Protocol) や MPLS 拡張を施した RSVP などを用いて行われる．図8.8に示した例では，上流側エッジ LSR から LSP の設定要求メッセージを送信すると，これを受信した最下流のエッジ LSR から順に隣接 LSR 間で LSP を設定し，これを識別するためのラベル情報が上流に向けて送られる．エッジ LSR 間に LSP が設定されると，その上をパケット流が転送される．

MPLS 技術は一種のトンネリング技術であり，インターネット層の経路制

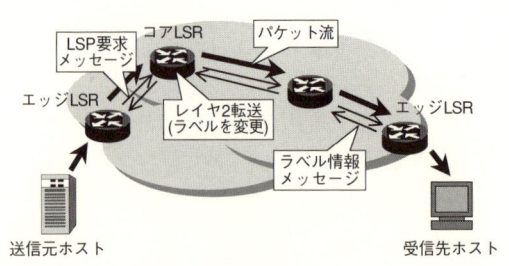

図 8.8　MPLS のメカニズム

御によって形成される経路とは独立に，任意の LSR 間で自由に LSP を設定できる．すなわち，ネットワーク運用者のポリシーによって自由に経路を設定することが可能になる．これをトラフィックエンジニアリング技術と呼ぶ（図 8.9）．

また，WDM 技術と MPLS 技術およびトラフィックエンジニアリング技術を組み合わせることによって，**MPλS 技術**（Multi-Protocol Lambda Switch）が実現される．MPλS 技術は，QoS/CoS サービスへの適用，ポリシー制御，トラフィック分散を実現させつつ，高速広帯域な IP パケット交換サービスを提供する技術として，今後の導入と普及が期待されている．

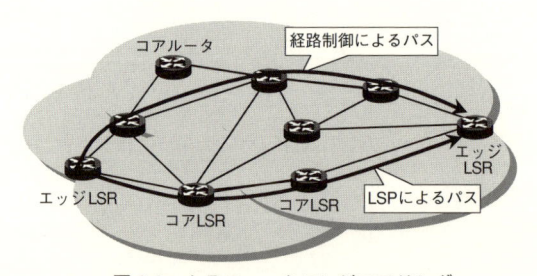

図 8.9　トラフィックエンジニアリング

(3) ポリシー制御技術

QoS や CoS のみならず，ユーザの IP パケット流に対する制御ポリシーの要求は，今後ますます多様化する．このようなさまざまなユーザの要求を満足するために必要となるアーキテクチャがポリシー制御アーキテクチャである．現在は，ポリシー情報配布プロトコル COPS を用いたノードの制御フレームワークと，簡易ネットワーク管理プロトコル SNMP などを用いた制

御フレームワークとが，IETFにおいて比較検討されている．前者については5章で取り上げた（図5.2）ので，ここではこれ以上言及しない．

D. マルチキャスト技術

これまでのマルチキャストサービスは，すべての受信ノードが誤りなくデータ受信するとは限らないことを前提とするベストエフォート型のサービスであった．これは音声や画像および動画配信では許容できたが，オークションやインタラクティブゲームなど，受信ノード間において同一でかつ誤りのないデータが共有されなければならないアプリケーションの登場によって，信頼性の高いネットワーク基盤（リライアブルマルチキャスト）が必要となってきた．

リライアブルマルチキャストは，現在IETFにおいてその技術標準化が進められているが，唯一の方式が標準化されるのではなく，機能要素を定義し，これを組み合わせることによって所望のリライアブルマルチキャスト機能を実現するビルディングブロック方式が標準化される方向にある．これは，リライアブルマルチキャストのサービスが，受信者の数および遅延時間要求によって多様性をもつことが原因である．マルチキャストサービスを効率的に実現するデータリンクとして，衛星や地上波が挙げられるが，これらは片方向通信のデータリンクである．インターネットの経路制御は，双方向のデータリンクを前提としており，このままでは動作しない．

そこで，マルチキャストサービスに適している衛星リンクや地上波リンクをインターネットサービスで利用できるように，**UDLR**（Uni-Directional Link Routing）技術が標準化された．UDLRは上りリンク（受信ノードから送信ノード）としてインターネット上のIPトンネルを用い，あたかも双方向リンクが存在しているように見せて，通常の経路制御を可能にする方式である．

E. モバイルIP技術

インターネットにおけるIPパケットの配送はIPアドレスを用いて実現されるが，IPアドレスはIPパケットの配送に必要な情報（ネットワーク部）

とネットワーク内でのホストを識別するための情報（ホスト部）とが縮退している．したがって，ホストが接続先のネットワークを変更すれば，IPアドレスを変更せざるを得なくなる．モバイルIP技術は，**移動ホスト**（MH；Mobile Host）のIPアドレスを変更せずに移動でき，また移動したことを他のホストに知らせることなく，他のホストとの通信を可能にする技術である．ただし，自動車携帯電話と異なり，高速な移動体を対象とするサービスではない．

モバイルIPでは，図8.10に示すように，MHが移動していないときの接続先となる**ホームネットワーク**という概念をもち，MHはホームアドレスと呼ばれるIPアドレスをもつ．また同ネットワークには，MHが移動したときに通信の仲介をするホームエージェント（HA；Home Agent）と呼ばれるルータが配備されている．モバイルIPには，2つの動作モードが考えられている．

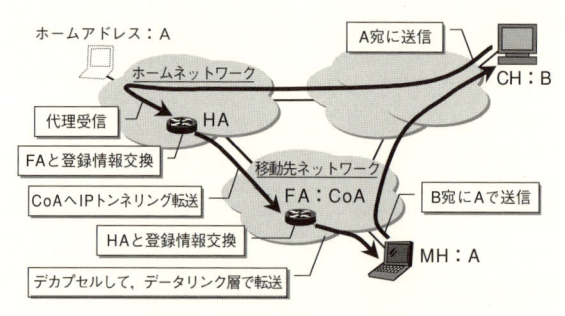

(a) 移動先エージェント(FA)モード

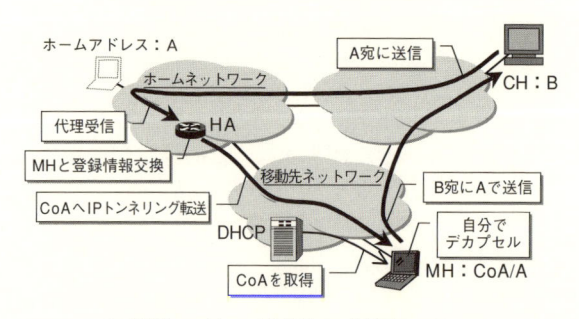

(b) 移動先エージェント非使用(FA非使用)モード

図8.10 モバイルIPにおけるパケット転送メカニズム

同図(a)の**移動先エージェント**（FA ; Foreign Agent）モードは，HA と連携してモバイル通信の仲介をする FA が移動先ネットワークに配備されているケースである．MH が移動先の FA に登録されると，HA と FA の間に IP トンネルが設定される．MH の IP アドレスを A，通信相手（CH）の IP アドレスを B とする．CH が A 宛に IP パケットを送信すると，MH に代わって HA が代理受信する．HA は代理受信したパケットを FA に IP トンネルを用いて転送するが，その際 FA を**気付アドレス CoA**（Care-of Address）としてカプセル化を行う．FA では送られてきた A 宛の IP パケットをデカプセルしデータリンク層にて MH 宛に転送する．また，MH は自分のホームアドレス A を使ってアドレス B 宛に，FA や HA を経由することなく直接パケットを送信する．

一方，(b)の**移動先エージェント非使用モード**は，FA の機能を MH 自身が担う方法で，MH は 5 章で取り上げたダイナミック DNS もしくは 2 章で取り上げた DHCP サーバから CoA を取得し HA に登録する．HA は代理受信したパケットを，FA モードと同様にカプセル化して CoA 宛に気付転送すると，MH がこれを直接受信しデカプセルすることによって，CH から送られてきたパケットを得ることができる．

F. コンテンツ配信と権利管理

現在のインターネットは，ディジタルコンテンツがサーバに存在し，クライアントがこれをアクセスする Pull 型の巨大クライアント‐サーバシステムと考えることができる．グローバルなクライアント‐サーバシステムにとって，効率的な情報の配信は大きな技術課題である．効率的なコンテンツの配信を実現するためにインターネット基盤の上に構築された仮想的なネットワークが，5 章で取り上げた CDN（Contents Delivery Network）である．CDN システムでは，コンテンツのミラーリング技術，キャッシング技術のみならず，コンテンツに関するディレクトリサービス機能の実現が重要な技術要素となる．コンテンツに関するディレクトリは，CDN ごとに構築運営されているのが現状であるが，今後は DNS システムと同様に，グローバルにコンテンツを識別し解決できるようなコンテンツディレクトリシステムの

構築と整備が必要になってくる．

さらに，インターネットにおける情報流通は，クライアント-サーバ型から，Peer-to-Peer型へと変化しようとしている．Peer-to-Peer型システムでは，すべてのホストがクライアントであると同時にサーバとしても機能する．したがって，すべてのホストが情報発信を行う能力をもつ．このような環境では，ディジタルコンテンツが自由にホスト間を流通することになり，これを支えるためにはコンテンツの権利管理システムの構築整備が必要になってくる．コンテンツの構造化（メタデータとしてのコンテンツ）やコンテンツのグローバルな識別方法，あるいはコンテンツの流通と利用に伴う課金方式の確立も課題である．なお，権利管理には，北風方式（コピーは許さない）と，太陽方式（コピーを前提とし容易な課金方式を取る）という技術以前の議論があり，コンテンツ配信サービスの普及の妨げになっている．これについては，11章で取り上げる．

[例題8.2] IntServアーキテクチャは拡張性がないといわれるが，その理由を考察せよ．

（解答例） IntServではエッジルータだけでなく，その間に介在するコアルータも資源予約しなければならない．グローバルスケールでQoSサービスを提供すると，エッジルータの負荷は分散されるが，バックボーン系になるほどコアルータに負荷が集中する．すなわちコアルータが管理しなければならないフロー数は膨大になり，また予約資源を維持するために飛び交うRSVPメッセージも急増するため，拡張性に乏しい．これに対して，DiffServでは，コアルータはあらかじめ決められた優先制御を行うだけで，グローバルスケールで需要が増えても負荷は増えない．

8.3 マルチメディアデータ圧縮技術

復元できる形でデータ量を削減することをデータ圧縮という．テキストに比べ莫大なデータ量をもつ静止画や動画，オーディオなどのマルチメディアコンテンツは，データ圧縮を行うことによって伝送時間やハードディスクなどへの記憶量を削減することができる．

A. データ圧縮の原理

データを圧縮したり，復元（これを伸張という）したりするシステムを，コーデック（CODEC；Compression / Decompression）と呼ぶ．以前は専用のハードウェアで処理することが多かったが，CPU の高性能化によってソフトウェアで処理することが多くなった．Web ブラウザにプラグインされるビデオビューアやサウンドプレーヤもその一種である（図 6.4）．

図 8.11 に示すように，データ圧縮は**ディジタル化**と**情報源符号化**から構成される．ディジタル化は，所定の周波数以下のアナログ信号を通過させる低域通過フィルタと，この出力信号を一定周期ごとにサンプリングした標本点の振幅値を取り出す標本化，取り出した振幅値を不連続なディジタル値に変換する量子化とからなる．原（アナログ）信号に含まれる周波数成分の 2 倍以上の周波数でサンプリングすると原信号を再現できる．これを**標本化定理**という．たとえば，3.4kHz 帯域の電話は 8kHz でサンプリングし，各標本点の振幅値を 8 ビットで表しているため，これをそのまま伝送する ISDN では 64kbps の伝送速度が必要になる．テレビ放送信号をディジタル化すると 160Mbps にもなる．

一方，情報源符号化では，メディアの特性や用途に応じてさまざまな圧縮方式が考案されているが，圧縮と伸張を何度繰り返しても元のディジタルデータを完全に復元できる**可逆圧縮**（Lossless）と，圧縮と伸張を繰り返すごとに情報が失われていく**非可逆圧縮**（Lossy）とがある．文書ファイルやプログラムを圧縮する場合は可逆圧縮でなければならないが，オーディオや動画のようにデータ量が多いメディアでは，高い圧縮効果を得るため非可逆圧縮を用いることが多い．

ところで，データ圧縮が可能なのは，データ（ディジタル値や文字，文字

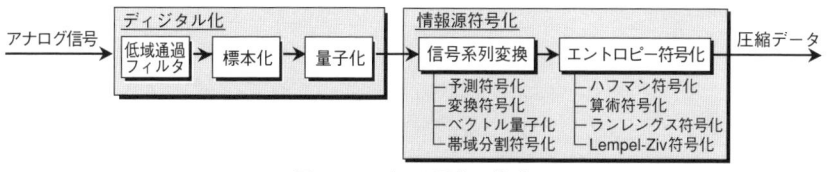

図 8.11　データ圧縮の構成

列）の出現頻度に偏りがあるためで，頻度の高いデータに短い符号語を割り当てることによって圧縮する．すなわち，頻度の偏りが大きいほど，圧縮の度合いを高めることができる．どんな符号語を割り当てても，それ以上圧縮できない下限を**エントロピー**といい，頻度に応じて短い符号語を割り当てることをエントロピー変換と呼ぶ．信号系列変換とは，データの並べ替え，演算あるいは変換を行ってデータの特性を変え，その後のエントロピー変換をしやすくするための処理である．

(1) 信号系列変換

予測符号化は，以前の値から次の値を予測し，予測値と実際の値との差分を求める方式である．自然画像やオーディオは，値が滑らかに変化するため精度良く予測でき，差分値を 0 付近に集中（頻度の偏り）させることによって圧縮が可能になる．

データを周波数領域などに変換して，低周波領域にデータを集中させる方式を変換符号化と呼ぶ．特に，DCT（Discrete Cosine Transform, 離散コサイン変換）は画像圧縮で広く用いられている方式である．

ベクトル量子化は，複数のデータをまとめて多次元空間におけるベクトルとしてとらえ，この空間にいくつかの代表的なベクトルを定義しておき，入力ベクトルを最も近い代表ベクトルで近似（量子化）する方式である．音声やオーディオなどの圧縮で多用されている．

帯域分割符号化は，複数の周波数帯域に分割してから，各帯域のデータ系列ごとに上記のような各種符号化を行う方式である．オーディオなどの圧縮で使われている．

(2) エントロピー変換

ハフマン符号化は，出現頻度の高いデータから順に短い符号語を割り当てる方式で，実装しやすいため広く使われている．

算術符号化は，データ列の出現確率に応じて符号化テーブルを更新しながら符号語を割り当てていく方式で，ハフマン符号化より高い圧縮効果が得られる．

ランレングス符号化は，同じデータが繰り返し出現することを利用して，データとその長さを符号語とする方式である．白黒の 2 画像を扱うファク

シミリなどで使われている．

　Lempel-Ziv符号化は，符号化しようとするデータ列が以前のデータ内に存在したときに，以前のデータ列の位置と長さを符号語とする方式である．適応性に富み，コンピュータファイルの圧縮ツールとしても多用されている．

B. 静止画フォーマット

　静止画は格子状に並んだピクセル（画素ともいう）と呼ぶ小さな点の集合によって表すことができる．各ピクセルは色や明るさなどを表す数値情報をもつ．写真などの静止画の繊細さは，横方向と縦方向のピクセル数と，各ピクセルの色深度（表示色数）によって決まる．この数値情報の羅列で表された静止画のことを**ビットマップ画像**あるいは**ラスター画像**と呼ぶ．これに対して，ドロー系のアプリケーションで作成される線画で表されたものを**フルディジタル画像**あるいは**ベクター画像**と呼ぶ．

　インターネットでは，さまざまなビットマップ画像のフォーマットが使われている．表8.1に代表的なものを示す．非可逆圧縮では写真のような自然静止画を高圧縮できることから**JPEG**が広く使われているが，その後継方式としてさらに圧縮率を高めたJPEG-2000が2000年にISO/IECにて標準化された．インターネットやディジタルカメラなどでの活用が期待されている．

　可逆圧縮の**GIF**はWeb文書の中で広く使われてきたが，特許ライセンスの問題から後継方式として**PNG**が1997年に開発された．W3Cもインター

表8.1　インターネットで使われる代表的な静止画フォーマット

方式名 <ファイル拡張子>	フルスペル	概　　要	適用技術	圧縮の目安
JPEG <.jpeg, .jpg>	Joint Photographics Expert Group	自然静止画，非可逆圧縮 フルカラー	変換符号化	1/10〜1/100
BMP <.bmp>	Bitmap	自然静止画，可逆圧縮 フルカラー，Windows用	ランレングス符号化	数分の1
GIF <.gif>	Graphics Interchange Format	ビットマップ，可逆圧縮 256色	Lempel-Ziv Welch符号化	数分の1
PNG <.png>	Portable Network Graphics	自然静止画，可逆圧縮 フルカラー可，GIFの代替	Lempel-Ziv符号化	数分の1
JPEG-2000 (JPEG-2K)	Joint Photographics Expert Group 2000	自然静止画，非可逆圧縮 フルカラー，JPEGの後継	帯域分割符号化	JPEGより 30〜50%向上

ネットの標準静止画フォーマットとして PNG を推奨しており，今後の利用が期待されている．

C. 動画フォーマット

動画は多数の静止画が時間軸上に連なった膨大なデータ量をもつメディアで，時間軸の相関性を巧みに利用することがデータ圧縮のポイントとなる．図 8.12 は多くの動画圧縮方式のベースとなっているテレビ会議用の H.261 方式の圧縮のメカニズムを示している．コマ落し（30 フレーム/秒の画面数を数フレーム/秒に間引くこと）などの前処理を行った新フレーム画像①と，すでに送信したフレームデータ⑧から再生した前フレーム画像②との差分，すなわち画像の中の動き部分（図では飛行機）のベクトル量 V ③を求める．さらに，この動きベクトル量 V と前フレーム画像をもとに予測推定した新予測フレーム画像④と，実際の新フレーム画像①との予測誤差⑤を算出する（これを**動き補償**という）．次に，DCT 変換によって予測誤差成分を低周波領域へ集中⑥させた後，出現頻度の高い低周波領域成分に符号語を割り当て⑦，除去しても画質劣化への影響が少ない高周波成分を取り除く．この符号語と動きベクトル量を新フレームデータ⑧として送信する．

各処理工程でのデータ圧縮に対する寄与の目安を圧縮比率（H.261 以外の方式を含めた概算値）として図中に記したが，全体をスルーして 48kbps（圧縮率 1/3,300）から 1.5Mbps（同 1/100）まで圧縮することができる．な

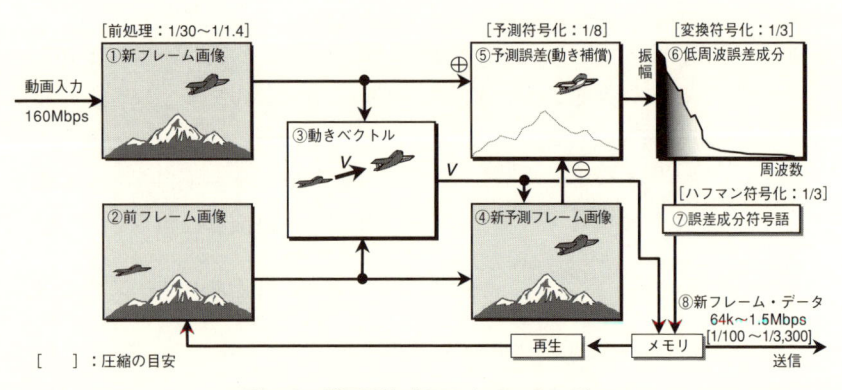

図 8.12 動画圧縮（H.261）のメカニズム

お，上記説明では，理解しやすいように，画面全体を一括して処理しているが，実際には処理負荷を軽減するため，画面を多数のブロック（たとえば，8×8ピクセル）に分けて処理している．

　表8.2に代表的な動画フォーマットを示したが，通信用途のHシリーズはITU-Tが，MPEGはISOが標準化を担当している．特に，**MPEG-4**は低ビットレートから高ビットレートまで，またモバイル用途にも対応でき，さらに1つの画面内の動画像をオブジェクトとして切り出して，編集や圧縮，伝送ができるメタ機能をもっていることから，今後のマルチメディアアプリケーションの中核をなしていくものと期待されている．

表8.2　さまざまな用途で使われる動画フォーマット

方式名	フルスペル	概要	適用技術	圧縮の目安
H.261	—	テレビ電話/会議用 非可逆圧縮	予測符号化，変換符号化，ハフマン符号化	1/100〜1/数100
H.263	—	アナログ電話網用動画伝送/テレビ電話，非可逆	H.261に加え，算術符号化	1/100〜1/数1000
MPEG-1	Moving Picture Expert Group 1	ビデオCD用(カラオケ) 非可逆圧縮	予測符号化，変換符号化，ハフマン符号化	1/100
MPEG-2	Moving Picture Expert Group 2	DVD，ディジタル放送 HDTV，非可逆圧縮	MPEG-1に加え，インターレス対応予測	数10分1の
MPEG-4	Moving Picture Expert Group 4	テレビ電話/会議，インターネット放送，非可逆圧縮	MPEG-2をベースに，オブジェクト符号化	数10分の1〜数1000分の1
RV	RealVideo	インターネットに特化 非可逆圧縮	公表せず	数分の1〜10数分の1
AVI	Audio Video Interleaved	Windows用	各種圧縮方式をサポート	数10分の1〜数1000分の1

D.　音声/オーディオフォーマット

　CDや移動通信，インターネット上に散在する音楽サイトに見られるように，音声やオーディオのデータ圧縮には長い技術蓄積があり，標準/非標準方式が入り乱れて数多くのフォーマットが使われてきた．移動通信やインターネット電話では音質よりも帯域の圧縮（低ビットレート化）が優先されるが，蓄積メディアや音楽配信では音質が優先される．特に，CD並みの品質をもつMP3の出現は，パソコンだけでなく携帯型プレーヤでも再生できることから，インターネットによる音楽配信ビジネスとして脚光を浴びている．

表8.3はインターネットで使われている代表的なオーディオフォーマットを示したもので，MPEGでは動画圧縮だけでなくオーディオ圧縮についても標準化を行った．上述の **MP3** は MPEG-1 Audio レイヤ3の通称である．

表8.3 インターネットで使われる代表的なオーディオフォーマット

方式名 <ファイル拡張子>	フルスペル	概　要	適用技術	圧縮の目安
AIFF <.aiff, .aif, .aifc>	Audio Interchange File Format	主にMacintosh系で使用 ADPCMは可逆圧縮	PCM, MACE, ADPCM	数分の1
WAV <.wav>	Waveform	Windows用 各種圧縮方式をサポート	ADPCM等	数分の1
AU <.au, .snd>	—	主にUnix系で使用 各種符号化方式に対応	μ-Low, A-Low, ADPCM等	数分の1
MPEG-1 Audio レイヤ1	MPEG-1 Audio Layer I	32～448kbps 非可逆圧縮	帯域分割符号化 適応ビット割当て	1/4
MPEG-1 Audio レイヤ2	MPEG-1 Audio Layer II	32～384kbps 非可逆圧縮	レイヤ1に加え， グループ符号化	1/6
MPEG-1 Audio レイヤ3(MP3)	MPEG-1 Audio Layer III	32～320kbps，非可逆圧縮 (CD品質は112～128kbps)	レイヤ2に加え， ハフマン符号化	1/12
MPEG-2 Audio	MPEG-2 Audio	MPEG-1 Audioに加え， 多チャネル/多リンガル化	MPEG-1 Audioの性能向上	1/16
MPEG-4 Audio	MPEG-4 Audio	64kbps以下 自然音と合成音の混在	パラメトリックコーダ 合成音コーダ	1/16～1/数10

E. マルチメディア多重化/再生方式

インターネットから動画やオーディオファイルを受信して再生する方法には，**ダウンロード方式**と**ストリーミング方式**とがある．前者は，前述したようにアクセス回線が遅いとファイルのダウンロードに時間がかかり，またハードディスクの容量を圧迫するため，現状ではMP3オーディオファイルや簡単な動画ファイルなどが対象になっている．ネイティブインターネットの実現によって，いずれはPeer-to-Peer型のコンテンツ配信で多用されることになろう．

これに対して，ストリーミング方式は，サーバが送信するデータを受信しながら同時に再生するため，一定の帯域が確保できればよい．サーバに蓄積されている動画ファイルをユーザの要求によって送信する**オンデマンド方式**だけでなく，コンサートなどを生中継する**ライブ方式**も可能である．娯楽や教育はもとより，放送メディアも取り込んださまざまなサービスがすでに始まっているが，アクセス回線のブロードバンド化とQoS制御技術の普及と

ともに、高品質なサービスが広く提供されていくものと期待されている。

一方、動画やオーディオ、テキストなどからなるマルチメディアコンテンツを再生するためには、メディア間の同期がポイントになる。特に、話者の口の動きと音声との同期が取れていないと、視聴者に違和感を与える。表 8.4 は代表的なマルチメディア多重化/再生ソフトウェアを示しているが、いずれもインターネットで流通している大半のフォーマットをサポートしている。QuickTime は当初 Macintosh 用に開発されたが、現在は Windows などでも利用でき、その多彩な機能から MPEG-4 のメディアファイルの規格に採用されている。

また、H.263 を用いたテレビ電話のように、リアルタイム性が必要なマルチメディア多重化方式として H.223 が実用化されている。H.223 は移動通信のような劣悪な伝送環境にも対応できるように誤り訂正符号が施されており、IMT-2000 にも採用されている。

表 8.4 代表的なマルチメディア多重化/再生用ソフトウェア

方式名 <ファイル拡張子>	フルスペル	概　要	適用技術
QuickTime < .qt, .mov >	—	Macintosh用、Windowsも可 MPEG-4に採用	インターネットで流通している大半の圧縮形式に対応
RealSystem	—	インターネットでのシェア大	各種圧縮形式に対応、SMILによる同期機能(動画に同期したテキスト表示)
Windows Media Player	—	Windows用	インターネットで流通している大半の圧縮形式に対応
MPEG-1 System, -2 PS < .mpg >	PS: Program Stream	ビデオCD、DVD用	タイムスタンプによる同期機能
H.223	—	テレビ電話の多重化 H.263、MPEG-4対応	音声、動画、データを1つのパケットに多重、誤り訂正符号

[例題 8.3] 通信用と蓄積メディア用の動画圧縮方式では、どのような違いがあるか説明せよ。

(解答例) テレビ会議などに使われる通信用(たとえば、H.261)では、符号化に伴う遅延時間を最小化するため、前フレームを使って次フレームを予測する。これに対して、蓄積メディア用(たとえば、MPEG-1)では、前後のフレームを使うことによって、予測精度(画質)の向上を図ることが多い。

演習問題

8.1 インターネットの発展を支えてきた基本原理"End-to-End Principle"を実現

するために必要なアーキテクチャを2つ挙げよ．

8.2 ユビキタスコンピューティング環境では，セキュリティ上，どのような要件が必要になるか考察せよ．

8.3 CD-ROM や DVD をストリーミング方式で受信するには，どのようなアクセス環境が必要か考察せよ．

8.4 IPv6 の TLA（Top Level Aggregation;トップレベルの集約）の割り当ての状況を調査せよ．

8.5 パソコン/WS を IPv6 対応にして，ホストのコンフィギュレーションに関する出力結果を図示（スクリーンダンプなど）あるいは示せ．

8.6 IntServ アーキテクチャと DiffServ アーキテクチャの長所と短所を整理し，おのおの短所を補う方策を考察せよ．

8.7 次世代のインターネットでは，ISP にとっても創意工夫によってさまざまなサービスを提供できるようになるが，創意工夫の着眼点を洗い出せ．

8.8 図 8.11 のディジタル化において，サンプリング周波数の 1/2 より高い周波数成分が原信号に含まれていると，どのような不具合を生じるか，またこれを防ぐための対策を考察せよ．

8.9 インターネットを用いた放送型のサービスを実現する方法（アーキテクチャ）を2つ挙げ，それぞれの利点と課題，および両方にとっての技術課題を整理せよ．

8.10 コンピュータファイルの圧縮ツールには，PNG と同じ Lempel-Ziv 方式が使われることが多い．実際の圧縮ツールを使って，さまざまなファイル（テキスト，ワープロやドロー系ソフトで作成した文書，プログラムなど）を圧縮し，その効果を比較評価せよ．（数名のグループで行うことが望ましい）

9 システム設定と運用管理

本章では，インターネットにコンピュータシステムを接続させるために必要な設定と，ネットワーク管理およびトラブルシュートについて解説する．

1章から8章まで，インターネットに関する基本的な知識を学んできたが，本章ではこれらの知識を実践に応用することを学ぶ．

紙面の都合からポイントのみの解説に止めるため，UNIX系のシステムに慣れ親しんでいない読者には，難解な箇所が少なくないと思われる．関連するWebサイトや解説書を参考に，コマンド1つひとつの意味をしっかりと理解し，それを可能な範囲で実際に試してもらいたい．

テストベッドを利用できる環境にいる読者であれば，コマンドを投入しシステムがどのような挙動を示すかを観察したり，テストベッドの弱点を見つけて改良を加えたり，さらには自分たちのニーズに合った小さなテストベッドを設計構築したりすることも有効である．好奇心旺盛な読者は，こうしたプロセスを通して，次から次へと素朴な疑問に出会うであろう．それらをテストベッドにぶつけ，試行錯誤を繰り返すうちに，インターネットやコンピュータの内部動作への深い理解が得られよう．

9.1 システム設定

"hitec.co.jp" というドメイン名をもつ仮想のベンチャー企業を想定して，インターネット接続に必要なコンピュータシステムの設定を解説する．なお，サーバ類は，ネットワークとの親和性やオープン性からLinux系（ヘルシ

ンキ大学の Linus B. Torvalds によって，PC/AT 互換機用として白紙の状態から開発された UNIX 互換 OS）または FreeBSD 系（Nate Williams らによって，PC/AT 互換機用として 386BSD から派生して開発された UNIX 互換 OS）で構成するものとする．

A. 想定システムの概要

図 9.1 に示すような仮想のベンチャー企業（ドメイン名 "hitec.co.jp"）のコンピュータシステムの構築を考える．同システムは，ゲートウェイを中心に，インターネット（以下の説明の中では "inet" で識別），緩衝地帯用のネットワーク（同 "dmz"），および内部ネットワーク（同 "lan"）が相互接続されている．ゲートウェイは，2 章で述べた経路制御や NAT などのルータ機能に加え，7 章で述べたファイアウォール機能も備えている．緩衝地帯に置かれた DNS サーバやメールサーバ，Web サーバはグローバルアドレスをもち，外部および内部からのアクセスが可能である．内部ネットワークはプライベートアドレスを用いており，サーバは固定的に，クライアントは DHCP サーバにより動的に割り当てられる．

なお，コマンドや設定ファイルのリストなどは，紙面の都合から，設定の考え方を示す程度に止め，代わりに "//ｘｘｘｘ" なる書式（実際の表記法とは異なる）で，できる限りコメントを付記した．詳細な解説は，http://www.linux.or.jp/JF/JFdocs/INDEX-network.html などの Linux の情

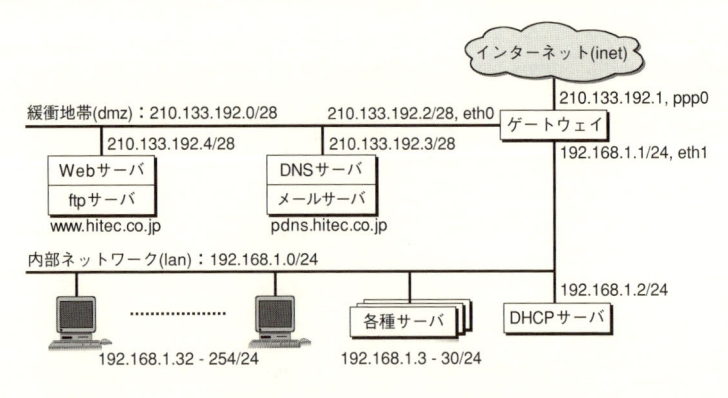

図 9.1 想定するシステムの構成

報公開サイトや市販の解説書などを参照されたい．

B. IPアドレスの取得

まず，システム管理者が行わなければならないことの1つは，IPアドレスの取得である．IPアドレスは，ISPから割り当ててもらう方法と，JPNICのようなIPアドレス割り当て組織から直接取得する方法の2つがある．後者の場合には，JPNIC会員になる必要があり，1件につき5,000円の手数料が必要となる．

IPアドレスの取得と同様に，ドメイン名の取得も重要な仕事である．これまで，日本におけるドメイン名（jpドメイン）の登録はJPNICが行ってきたが，2001年4月よりJPRS (http://jprs.jp) が行っている．ドメイン名の取得は，基本的に早い者勝ちで，すでに取得登録されているドメイン名であるかどうかは，"whois"コマンドを使ってチェックできるが，JPRSのホームページからも検索することができる．ドメイン名の取得は，IPアドレスの取得と同様に，直接申請とISPなどによる代理申請が可能である．

C. ネットワークインタフェースの設定

IPアドレスは，ホストに割り当てられるのではなく，ホストがもつネットワークインタフェースに割り当てられる．したがって，IPアドレスの設定にはインタフェースを指定する必要がある．図9.1に示したゲートウェイのように，1つのノードが複数のインタフェースをもつのであれば，複数のIPアドレスを割り当てる必要がある．IPアドレスの設定は，"ifconfig"というコマンドを使用する．設定にあたっては，インタフェース名，IPアドレス，ネットマスクの情報が必要となる．

また，設定内容は，ifconfigやnetstatコマンドを使って，IPアドレス，ネットマスク，ブロードキャストアドレス，MTU，受信パケット数，エ

```
% ifconfig eth0 210.133.192.2 netmask 255.255.255.240    //イーサネットの設定
```

```
% ifconfig eth0              //ネットワークインタフェースの設定内容を表示
eth0: flags=863<UP,BROADCAST,NOTRAILERS,RUNNING,MULTICAST>
mtu 1500 inet 210.133.192.2netmask ffffff0 broadcast 210.133.192.15
```

ラーパケット数などを確認することができる.以下は,ゲートウェイのネットワークインタフェースの設定例と確認例である.

```
% netstat -ni              //すべてのネットワークインタフェースの状態を表示
Name Mtu  Net/Dest       Address        Ipkts Ierrs Opkts Oerrs Collis Queue
eth0 1500 210.133.192.0  210.133.192.2  1547  1     1126  0     135    0
eth1 1500 192.168.1.0    192.168.1.1    146   1     126   0     150    0
lo0  1536 127.0.0.0      127.0.0.1      133   0     133   0     0      0
ppp0 1006 210.133.192.0  210.133.219.1  426   1     426   0     0      0
```

D. 経路制御の設定

(1) デフォルトルーティング

自分自身(ループバック)のインタフェースのIPアドレスとデフォルトゲートウェイのIPアドレスを設定するだけで十分である.

(2) 静的ルーティング

routeコマンドを用いて設定を行う.設定すべき項目は,宛先(Destination)と,それに対応するルータのIPアドレスである.以下は,ゲートウェイにおける設定例である.

```
% route add 192.168.1.0/24 192.168.1.1  //新しい経路の追加

% netstat -rn                                    //カーネルの経路表を表示
Routing Tables
Destinations      Gateway         Flags Refcnt Use    Interface
127.0.0.1         *               UH    1      136    lo0   //lo0はループバック
192.168.1.0/24    192.168.1.1     G     13     2340   eth1  //lan行き(追加分)
default           133.110.119.117 UG    3      3765   ppp0  //inet行き
210.133.192.0/28  *               G     26     50698  eth0  //dmz行き
```

(3) 動的ルーティング

ネットワークの接続状況(トポロジー情報)を動的に把握し,状況に応じて最適の経路を選択するためのルーティングプロトコルである.動的ルーティングの具体的な方式としては,RIP,OSPFおよびBGPが挙げられる.RIPは"routed"コマンドでRIPのデーモンが動作するが,これらの3つのルーティングプロトコルを1つのプログラムで動作実行する"gated"がある.gatedのコンフィギュレーションファイルは,通常/etc/gated.confにあり,gatedは,このコンフィギュレーションファイルの情報をもとにルー

ティングプロトコルを動作させる．

複雑で大規模なネットワークにおいて，経路制御を良好にかつ正確に動作させるには，高いスキルと知識が必要であるが，小規模でシンプルなネットワークにおいては，さほど難しくはない．以下は，OSPF で動作するゲートウェイの設定例である．パブリックドメインで入手可能な経路制御のソフトウェアとしては，gated (http://www.gated.org) と Zebra (http://www.zebra.org/) が挙げられ，広く参照利用されている．

なお，gated のテストは gdc checkconf で，gated の動作開始は gdc start で行うことができる．

```
autonomoussystem 2123;              //AS間経路制御(BGP)用に自AS番号を設定
routerid 210.133.192.1;             //OSPFゲートウェイ識別子を設定
rip no;                             //RIPは非使用
bgp yes {                           //BGPを使用
        preference 50 ;             //preferenceのパラメータ値
        group type external peer as  164 {    //ピアリング先ASを規定
                peer 10.6.0.103 ;   //ピアリング先IPアドレス
                peer 10.20.0.72 ;   //ピアリング先IPアドレス
                };
};
ospf yes {                          //OSPFを使用
        backbone {                  //subnet1はバックボーン
                authtype simple ;   //認証のタイプ(simple)
                interface 210.133.192.1 {
                        priority 10 ;       //preferenceのパラメータ値
                        authkey "tako" ;    //認証鍵は"tako"
                        };
                };
};
export proto bgp as 164 {           //ピアリング先ASにOSPFにて学習
        proto direct ;              //した経路情報をBGPにて広告する
        proto ospf ;                //プロトコルはospfを使用
};
export proto ospfase type 2 {       //ピアリング先ASから通知された経路
        proto bgp as 164 {          //情報をOSPFに広告する
                all ;               //すべての情報を広告する
                };
        };
};
```

E. DNS サーバの設定

小規模なネットワークでは，各コンピュータのホストテーブル(/etc/hosts) に必要な IP アドレスとホスト名の対応表を持てばよい．しか

し，ネットワークの規模が大きくなり，さらに，グローバルインターネットとの接続を行う場合には，DNS サーバを動作させなければならない．

DNS サーバにおいて利用されるソフトウェアとしては，BIND（Berkely Internet Name Domain）が挙げられる．クライアント側では BIND resolver，DNS サーバ側では BIND nameserver（named）を動作させなければならない．DNS サーバにはゾーンファイルが存在し，この中に IP アドレスとホスト名の対応表と DNS サーバの委譲/依存関係を示した情報が格納されている．

```
/etc/resolv.conf              //クライアント用照会先DNSサーバ
domain  hitec.co.jp           //所属ドメイン名を指定
nameserver  210.133.192.3     //プライマリDNSを指定
nameserver  hinet.ne.jp       //セカンダリDNS(ISPのDNS)を指定
```

DNS サーバ用の named に関する情報は，以下のファイルに格納されており，おのおのについて設定が必要である．ここでは，プライマリ DNS の正引きおよび逆引きファイルの設定例を示す．

```
/etc/named.boot       //DNSサーバが起動するときに読み込むファイル
/etc/named.ca         //ルートネームサーバ情報
/etc/named.root       //ルートネームサーバ情報
/etc/named.local      //自分自身のname/domain情報
/etc/named.hosts      //正引きzone file
/etc/named.rev        //逆引きzone file
```

```
-----------------------------------------------------------------
           //正引きファイル "/var/named.d/zone/hitec.co.jp"
-----------------------------------------------------------------
@                  IN  SOA pdns.hitec.co.jp    //ゾーンファイルの取扱を規定
     postmaster.hitec.co.jp. (                 //管理者メールアドレスを指定
                       200109031 ;             //シリアル番号(ファイル更新ごとに1加算)
                       10800     ;             //セカンダリDNSのデータ更新間隔(秒)
                       3600      ;             //更新失敗したときのリトライ間隔(秒)
                       604800    ;             //データの有効期間(秒)
                       86400 )   ;             //キャッシュしたデータの有効期間(秒)
     hitec.co.jp.       IN    NS  pdns.hitec.co.jp.    //プライマリDNSの指定
     hitec.co.jp.       IN    NS  sdns.hinet.ne.jp.    //セカンダリDNSの指定
     hitec.co.jp.       IN    MX 10  pdns.hitec.co.jp. //ドメイン宛のメールの受信先
     hitec.co.jp.       IN    A   210.133.192.3        //メールサーバIPアドレス設定
     localhost          IN    A   127.0.0.1            //ループバックアドレス設定
     pdns.hitec.co.jp.  IN    A   210.133.192.3        //プライマリDNSのIPアドレス
     mail.hitec.co.jp.  IN    CNAME dns.hitec.co.jp.   //メールサーバの別名
     www.hitec.co.jp.   IN    A   210.133.192.4        //WebサーバのIPアドレス設定
```

```
//逆引きファイル "/var/named.d/rev/2.192.133.210.in-addr.arpa"
@         IN   SOA  dns.hitec.co.jp.
postmaster.hitec.co.jp. (
            200109031  ; Serial Number
            10800   ; Refresh after 3 hours
            3600    ; Retry after 1 hour
            604800  ; Expire after 1 week
            86400 ) ; Minimum TTL of 1 day
            IN   NS   pdns.hitec.co.jp.          //プライマリDNSを指定
            IN   NS   sdns.hinet.ne.jp.          //セコンダリDNSの指定
            IN   PTR  hitec.co.jp.               //ネットワークネームの設定
            IN   A    255.255.255.240            //サブネットワークの設定
3           IN   PTR  pdns.hitec.co.jp.          //210.133.192.3のホスト名設定
4           IN   PTR  www.hitec.co.jp.           //210.133.192.4のホスト名設定
```

以上のネットワークインタフェース，ゲートウェイおよびDNSサーバの設定により，IPパケットが目的のコンピュータに配送されるようになる．なお，DNSサーバに関する情報や，ホスト名とIPアドレスを調べるコマンドとしてnslookupがあり，後述のトラブルシュートでも用いられる．

F. メールサーバの設定

クライアントからのメールの送信とインターネットからのメールの受信を行うのはsendmailであり，メールサーバからクライアントへのメールの送信には，POPやIMAPが使われる．

sendmailは，http://www.sendmail.org/から最新のものを取得することができる．sendmailのインストールの例を以下に示す．

```
# tar -zxvf sendmail.8.8.8.tar.gz              //解凍
# cd sendmail-8.8.8                            //ディレクトリ移動
# ./makesendmail                               //コンパイル
# ./makesendmail install                       //インストール
# cd obj.linux.2.0.30.i486                     //ディレクトリ移動
# mkdir /var/spool/mqueue                      //ディレクトリ作成
# chmod 700 /var/spool/mqueue                  //パーミッションの設定
# kill -HUP `head -1 /var/run/sendmail.pid`    //再起動し変更を反映
```

sendmailの設定ファイルはsendmail.cfであるが，手作業で設定ファイルを書くのはかなり苦労するので，CF（ftp://ftp.kyoto.wide.ad.jp/pub/mail/CF/）というツールを使用するのが一般的である．以下に，CFの構築の例

を示す．

```
# cd /usr/local/src                              //ディレクトリ移動
# tar -zxvf CF-3.6W.tar.gz                       //解凍
# cd CF-3.6W                                     //ディレクトリ移動
# make cleantools                                //コンパイル
# make tools                                     //コンパイル
# cp Standards/sendmail-v7.def sendmail.def      //ファイル複製
# vi sendmail.def                                //設定ファイルの編集
LOCAL_VERSION=hitec1.01
OS_TYPE=linux
MX_SENDMAIL=yes
MY_DOMAIN=hitec.co.jp                            //ドメイン名の設定
OFFICIAL_NAME='hitec.co.jp'
MY_ALIAS='mail.hitec.co.jp'                      //エイリアス名の設定
FROM_ADDRESS='$m'                                //From行のアドレスにホスト名を挿入
# make sendmail.cf                               //設定ファイルを作成
```

以下のように自ドメイン，他ドメインへ配送テストを行い sendmail が正しくインストールされたことを確認する．

```
# /usr/sbin/sendmail -C./sendmail.cf -bt         //デバッグ
> 3,0 root@hitec.co.jp                           //自ドメインへの配送テスト
3          input: root @ hitec . co . jp
                    (省略)
> 3,0 hoge@foo.com                               //他ドメインへの配送テスト
3          input: root @ hitec . co . jp
                    (省略)
```

また，POP や IMAP サーバについては，http://www.eudora.com/ と http://asg2.Web.cmu.edu/cyrus/ から最新バージョンを取得できるが，sendmail と同様にインストールを行う必要がある．サービスを動作させるには，/etc/inetd.conf および/etc/services に以下のような設定を行う必要がある．

```
/etc/inetd.conf
pop3 stream  tcp  nowait  root  /etc/pop3d      pop3d
imap stream  tcp  nowait  root  /usr/sbin/imapd imapd
/etc/services
pop3         110/tcp
imap         143/tcp
```

G. Web/FTP サーバの設定

Web サーバ用のソフトウェアとしては，Apache が広く使われており，http://www.apache.org/ から最新バージョンをダウンロードすることができる．上述の sendmail と同じようにインストールを行い，/usr/local/etc/apache/ の下にある設定ファイル httpd.conf に Web サーバのホスト名などを記述する．Web サービスを有効にするには，以下のような設定を行う必要がある．

```
/etc/inetd.conf
http  stream  tcp nowait  nobody /pathName/httpd
/etc/services
http          80/tcp
```

また，Web サーバにコンテンツをアップロードできるようにするためには，FTP サーバもインストールする必要がある．ftp のソフトウェアは，オペレーティングシステムの付属の ftpd (/usr/libexec/ftpd) や，より高機能な wu-ftpd を http://www.wu-ftpd.org/ からダウンロードすることができる．

FTP サービスには，不特定多数のユーザに対するサービスと，ユーザごとのサービス（特別な設定ファイルは不要）とがあるが，外部からのアクセスを認めるとパスワードが盗み見られたり，コンテンツが改ざんされたりするなど，サイト全体が危険にさらされるので，内部からのみアクセスできるようアクセス権の設定には注意を払わなければならない．FTP サービスを有効にするためには，以下のような設定を行う．

```
/etc/inetd.config
ftp  stream  tcp nowait  root  /usr/etc/ftpd ftpd -X
/etc/services
ftp           21/tcp
```

H. セキュリティ機能の設定

ネットワークセキュリティとしては，以下のような項目が基本設定として要求される．

(1) ユーザの認証（パスワード管理）

想像しにくいパスワードを使わせる，シャドーパスワードファイル（/etc/master.passwd）の利用，あるいは，使い捨てパスワード（OTP；One Time Password, ftp://ftp.nrl.navy.mil/pub/security/opie/opie-2.3.tar.gz）を利用する．

(2) ファイルの保護

マルチユーザ型の OS では，通常 3 つのレベルのアクセス権（root, group, user）が存在するので，適切なアクセス権の管理を行わなければならない．特に，すべてのファイルの作成変更削除が行えるルート（root）権限でのアクセスには十分な注意を払わなければならない．

(3) 安全な遠隔アクセスの方法

公開鍵暗号方式を用いた Secure Shell（ssh, http://www.cs.hut.fi/ssh）および DNS の逆引きによるクライアントホストのチェック機能を有効にする．ssh は，sshd（secure shell daemon）の動作を行い，鍵情報を

```
.ssh/identity,
.ssh/identity.pub (client),
.ssh/authorized_keys (server),
.ssh/ssh_known_hosts,
/etc/ssh_known_hosts
```

に格納する．鍵ファイルの生成には，ssh-keygen コマンドを用いる．

(4) サーバへのアクセス制御

サーバへのアクセスは必要なものだけにするために，/etc/inetd.conf ファイルの中で TCP Wrapper（例：/usr/etc/ftpd を /usr/sbin/tcpd に変更）を設定することによって，サービスごとにアクセスを許可することができる．設定に当たっては，まず /etc/hosts.deny によってすべてのアクセスを禁止した上で，/etc/host.allow で許可を与えることが必要である．

図 9.1 の Web/FTP サーバに対する設定例を以下に示す．たとえば，ftp のポートにアクセスがあると tcpd デーモンが起動され，これらのファイルを参照して，内部ユーザであればアクセスを許可するが，外部からのアクセスは拒否する．なお，これらのファイルに記述されていない http は，外部ユーザから自由にアクセスできる．

```
<< /etc/inetd.conf ファイル >>
#service  socket   protocol  wait?    user    program          arguments
ftp       stream   tcp       nowait   root    /usr/sbin/tcpd   ftpd
telnet    stream   tcp       nowait   root    /usr/sbin/tcpd   telnetd
shell     stream   tcp       nowait   root    /usr/sbin/tcpd   rshd
login     stream   tcp       nowait   root    /usr/sbin/tcpd   logind
```

```
           << /etc/hosts.allow ファイル >>
in.ftpd: 192.168.1.0/24      // ftpはローカルアクセスのみ許可
ALL: 127.0.0.1               //自分自身はすべて許可
```

```
           << /etc/hosts.deny ファイル >>
ALL: ALL                     //すべてのアクセスを拒否
```

(5) ファイアウォールの設定

ファイアウォールには，7章で述べたようにパケットフィルタリング型とアプリケーションゲートウェイ（プロキシサーバ）型の2種類がある．ここでは，前者を取り上げる．

パケットフィルタリング機能は，/sbin ディレクトリに存在する"ipchains"というコマンドを使って設定する．このコマンドは，パケットのノード内での処理プロセスを入力，転送，出力からなるチェインとしてとらえ，おのおのについて許可，廃棄，拒否などの処理ルールを設定することができ，さらに NAT 機能（Linux では，NAT を拡張した**マスカレード**と呼んでいる）も同時に設定することができる．以下に，図9.1 のゲートウェイについての設定例を示すが，設定の根拠となるアクセスリストは表9.1 によるものとする．

なお，フィルタリングの設定作業中に攻撃を受けないよう，設定に先立ち ipchains コマンドを使って，すべての入力，転送，出力を禁止（スタンドアロン）状態に設定し，またプロトコルごとにマスカレードモジュールを組み込ん（例；# insmod ip_masq_http）でおく必要がある．

表9.1　アクセスリストの例

サービス from to	DNS	SMTP POP-3	WWW	FTP	ICMP	ping	trace- route	SNMP
lan - dmz	OK	OK	OK	OK	OK	OK	OK	OK
lan - inet	OK	OK	OK	OK	OK	OK	OK	no
dmz - lan	OK	OK	OK	no	OK	OK	OK	OK
dmz - inet	OK	OK	no	no	OK	OK	OK	no
inet - lan	no	no	no	no	OK	no	no	no
inet- dmz	OK	OK	OK	no	OK	no	no	no

```
//フィルタリングチェインの作成
# ipchains -N lan-dmz           // lanからdmzへのフィルタリングチェインを生成
# ipchains -N lan-inet          //******ipchainsコマンドの意味******
# ipchains -N dmz-lan           // -N：生成, -A：ルールの追加, -D：削除
# ipchains -N dmz-inet          // -d：宛先アドレス, -s：送信元アドレス
# ipchains -N inet-lan          // -i：インタフェース, -j：ターゲット
# ipchains -N inet-dmz          // -p：プロトコル

//フィルタリングチェインの定義
# ipchains -A forward -s 192.168.1.0/24 -i eth0 -j lan-dmz
# ipchains -A forward -s 192.168.1.0/24 -i ppp0 -j lan-inet
# ipchains -A forward -s 210.133.192.0/28 -i eth1 -j dmz-lan
# ipchains -A forward -s 210.133.192.0/28 -i ppp0 -j dmz-inet
# ipchains -A forward -i eth1 -j inet-lan          //上記以外の送信元はinet
# ipchains -A forward -i eth0 -j inet-dmz
# ipchains -A forward -j DENY -l                   //上記以外は拒否

//WWWサービスに関する処理ルールの設定
# ipchains -A lan-dmz -p tcp -d 210.133.192.4 www -j ACCEPT
# ipchains -A lan-inet -p tcp --dport www -j MASQ    //マスカレード設定
# ipchains -A dmz-lan -p tcp ! -y -s 210.133.192.4 www -j ACCEPT
# ipchains -A dmz-inet -p tcp ! -y -s 210.133.192.4 www -j ACCEPT
# ipchains -A inet-dmz -p tcp -d 210.133.192.4 www -j ACCEPT
# ipchains -A inet-lan -j REJECT        //inetからlanへのアクセスはすべて拒否
         (以下省略)
```

最後に，設定作業に先立って停止状態にしていた入力，転送，出力機能を活性化する．

I. DHCP サーバの設定

特に移動するホストに対して非常に有効なサーバで，ホストがネットワークに接続するときに，必要な情報を提供する．ftp://ftp.isc.org/isc/dhcp/から，最新バージョンを取得することができる．以下に，DHCP サーバの設定ファイル例を示す．

なお，Windows などのクライアントは，TCP/IP 設定で IP アドレスの取得方法を DHCP に設定する必要がある．

```
------------------------------------------------------------
             // DHCPサーバ用設定ファイル "/etc/dhcpd.conf"
------------------------------------------------------------
shared-network DHCP {
  option subnet-mask 255.255.255.0;
  default-lease-time 21600;            //デフォルトの貸与時間(秒)
  max-lease-time 43200;                //最大貸与時間(秒)

  subnet 192.168.1.0 netmask 255.255.255.0 {   //サブネットの規定
    range 192.168.1.32 192.168.1.254;          //貸与するアドレスの範囲
    option broadcast-address 192.168.1.255;
    option routers 192.168.1.1;                //内部ネットワーク側アドレス
    option domain-name "hitec.co.jp";
    option domain-name-servers 210.133.192.3;
  }
}
```

[例題9.1] IPアドレスは有限な資源である．必要なアドレスの数を節約する方法を述べ，その設定で留意すべき点を述べよ．

(解答例) アドレスの数を節約する方法には，NATとDHCPとがある．

　(1) NAT (Network Address Translation)

　メールサービスやWebサービスなど，インターネットからNATを適用した組織方向へのアクセスには，グローバルなIPアドレスが固定的に割り当てられる必要がある．これらのノードへのアクセスには，TCP Wrapperなどのフィルタ機能を適用する．

　(2) DHCP (Dynamic Host Configuration Protocol)

　DNSに登録すべきノード（メールサーバやWebサーバなど）は，固定的なアドレスが割り振られなければならない．すなわち，固定的に割り当てられるホスト（DHCPサーバを利用しない），いつも同じIPアドレスが割り振られなければならないホスト（DHCPサーバを利用），必ずしも同じIPアドレスが割り振られる必要がないホスト（DHCPサーバを利用）の3種類のノードが存在する．

9.2　ネットワーク管理システム

　構築したシステムを安定に動作させるためには，組織立った運用管理体制の整備とともに，ネットワーク管理システムを導入し，トラフィックの増加や障害の発生を監視しなければならない．ここでは，ネットワーク管理システムを取り上げ，次節にて障害対応（トラブルシュート）について解説する．

A. ネットワーク管理の役割

　システムを構築すると，その後は24時間休みなく動作することが求められる．サービス停止を伴うような重大障害が発生すれば，すみやかに復旧しなければならない．また，障害が発生していないときでも，ログ記録を調べ不正アクセスがないかを調べたり，セキュリティホールを埋めるパッチを当てたりするなど，木目細かで臨機応変な対応が必要になる．

　こうした対応の他にも，エラーが間欠的に出始めるなどハードウェアや回線障害の前兆現象や，トラフィックの急増によるサービス品質の低下，また障害発生に伴う冗長系への自動切り替え（ユーザは気がつかない）などを的確にとらえ，管理者に通知するような仕掛けを組み込んでおくことも，安定したサービスを提供する上で欠かせないことである．このようなネットワーク機器およびネットワークの運用状態を監視する機構をネットワーク管理システムと呼ぶ．多数のクライアントやサーバ，ネットワークセグメントから構成され，しかも遠隔地に離れた複数の事業所もしくはサイトに分散した大規模なシステムでは，ネットワーク管理システムの導入は不可欠なものである．

　ネットワーク管理システムには，(1) **構成管理**（ネットワーク機器，サーバ，インタフェース，サービスなどの情報をデータベースとして統合的に管理する），(2) **性能管理**（ネットワーク上のトラフィック，エラーの発生数，パケット損失数などの情報を収集し，ネットワーク全体の性能を管理する），(3) **障害管理**（ネットワークや機器での障害発生を検知し，障害処置のための情報を提供する），(4) **課金管理**（ネットワーク内の資源の利用状況をユーザごとに記録し管理する），(5) **機密管理**（不正なアクセスや侵入の監視と，権限を越えたアクセスを制御する）からなる5つの機能がある．

B. ネットワーク管理システムの構成

　ここで取り上げる簡易ネットワーク管理プロトコル（**SNMP**；Simple Network Management Protocol）は，構成管理，性能管理および障害管理を網羅するもので，RFC1157に基本アーキテクチャが定義されている．図

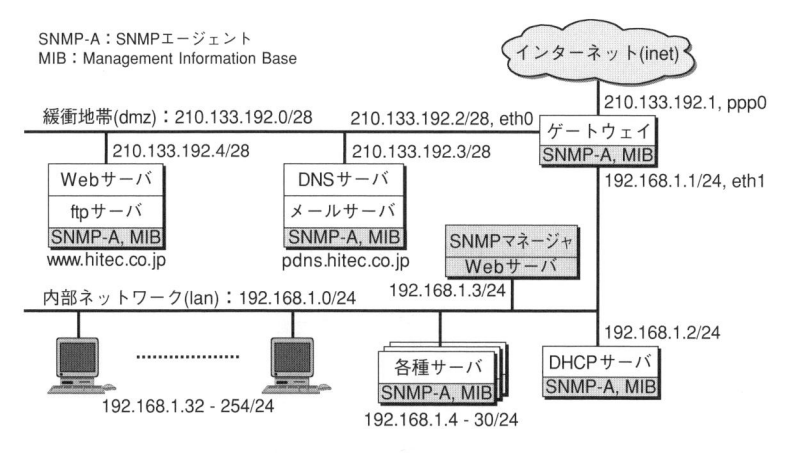

図 9.2　ネットワーク管理システムの適用

9.2 は，前述のシステム設定にて取り上げたシステムにネットワーク管理を適用した場合の構成例を示したものである．

ネットワーク管理システムは，管理を行う **SNMP マネージャ**と，管理対象となる機器（IP アドレスが付与されている機器）に実装される **SNMP エージェント**と**管理情報ベース**（MIB ; Management Information Base）を基本構成要素としている．なお，図中の SNMP マネージャに付随する Web サーバは，Web ブラウザからネットワーク管理業務を行えるようにするためのものである．

前例のシステム設定と同様に，これらの機能を Linux 系もしくは FreeBSD 系の機器上で実現するには，以下のようなフリーソフトウェアを利用できる．

```
SNMPツール (ucd-snmp)：http://net-snmp.sourceforge.net/
MRTG（グラフ化ツール）：http://www.libpng.org/pub/png/
SNMPマネージャ：http://snmp.cs.utwente.nl/software/
```

ところで，MIB で定義される管理対象は，図 9.3 に示すように，ツリー構造をなす**オブジェクト識別子**（OID ; Object Identifier）によって，一意な名前と数字を用いて識別される．このツリー構造は，ISO や ITU-T に共通した枠組みとなっている．たとえば，"ある機器のネットワークインタ

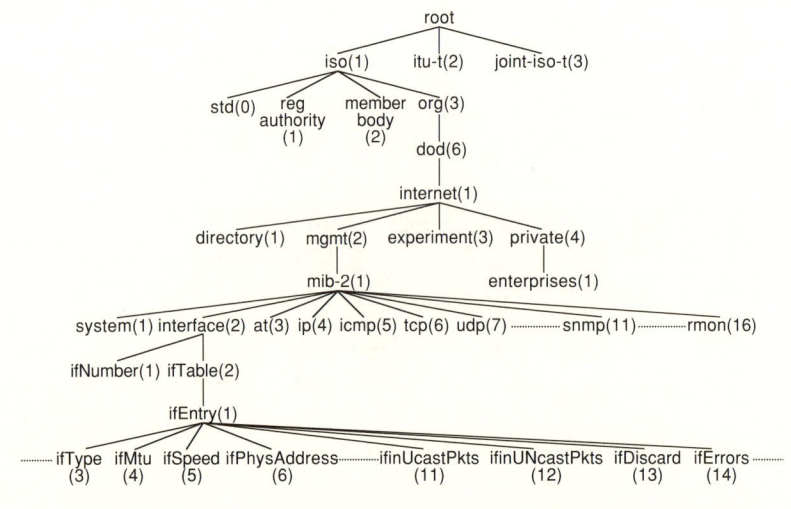

```
                              root
                 ┌─────────────┼─────────────┐
               iso(1)       itu-t(2)    joint-iso-t(3)
      ┌────┬────┼────┬────┐
    std(0) reg  member org(3)
         authority body
           (1)    (2)   │
                      dod(6)
                        │
                    internet(1)
        ┌───────┬────────┼────────┬────────┐
    directory(1) mgmt(2) experiment(3) private(4)
               │                    │
            mib-2(1)           enterprises(1)
    ┌────┬────┬───┬───┬────┬───┬───┬──────────┬──────┐
 system(1) interface(2) at(3) ip(4) icmp(5) tcp(6) udp(7) ········ snmp(11) ········ rmon(16)
         │
    ifNumber(1)  ifTable(2)
                    │
                 ifEntry(1)
    ┌─────┬─────┬─────┬─────────────┬─────────────┬─────────────┬─────────┬────────┐
 ifType ifMtu ifSpeed ifPhysAddress ifinUcastPkts ifinUNcastPkts ifDiscard ifErrors
  (3)    (4)   (5)       (6)          (11)          (12)          (13)     (14)
```

図9.3 管理オブジェクトのツリー構造

フェースを通過するユニキャストのパケット数"を取得したい場合には，"ある機器のネットワークインタフェース"はIPアドレスによって，そして"ユニキャストのパケット数"は次のようなOIDによって特定される．

```
.iso.org.dod.internet.mgmt.mib-2.interface.ifTable.ifEntry.ifUcastPkts
       ‖
.1.3.6.1.2.1.2.2.1.11
```

なお，この例は標準MIBを対象としているが，ネットワーク機器などのベンダーが独自のMIB（たとえば，CPUの負荷率やインタフェースで溢れたパケット数など）を定義することもできる．独自にMIBを定義する場合は，IANA（Internet Assigned Numbers Authority）に登録し公開されることになっており，そのOIDは".iso.org.dod.internet.private.enterprise"（enterpriseはベンダー名）下に配置される．

SNMPマネージャとSNMPエージェントとの間の通信方法には，**ポーリング方式**（マネージャが要求し，エージェントが応える）と，**トラップ方式**（障害発生などをエージェントがマネージャに通知する）とがある．さらに前者の中には，情報取得を要求するGetRequestと，ネットワーク機器の設

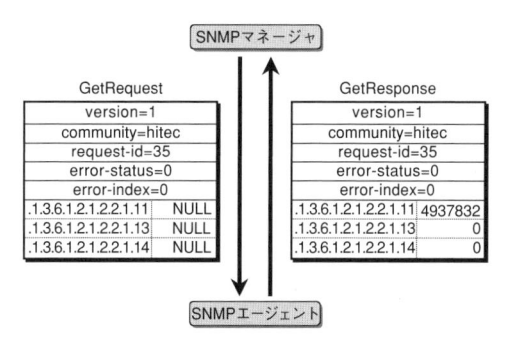

9.2 ネットワーク管理システム

図 9.4 ポーリングによる情報取得

定を変更する SetRequest などがある．

図 9.4 は，ネットワークインタフェースを通過したユニキャストパケット数，廃棄数およびエラーパケット数の取得要求を行う GetRequest と，その応答である GetResponse の例を示している．他についても同様のメッセージフォーマットが用いられる．なお，これらのメッセージは，UDP（ポート番号 161, 162）を用いて転送される．

また，図 9.5 は SNMP マネージャが取得したパケット数（トラフィック）

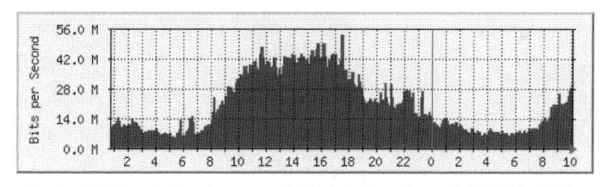

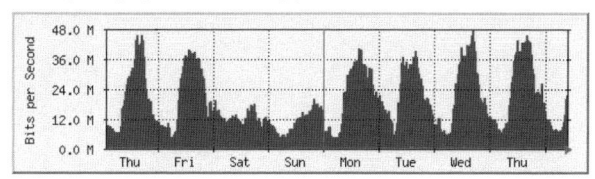

図 9.5 トラフィック統計情報のグラフ表示例

の統計情報を MRTG にてグラフ化して表示した例で，上のグラフは5分間平均値の1日間変化の様子を，下は30分間平均値の1週間変化の様子を表している．同様に月間での変化，年間での変化を把握することによって，システムの性能改善計画に反映させることができる．

[例題9.2] SNMP マネージャは，SNMP エージェントに対してリクエストを送信することによって，2つの機能を実現している．この2つの機能を説明せよ．
（解答例） リクエストには，エージェントの管理情報（MIB）を読み出す GetRequest と，管理情報に書き込む SetRequest とがある．前者は対象とする機器を監視することを，後者は対象機器を制御することを可能にする．

9.3 トラブルシュート

システムに障害が発生した場合には，すみやかにその原因を究明し，問題を解決しなければならない．こうした一連の作業をトラブルシュートと呼ぶ．インターネットシステムはさまざまな機器やソフトウェア，ケーブルなどから構成され，しかもその上に数多くのシステム設定やアクセス制御が行われる大変複雑な構造となっているため，トラブルシュートに当たっては，先入観にとらわれることなく，広い角度から体系立ったアプローチが必要である．

A. トラブルシュートのプロセス

図9.6 はトラブルシュートのプロセスを示したもので，障害発生に伴う利用者からの連絡やネットワーク管理システムからの通知によって，ネットワーク管理者は障害発生を知り，障害対処チームに対応を指示する．

トラブルシュートの第1歩は，事実に基づいた詳細な情報を収集し，状況を正確に把握することである．収集する情報は，障害の症状，場所，時刻，障害が起きたときの操作内容とアプリケーション，周辺での類似障害の発生の有無，さらにエラーなどのログ記録である．

次いで，収集した情報に基づいて障害が再現するかを調べる．再現するな

9.3 トラブルシュート

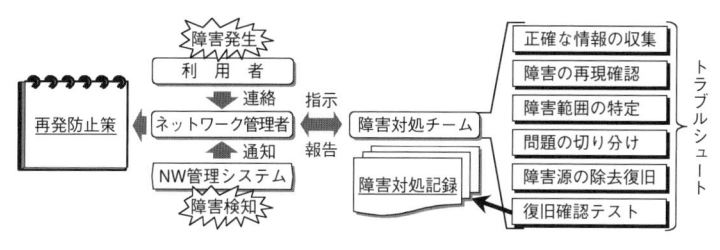

図9.6 トラブルシュートのプロセス

らば障害に至る操作や条件を入念に記録する．また，周辺でも類似障害が発生している場合や，別の環境でも障害が再現する場合は，ネットワークに関わる問題の可能性が高い．

　ネットワークに関わる問題が疑わしくなれば，まず通信可能な範囲の特定を行う．同一ハブ内で通信できるか，ルータを介して通信ができるか，インターネットへの通信ができるかなど，探索範囲を順次広げていくことによって，通信可能な範囲を明らかにしていく．次いで，特定のアプリケーションに依存するか，すべてのアプリケーションに共通して障害が発生するかを調べる．これらの障害範囲の特定作業を通して，障害の発生源に接近することになる．

　障害の発生源に接近したところで，後述のコマンド（UNIX系）や市販の診断ツールを使って問題の切り分け作業を行い，障害源を特定する．なお，電源電圧の低下やコネクタの接触不良によって動作が不安定になるなど，単純な原因によって複雑な障害を起こしているケースが少なくない．障害を起こしているハードウェアを交換したり，システム設定内容を修正したり，あるいは安定化電源を入れたりするなど，障害の原因を取り除き復旧を行う．正常に動作するか確認テストを行うが，復旧作業によって他に悪影響を与えていないことを確認することも重要である．その上で障害を連絡してきた利用者やシステム管理者の立会いのもとで，動作の正常性を最終確認するとともに，ネットワーク管理システムからもネットワーク全体が正常に動作していることを確認する．

　最後に，確認テストでは発見できなかった予期せぬ不具合の発生に備えて，確認テスト結果を含む復旧作業の操作内容を障害対処記録としてまとめ，シ

ステム管理者に報告し承認を得ることによって，トラブルシュートを終える．また，システム管理者は，類似の障害が発生する恐れがある場合には，障害の再発防止策をまとめ，Web などで利用者や部門担当者に周知徹底する．

B. 診断ツール

ハードウェア上の問題，特にケーブルの問題を特定するには，ケーブルテスタを用いる．その他の問題に関しては，ラップトップパソコンを用いた診断が有効である．トラブルシュートに頻繁に利用されるコマンドを以下に示す．

(1) ping：接続性の確認

ping コマンドは，インターネット層の接続性を調べる上で最も基本的なツールである（例題 2.1 参照）．ホストを指定して ping コマンドを投入し，"unknown host" が返ってきたときは DNS に問題があることが多く，その詳細は後述の nslookup や dig を使って調べることができる．また "network unreachable" は経路制御の問題であることが多く，詳細は traceroute や netstat を用いて調べることができる．応答がなかったときは，経路制御あるいはインタフェース設定の問題の可能性があり，詳細は traceroute, netstat, ifconfig を使って調べると効果的である．

(2) arp：MAC アドレスと IP アドレスの対応関係の確認

arp コマンドは，ARP テーブルの確認と操作を行うことができる．操作は，arp -d [host_name] および arp -s [host_name] [MAC_address]で実行することができる．

```
# arp -a
Net to Media Table
Device  IP Address            Mask             Flags  Phys Addr
------------------------------------------------------------------
le0     www.hitec.co.jp       255.255.255.255         08:00:20:05:21:33
le0     dns.hitec.co.jp       255.255.255.255         00:00:0c:e0:80:b1
le0     ns.hitec.co.jp        255.255.255.255  SP     08:00:20:22:fd:51
le0     BASE-ADDRESS.MCAST.NET 240.0.0.0       SM     01:00:5e:00:00:00
```

(3) ifconfig：インタフェース設定の確認

ifconfig コマンドは，ネットワークインタフェースの設定と状態の確認を

行うことができる（9.1 節 C 項参照）．なお，シスコ製のルータでは，show interface コマンドでインタフェースの状態を確認することができる．

(4) netstat：衝突発生の確認，経路表の確認

netstat コマンドは，-I オプションによってインタフェースごとの送受信パケット数，エラーパケット数，衝突パケット数などの情報を取得することができる（9.1 節 C 項参照）．さらに，-rn オプションを用いることで，経路制御から生成される経路表の確認を行うことができる（9.1 節 D 項参照）．

(5) traceroute：転送経路の確認

traceroute コマンドは，目的のノードまでの経路と各ホップにおける遅延時間を知ることができる．traceroute により，ループの検出や経路制御的には問題ないが，接続性が失われているリンクの特定などもできる．

```
% traceroute da.internic.net
traceroute to da.internic.net (198.49.45.10),30 hops max, 40 bytes packtes
1 tako.wide.ad.jp (172.16.55.200) 0.95ms  0.91ms  0.91ms
2 172.16.230.254 (172.16.230.254) 1.51ms  1.33ms  1.29ms
         (省略)
10 attbcstoll.bbnplanet.net (206.34.99.38)  34.31ms 36.63ms 32.32ms
11 ds0.internic.net (198.49.45.10)  33.19ms 33.34ms  *
```

(6) nslookup, dig：DNS の動作確認

nslookup コマンドは，DNS サーバに対して名前解決の要求を送信すると，ホスト名から IP アドレスを検索し返信する．DNS サーバが正常に動作しているかを診断する上でも有効なコマンドである．なお，DNS サーバのより詳細な情報を得るコマンドとして，他に dig コマンドがある．

```
% nslookup  www.hitec.co.jp
Server:   pdns.hitec.co.jp          //DNSサーバのホスト名
Address:  210.133.192.3             //DNSサーバのIPアドレス

Name: www.hitec.co.jp               //検索対象のホスト名
Address: 210.133.192.4              //検索対象のIPアドレス
```

(7) tcpdump：パケットの監視

Van Jacobson らが，BSD Packet Filter を用いて実装した診断ツールである．さまざまなフィルタをコマンドの引数やオプションとして指定することができる．たとえば，特定のポート番号や IP アドレスを含む IP パケットの

みを監視するなど，ネットワーク障害のトラブルシュートにきわめて有効なツールである．

```
 1 (0.0    ) solaris.33016 > slip.discard: S 1:1(0) win 8760 <mss 1460> (DF)
 2 (0.1016) slip.discard > solaris.33016: S 1:1(0) ack 1 win 4096 <mss 512>
 3 (0.5290) solaris.33016 >slip.discard: P 1:513(512) ack 1 win 4096 <mss 512>
 4 (0.0038) bsdi > solaris: icmp: slip unreachable - need to frag, mtu = 296 (DF)
 5 (0.0259) solaris.33016 > slip.discard: F 513:513(0) ack 1 win 9216 (DF)
 6 (0.0923) slip.discard > solaris.33016: . ack 1 win 4096
 7 (0.3577) solaris.33016 > slip.discard: P 1:257(256) ack 1 win 9216 (DF)
 8 (0.3290) slip.discard  > solaris.33016: . ack 257 win 3840
 9 (0.3308) solaris.33016 > slip.discard: FP 257:513(256) ack 1 win 9216 (DF)
10 (0.3208) slip.discard > solaris.33016: . ack win 3840
11 (0.0422) slip.discard > solaris.33016: F 1:1(0) ack 514 win4096
12 (0.1719) slip.discard > splaris.33016: . ack 2 win 9216 (DF)
```

[例題 9.3]　traceroute コマンドの動作メカニズムを説明せよ．

（解答例）　まず TTL=1 で宛先ノードに向けて UDP パケットを送信する．最初に遭遇したルータから，TTL 超過を示す ICMP パケットが返送されてくる．次に，TTL=2 として UDP パケットを送信すると，2 番目に遭遇したルータから ICMP パケットが返送されてくる．同様に TTL を 1 つずつ増やしながら送信を繰り返していくと，UDP パケットは最後に宛先ノードに到達する．しかし，同パケットのポート番号が宛先ノードで対応していないため，宛先ノードから宛先到達不能を示す ICMP パケットが送り返される．traceroute コマンドは，こうした動作を通して，各ホップにおける遅延時間と経路を計測する．

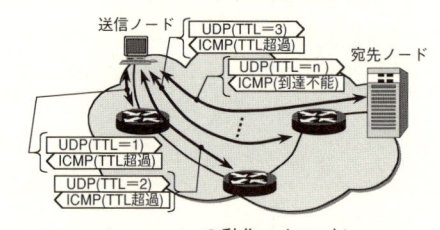

traceroute の動作メカニズム

演習問題

9.1　図 9.1 において，内部ネットワークをルータを介して 2 つのセグメントに分けるとすると，必要となるシステム設定の変更例を示せ．

9.2　メールサーバを設定する場合に設定すべきセキュリティ機能を整理せよ．

9.3　Web サーバの設定時に留意すべきセキュリティ対策と，大規模 Web サーバの構築方法を調査せよ．

9.4 ダイナミック DNS と DHCP とを組み合わせて動作させる場合，留意すべき重要なポイントを2点挙げよ．

9.5 図 9.1 において，ゲートウェイによるパケットフィルタリング型のファイアウォールに加え，プロキシ型のファイアウォールを内部ネットワーク寄りに新設し，セキュリティ機能を一層強化する場合，必要となる既設ゲートウェイの設定変更を述べよ．

9.6 大規模なネットワーク障害が発生した場合，多数の SNMP エージェントから一斉に障害発生を通知するトラップが SNMP マネージャに送られる可能性がある．こうした状態が起きた場合にネットワーク管理者にとって問題となる事項を述べ，そのための対策を考察せよ．

9.7 SNMP マネージャが接続されているネットワークなどに障害が発生した場合には，システム全体の管理ができなくなる．こうした事態を避けるための対策を考察せよ．

9.8 近くにあるコンピュータ（パソコンやサーバなど，最低3台）について，インタフェースの設定状態と経路表と経路制御の動作状況を調べよ．

9.9 Windows 系のシステムで使用できる診断ツール，ならびに OS に依存しない診断ツールを調査し，その機能，用途，使用方法，価格（有料の場合）を整理せよ．（数名のグループで行うことが望ましい）

9.10 DNS サーバの設定に関するトラブルシュートを行うツールとして，"dig" というコマンドがある．"dig" コマンドの使用法を調べ，可能なら，実際にこれを使って所属するシステムの DNS サーバの設定を調査せよ．

10 インターネットビジネス

> サイバースペースがもつ巨大な潜在市場を期待して，さまざまなインターネットビジネスが展開されている．インターネットがもたらすビジネスへのインパクトを考察した後，一般消費者向けおよび企業間の電子商取引について学ぶ．

インターネットは，これまでの電話網や放送にはなかった大きなインパクトを社会および経済活動に与えている．インターネットビジネスの台頭もその1つである．これまでにたくさんの電子店舗が開店したが，その多くは利益を得ぬまま撤退を余儀なくされている．しかしながら，いくつかの成功事例から成功に導くための法則が見えつつある．

インターネットのもつインパクト要因について考察した後，いくつかの成功したビジネスモデルを交えながら，一般消費者を対象とするB2C型e-コマースの展開法と，インターネットビジネスの大半を占めるとされている企業間取引について，サプライチェーンマネージメントと呼ばれる最新の経営手法を実現するためのXML文書を用いたB2B型e-コマースを，その標準化活動の紹介を含めて解説する．

10.1 ビジネスへのインパクト要因

インターネットは社会経済活動へ大きなインパクトを与え，もはやインターネットなくして世界経済の発展はあり得なくなった．こうした予想以上の成功と発展は，絶え間ない技術革新や距離に依存しない料金制度の採用など，巨大権力の介入を嫌い自発的で民主的かつ自由な発想の中で生まれ育っ

てきたからといわれている．図 10.1 に示すインターネットがビジネスへ与える 6 つのインパクト要因について考察してみよう．

A. 物理的距離の克服

インターネットでは，ISP までの通信料金と ISP へのインターネット接続料金を払うだけで，世界中のどこの Web サイトでもアクセスでき，またどこにでも電子メールを送ることができる．さらに，最近では双方向 CATV や ADSL を利用した常時接続型の高速インターネット接続サービスも普及し始めている．電話や郵便などの既存通信サービスにはなかった距離や時間，情報量に依存しない画期的な料金制度といえる．これは光ファイバなどの技術進歩と相俟って，多数のユーザで伝送路を共有し合うベストエフォート型サービスの採用によって，通信コストを低く抑えられるようになったからである．

英エコノミスト誌が 95 年 9 月 30 日号にて「距離の死」と題し，通信技術の進歩によって物理的な距離による活動上の制約が解消されることを論じていたが，インターネットの距離に依存しない料金制度の採用は，距離の死の実現に一歩近づいたことを意味している．

図 10.1 に示すビジネスへのインパクト要因:
➤ 物理的距離の克服
➤ 時間的障壁の克服
➤ 訴求力
➤ 双方向性
➤ グローバルスタンダード
➤ 巨大市場

図 10.1 インターネットがビジネスへ与えるインパクト要因

B. 時間的障壁の克服

電話や会議は参加者の時間的都合が一致しなければ情報交換が成り立たない，すなわち参加者の時間的都合を合わせようとすると，そこには時間的な障壁が介在する．これは，経済の発展とともにますます多忙になる，すなわち生産性向上が問われるビジネスマンにとってその克服が大きな課題であり，またグローバルな分業や協業を推進している企業にとっては，ビジネスそのものの遂行に関わる重大事である．

電子メールによる情報交換や Web サイトへのアクセスは 24 時間いつでも可能で，情報の送り手および受け手双方にとって自分の都合の良いときにじっくりと考えてから行動を取ることができる．また，顧客が問題や疑問を

抱えたときにはすばやい解決が必要であるが，Webサイトによくある質問（FAQ）や問題解決法をアップロードしておくことによって速やかな対応が可能になる．

インターネットは時間的障壁を乗り越えたユーザ主導型の非同期型情報交換手段を提供するが，これは質の高い情報交換の頻度を増す，すなわち経済活動サイクルを短くすることを意味し，経済の活性化ひいては経済の発展に寄与することになる．

C. 訴 求 力

図10.2は米ロッキード社がプレゼンテーションの方法と聴衆の記憶残量との関係について行った実験結果の一例を示している．この例では，言葉だけで説明した直後は半分程度記憶に残っているものの，5日後の残量は10％を下回っている．図表のみで説明した場合は，おのおの70％と20％弱である．これに対して，図表と一緒に言葉で説明すると，説明直後は90％近くが，5日経っても60％程度記憶に残ることがわかる．

理解度合いと記憶残量との間に強い相関があることを考えると，さまざまな表現媒体を組み合わせる，すなわちマルチメディアを駆使することは，情報の受け手には強いインパクトを与え理解を高めることになる．マルチメディアの元祖ともいえるWWWの成功は，インターネットを介した情報提供に十分な訴求力をもっていることを証明した．

もちろんマルチメディアを駆使しても情報そのものに価値がなければ利用者は見向きもしない．たとえば，インターネット上には価格比較サイトがあるが，こうしたサイトを利用すれば自分が欲しい商品をどこで一番安く買えるかなどを簡単に調べることができる．

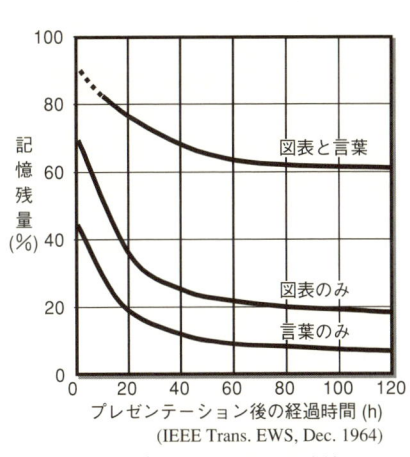

図10.2 プレゼンテーション方法と聴衆の記憶残量
(IEEE Trans. EWS, Dec. 1964)

すなわち,現実の世界では遠くの店まで出かけて行って買いたいのだが,時間がないので近くの店で済ませることがままあろうが,インターネットではこうした行動はまれである.

D. 双方向性

顧客がWebサイトをアクセスしなければ情報は転送されない.顧客がアクセスしたことを記録しておくための仕掛けをWebサーバに仕込めば,アクセス数をカウントすることができる.ハイパーリンク単位に同様の集計をすれば,顧客の統計的な趣向をより細かく測定することができる.また,Cookie(Webサイトからブラウザを通してクライアント側のコンピュータに情報ファイルを一時的に保存しておく技術)を利用すれば,顧客個人の情報や最後にサイトに訪れた日時,訪問回数なども把握することができる.さらに,Webページ上の入力フォームに年齢や趣向などの詳細な個人情報を記入してもらうことができる.

こうして集めたデータをバックエンドの業務アプリケーションに取り込めば,年代別に顧客の好みを分析したり,ある顧客がWebサイトを再訪問したときにその顧客の趣向に沿った情報を提供したり,あるいは電子メールで商品情報を提供したりすることもできる.このように,インターネットの双方向性を活用し顧客一人ひとりに合わせた情報を提供することによって,サービス性を向上させようとするビジネス形態を **One-to-One Marketing** あるいは**マスカスタマイゼーション**と呼んでいる.

これまでの実世界でも同様なことが行われていたが,人手によるアンケート調査や調査データのコンピュータへの入力などに膨大な手間隙がかかっていたため,車などの高額商品にしか適用されていなかった.インターネットは顧客当たりのデータ収集コストを大幅に低下させたため,衣料品や音楽コンテンツなどの小額商品まで適用範囲を広げることが可能になった.

E. グローバルスタンダード

たとえば,インターネットが普及する前に企業間取引で利用されてきたEDI(Electronic Data Interchange)では,専用のコンピュータとソフト

ウェア，さらにVAN（Value Added Network）などの専用のネットワークを使用していたため，企業にとっては大きな費用負担を強いられ，中小企業の中には導入をあきらめざるを得ないことも少なくなかった．

これに対して，インターネットはTCP/IPという世界で広く使用されているプロトコル体系を適用したネットワークに，Windowsなど世界で広く用いられているパソコンやUnix系のサーバ機器などを接続することによって，さまざまなサービスを提供し，その結果，個人・家庭・企業・学校・行政府などあらゆる場面での利用を可能にした．しかも最近は携帯電話などのモバイル端末からのアクセスも可能になるなど，**マルチプラットフォーム化**も進んでいる．

このように世界で広く使用されているものを**グローバルスタンダード**（ITUなどで国際標準化されてもグローバルスタンダードになるとは限らない）と呼ぶ．これによって，企業はもとより家庭や個人レベルまで広くかつ安くインターネットが利用できるようになる．そして利用者が増えれば，より良いサービスを，より安いコストで，より多くの場面でも利用できる好循環サイクルをもたらす．

F. 巨大市場

図10.3に示すように，総務省の平成12年度通信白書によれば，国内の携帯電話を含めたインターネット利用者は1999年末で2,700万人，2005年には7,700万人に，また英ARC Groupなどの調査では，世界の利用者は1999年末で2.5億人，2005年には17億人超に達すると推計されている．国内では年率19％，世界では38％という高い伸びが予想されている．

これは，2005年頃にはわが国はもとより地球規模で，生産活動とその消

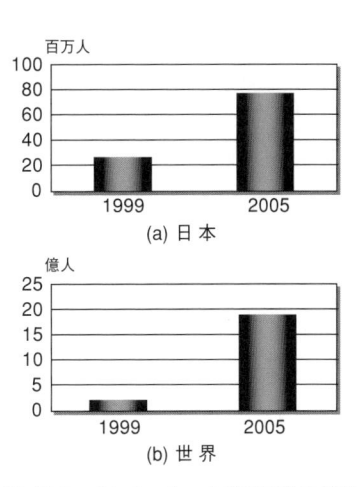

図10.3 インターネット利用者数の推移

費に関与する大半の企業と家庭もしくは個人がインターネットの利用者になることを意味している．インターネットにより空間的，時間的障壁を乗り越えたサイバースペースには，巨大な潜在市場が存在していることが理解されよう．

上述の通信白書などの分類によれば，インターネットビジネス市場は，図10.4に示すようにインターネット（TCP/IPを利用したエクストラネットなどを含む）上で商取引を行うインターネットコマース（e-コマース，EC；Electronic Commerce，電子商取引，e-ビジネスなどとも呼ぶ）とインターネット関連ビジネスとに大別される．そして前者は，書籍やパソコンなどの最終消費財およびオンラインバンキングなどのサービス取引ビジネスと，企業間で行われる原材料などの中間財取引ビジネスとに分けられる．なお，取引が企業間で行われるものをB2BもしくはB to B（Business-to-Business），一般消費者に対するものをB2CもしくはB to C（Business-to-Consumer）と呼んでいる．したがって，中間財取引はB2Bだけであるが，最終消費財あるいはサービス取引にはB2BとB2Cがある．

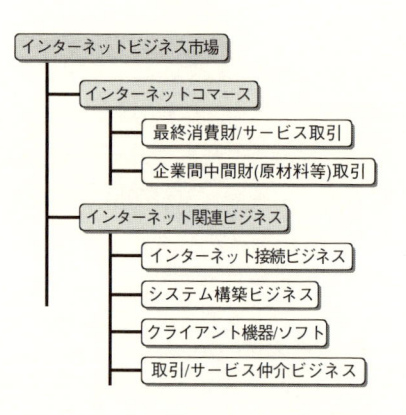

図10.4 インターネットビジネスの構成

一方，インターネット関連ビジネスは，アクセス回線など通信事業を含むインターネット接続ビジネス，サーバサイドの機器/ソフト，ルータなどのネットワーク機器さらにホスティングサービスなどを行うシステム構築ビジネス，パソコンや携帯電話などのクライアント機器販売ビジネス，そしてインターネット広告や検索エンジンさらにオークションなどのサービスを仲介もしくは支援するビジネスに分けられる．

図10.5に示すように，わが国のインターネットビジネス全体では1999年は20兆円，2005年には140兆円を超えるものと予想されている．日本ではインターネットを介したカード決済に抵抗が大きいため，1999年のイ

ンターネットコマースによる最終消費財取引額は 3,500 億円と少ないが，2005 年には 7 兆円に達するものと予想されている．ちなみに米国 IDC 社の調査では，1999 年の米国のそれは 3.9 兆円, 2003 年には 20.2 兆円と予想されている．

なお，図 10.5 からわかるように，2005 年の中間財取引額は 100 兆円を超えるものと予想されている．この巨大市場に順応できない企業は，いずれ市場から淘汰されるといっても過言ではなくなってきた．

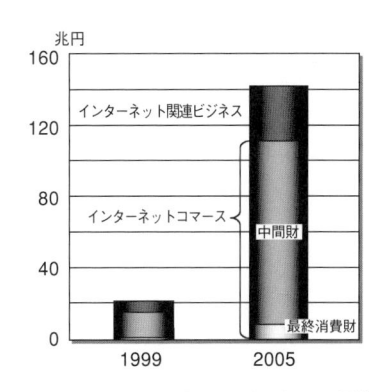

図 10.5 インターネットビジネスの規模

[例題 10.1]　わが国の 1999 年および 2005 年のインターネットコマース市場規模が，全取引に占める割合を求めよ．

（解答例）　適当な検索エンジンを使って平成 12 年度の通信白書にアクセスして調べると，1999 年では全産業の最終消費財需要の 0.06% がインターネットコマースで行われていることがわかる．2005 年の全産業の最終消費財需要を 1999 年と同じとすると，7 兆円/3,500 億円 × 0.06% = 1.2% が求まる．同様に中間財取引について求めると 24% を得る．もはやインターネットなくして経済の発展はあり得ないことが理解されよう．

10.2　B2C 型 e-コマース

サイバースペースがもつ巨大な潜在市場を期待して，たくさんの電子店舗が 24 時間営業を始めたものの，実際に利益を出しているところは少なく，甘い夢を見て開店した多くは市場から容赦なく抹消されている．しかしながら，いくつかの成功事例から成功に導くための法則が見えつつある．こうした法則を体系的にとらえようとする研究を**インターネットマーケティング論**という．

ところで，電子店舗には，**電子モール**と呼ばれる複数の店舗が軒を連ねて

いる仮想商店街に出店するものと，独自に店を構えるものとに大別できる．前者は，当初は単に店舗が寄せ集まっただけであったため大半が失敗に終わったが，最近では最新技術を駆使した商品検索サービスやオークション，決済機能などがモールから提供され，また出店に際してモールの主催者からさまざまな指導を受けることができるようになった．特徴ある専門店が多数出店している楽天市場などが活況を呈している．

一方，ここで詳しく取り上げる大型店や証券会社などによる独自店舗の開設は，周到な事前準備と開店後の適切なフォローアップなしには利益をあげることは難しい．インターネットマーケティング論を参考に，プランニングからサイトの構築，開店後の評価改善に至る一連のライフサイクルについて，いくつかのビジネスモデル事例を交えながら実践的な解説を行う．

A. ライフサイクル

図 10.6 に示すように，e-コマースは，『プランニング』⇒『サイト構築』⇒『サイト運用』⇒『評価改善』を 1 ライフサイクルとし，さらなる飛躍発

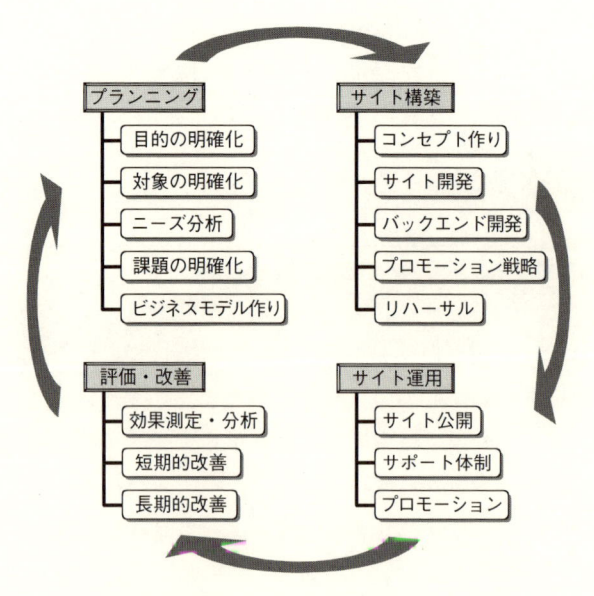

図 10.6　B2C 型 e-コマースのライフサイクル

展を目指して次のライフサイクルへ引き継がれていくのが一般的である．

プランニングでは，さまざまな調査研究を通してビジネスの骨格を作り上げる．次のサイト構築は，Web サイトのコンセプトを作り上げ，これに基づいてサイトの開発と関連する雑多な作業を行い，サイト公開の準備を整える．次のフェーズで，いよいよサイトの運用に入るが，多くの対象顧客がサイトを訪れるようプロモーションが計画どおり実行されることがポイントとなる．運用開始後は，サイトからの各種測定データなどをもとにビジネスの有効性をチェックし，情報が陳腐化しないよう新商品の投入によるサイトのアップデートや，プロモーションの強化によるサイトへの訪問者の誘導を図っていく．ビジネスモデルの陳腐化や顧客の趣向変化などによって，サイトからの顧客離れを抑制できなくなった時点で，次の世代（ライフサイクル）へバトンタッチする．

B. プランニング

最初に Web サイトを利用した e-コマースの目的を明確にする．一般的には，市場拡大，無休の営業活動，顧客への情報提供，顧客や市場ニーズなどの情報収集およびリクルーティングなどである．次の対象の明確化では，対象地域，年代や性別，あるいは赤ちゃんを抱えた主婦など，対象を絞り込む．そして，街頭でのアンケート調査や調査会社のレポート，インターネット上のフォーラムなどで交わされている主張やコメントなどを分析して，対象顧客層が真に欲しがっているもの，困っていること，e-コマースに対する不安，あるいは日頃の情報ソースなどを把握する．また，類似製品を販売している競争相手のサイトを訪問し，商品ならびにサイトの特徴を調べ，自社製品の強みと弱み，e-コマースのトレンドを謙虚に受け止めることも大事である．

これらの分析結果をもとに自社が e-コマースを展開していくうえでの課題を整理し，プランニング作業の参加者全員（営業マーケティング担当，広報担当，サイト設計，デザイナーなど）で共有し合うことが以後の作業の鍵となる．

次がプランニングのクライマックスとなる**ビジネスモデル作り**である．これは，より多くの顧客を自社のサイトに招き入れ，安心して商品を購入して

もらうための仕組みもしくは仕掛けを，どのように仕込むかが焦点になる．

たとえば，インターネット上でのオンラインショッピングとコンビニでの商品引渡しおよび支払いとを組み合わせたビジネスモデルは，オンラインでのクレジットカード決済に抵抗がある日本人には受け入れやすく日本型 e-コマースとしてすでに定着している（図10.7）．

(http://www.7dream.com/)

図 10.7　日本型 e-コマースとして定着した 7dream.com のサイト

パートナーシップを結んだサイトのリンクから訪れた顧客が実際に商品を購入したときに，購入金額に応じてコミッションをサイトの運営者に支払うアフィリエートプログラムは，オンライン書籍販売で有名な amazon.com が 96 年に始めた成功報酬型のビジネスモデルで（図10.8），米国の e-コマースで広く使われていくものと考えられている．

また，ナップスター事件として有名な弱冠 18 歳の米大学生が考えた音楽ファイルの無料交換サービスは，瞬く間に 3,000 万人以上の会員を獲得したといわれている．これは，ナップスターのサイトが提供する音楽ファイルの検索要求ソフトを使って希望する音楽ファイルの検索要求を送信し，サイト

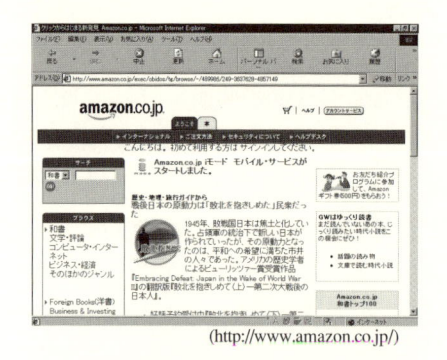

(http://www.amazon.co.jp/)

図 10.8　成功報酬型ビジネスモデルを考案した amazon.com の日本語サイト

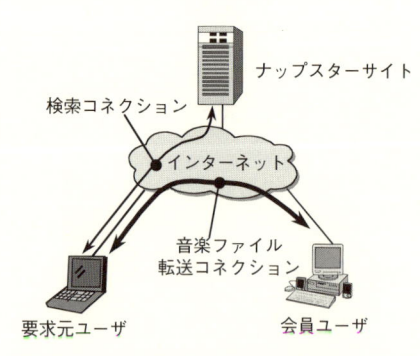

図 10.9　Peer-to-Peer 技術を用いた音楽ファイル交換アーキテクチャ

から回答された提供可能なユーザ情報をもとに，ユーザ間で直接音楽ファイルを転送してもらうもので，Peer-to-Peer 型技術を用いた斬新なアイデアとして注目されている（図 10.9）．これについては，11 章にて著作権侵害事件の立場から再度議論する．

　斬新なビジネスモデルは，それまでの e-コマースの主役を一気に脇役としてしまう可能性を秘めている．プランニング参加者の既成概念にとらわれない自由な発想が期待されるところである．ただし，これらの中には**ビジネスモデル特許**として権利化されているものがあるので，適用に当たっては十分な調査と場合によっては権利者とのビジネス交渉が必要になる．

C．Web サイトの構築

　次はサイトのコンセプト作りである．良い e-コマースサイトは，図 10.10 に示す 7 つの要件を満たす必要がある．

① **企業理念をシンプルに表現**

　企業理念あるいはサイトのテーマが明確になっていて，これを美しいグラフィックスを主体にシンプルに表現することが，顧客の共感を呼ぶ基本である．目立ち説得力があること，されど品良く美しくである．

```
e-コマースサイトの要件
➤ 企業理念をシンプルに表現
➤ コンテンツの軽量化
➤ わかりやすいサイト構成
➤ 顧客視点からの情報提供
➤ 情報の鮮度維持
➤ 客観性の確保
➤ 安心感の醸成
```

図 10.10　e-コマースサイトの要件

② **コンテンツの軽量化**

　米ゾナリサーチ社の報告によれば，一般ユーザは Web ページの表示に 8 秒以上かかると別のサイトへ行ってしまうようである．これを Web ページの **8 秒ルール**と呼んでいるが，多くの利用者が電話回線からアクセスしていることを考えると，データ量の多いコンテンツは避けるべきである．

③ **わかりやすいサイト構成**

　サイト構成が複雑で，しかもナビゲーション機能が不親切だと顧客は困惑する．**3 クリックルール**といわれているように，3 クリック以内で所望の情報にたどり着けるようわかりやすいサイト構成とナビゲーションを採用する必要がある．図 10.11 に示すような子供がアクセスするサイトは参考となる

ところが多い．

④ 顧客視点からの情報提供

商品に関する詳しい説明はもとより，商品に関するさまざまな疑問や使用上のトラブル発生への対処法などをわかりやすく解説したFAQ（Frequently Asked Questions）コーナーを設けておくことが大事である．また，最近はカラープリンタを保有している家庭が増えているので，PDFファイル（アドビシステムズ社が開発した電子文書配信フォーマット）による**電子カタログ**の提供も有効である．

図10.11 トイザらスのホームページ
(http://www.toysarus.co.jp/)

⑤ 情報の鮮度維持

季節はずれや流行遅れの商品には誰も目を向けない．商品の入れ替えを含めコンテンツを定期的に更新し，サイトを新鮮な状態に保つことが大事である．顧客がサイトを再訪問したときに新情報にすぐに触れられるようWhat's Newリンクを設けておくと親切である．

⑥ 客観性の確保

一般的にサイトが一方的に提供する情報には，顧客は半信半疑である．チャットコーナーやテーマ設定フォーラムを定期的に開催し，顧客の生の声を掲載すると信頼感を増すことができる．運営ルールを明確にし，不適切なものは削除できるようにしておく必要がある．また，電子メールによる照会や24時間対応のフリーダイヤルによるコールセンタも顧客満足度を向上する上で有効である．

⑦ 安心感の醸成

個人情報などの送信における暗号化や，7章で述べたディジタル証明書の活用によるセキュリティの充実は当然であるが，それでもクレジットカード番号が悪用されないかと不安を抱く顧客は少なくない．悪用されたときの被害額を保証することによって，顧客の安心感を増すことができる．また**品質保証**や**返品**もしくは**交換ルール**を明記しておくことも大事である．

この他にもサイト内にクイズやエンターテイメントなど顧客がくつろげる

場を設けておくことも，親近感を増す上で効果的である．

　以上の要件を念頭において，サイトのページ構成や主要なコンテンツ，具備すべき機能を整理することによって，サイトのコンセプトができ上がる．

　この後は，このコンセプトに沿ってWebページやコンテンツ，コミュニティなどの機能開発を進める．またWebサイトと連動するバックエンド（製品・サービス・価格・在庫・注文・配送・決済・顧客・調達などの処理管理を行う業務アプリケーション）も並行して開発もしくは既存システムの改造を進めなければならない．開発されたものは順次単体機能テストからページ単位でのテストを経て，最後はサイトとバックエンド全体をスルーした総合リハーサルへと進み，過負荷（予想平均アクセス頻度の10～100倍のアクセスを発生させること）をかけたり，さまざまな意地悪テスト（顧客からサイトへ向けて情報を送信中に通信回線を切断するなど，予期せぬトラブルを意図的に発生させること）を繰り返し，所望の性能で安定にサービスできることを確認する．

　なお，本フェーズのもう1つの課題であるプロモーション計画については，次フェーズの中で取り上げる．

D. サイト運用とプロモーション

　開発したWebページを所定のWebサーバにアップロードすることによって，e-コマースが始まる．同時にサイト管理者やコールセンタ，コミュニティの運営などを担当するサポート体制も活動を開始する．

　ところで，サイトの運用を開始しても対象とする顧客がサイトを訪問してくれる保証はない．いかにして顧客をサイトに引き込むか，すなわちプロモーションに対する基本的な考え方を運用に先立って検討し万全の準備を整えておく必要がある．

　プロモーションの一般的な方法としては，新聞やテレビなどのマスメディアを使った宣伝広告，対象顧客が頻繁に訪問するポータルサイトあるいはパートナーシップを締結したサイトへのリンク設定もしくは**バナー広告**（Webページ上に表示される横長の広告で，これをクリックすると広告主のWebページへジャンプする）の掲載，検索エンジンへの登録などがある．

また，口コミもプロモーションに有効といわれており，サイトを訪れた顧客に好印象をもってもらうことが大事である．

なお，前述のアフィリエートプログラムは，バナー広告のようにポータルサイトなどへ高い掲載料を支払う必要がなく，またパートナーシップ先でもサイトの中の関連箇所にリンクを設定するだけで成功報酬が入ってくるWin-Win関係（双方とも利益を得ること）を築けるため，今後わが国でも有力なプロモーション手段として利用されていくことになろう．

また，検索エンジンへの登録も有効な方法であるが，サイト内で使用しているキーワードをできる限り多く登録しヒット率を高めることが重要である．他にメールマガジンの活用，すなわち関連記事の中にURLを入れ込んでもらうことも効果的である．

そして，サイトに登録された顧客に対して，その購買履歴や年齢，家族構成などを**CRM**（Customer Relation Management）として管理し，顧客の趣向にカスタマイズした商品情報を電子メールで送付するOne-to-One Marketingは，究極のプロモーションとして今後広く利用されていくことになろう．

E. 評価改善

前述したように，インターネットでは顧客主導型のビジネスになる．このためWebページの構成が煩雑でわかり難くないか，あるいはページのダウンロードに時間がかかり過ぎないかは，顧客が実際に体験して判断することである．また，高額を投じたプロモーションに見合った売上が得られなかったり，逆に人気チケット販売時にアクセスが集中し過ぎたためにサイトがダウンしたり，常連客の期待を裏切ることも考えられる．あるいは掲載している情報が陳腐化し，絶えず変化する顧客ニーズを掴み損なっていても顧客はいなくなる．

公開したサイトが期待とおりの性能を発揮しているか，プロモーションが期待とおりに機能しているのか，さらなるアクセス増に耐えられるか，コンテンツが顧客ニーズに沿っているかなどを客観的なデータに基づいてチェックし，サイトが常に快適な状態を保つように改善していく必要がある．

サイトの特性を客観的に測定する仕組みの1つとして，Webサーバが基本機能として提供している以下のようなログ記録を活用することができる．
- **アクセスログ**：日時刻，ユーザIPアドレス，リクエストなどの記録
- **参照ログ**：リンク元のURLや検索キーワードなどの記録
- **エラーログ**：Webサーバ内で発生したエラーや警報などの記録

これらのログ記録を専用のログ解析ソフトで分析すると，次のような統計データを得ることができる．
- 自サイトへのアクセス数，ページ別閲覧回数，機能別利用回数
- 訪問者のドメイン名⇒所属する企業名やISPがわかる
- リンク元サイト，自サイトにリンクを張っているサイト
- リンク元の検索エンジンと検索に使われたキーワードや分類カテゴリ
- サーバのパフォーマンス，発生したエラーや警告，サイトの負荷変化

この他にも商品購入時に入力された個人情報からの顧客層の分析，購入商品が顧客に渡るまでに要した時間，コミュニティに投稿された顧客の生の声，経営指標（サイトと従来ルートでの売上高変化，サイト維持管理費，サイト開設による人件費削減，サポート体制のための人件費増分，利益など），さらに市場調査レポートなど信頼できるあらゆるデータを持ち寄って進行中のe-コマースの有効性を分析評価する．この分析評価結果に基づいて短期的および長期的視野に立ったさまざまな改善策を提起し実行に移していく．

すなわち，図10.12は，一般的な商品と同じようなライフサイクルをe-コマースも辿るものとして，時間対有効性の変遷例を描いたものである．各世代が1ライフサイクルに相当するが，上述の改善策に従ってたとえばサイトのコンテンツを更新したり，よりわかりやすいナビゲーションに改良したりするなどの小さな短期的改善が1ライフサイクルの中で繰り返し行われる．

しかしながら，商品コンセプトの陳

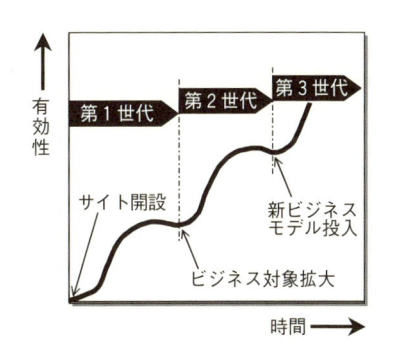

図10.12 e-コマースの変遷例

腐化や対象市場の飽和などによって，やがて売上が伸び悩みサイトの有効性が減少傾向を見せ始める．こうした状態を打破するために，たとえば新しいコンセプトの商品の投入と販売対象を全世界に広げるなどの大胆かつ長期的な改善をプランニングし，実施していくことになる．第 1 世代から第 2 世代へのバトンタッチである．同様にして第 3 世代へ変遷が繰り返されていく．

[例題 10.2] Web サーバのログ記録を分析して得られる統計データから，想起されるサイトの改善策を 2 つ例示せよ．
(解答例) ① ページ間で閲覧回数に大きな偏りがある場合には，回数の少ないページの見直しを行う．② バナー広告の掲載を依頼したサイトからのジャンプ数が他のサイトより極端に少ない場合は，広告掲載を取り止める．

10.3　B2B 型 e-コマース

前述したように e-コマースの大半が B2B 型の企業間取引といわれている．この中には，**e-マーケットプレイス**と呼ばれるビジネスモデルがある．これは商品の買い手と売り手企業が自由に参加できるインターネット上の取引市場で，売り手に対して複数の買い手が応札する**オークション**（入札が進むほど価格は上昇）に加え，買い手に対して複数の売り手が応札する**逆オークション**（入札が進むほど価格は下降）も行われている．また，複数企業からの購入希望を束ねて量を増やし価格を引き下げたり，余剰在庫を電子掲示板に掲載し，スポット売りを行ったりすることもできる．米国では自動車業界が部品や資材調達のための e-マーケットプレイスを共同運営している．また，わが国でも建設資材などの e-マーケットプレイスが運営されるなど，今後の B2B 型 e-コマースの一役を担っていくものと期待されている．

一方，サプライチェーンマネージメント（SCM ; Supply Chain Management）と呼ばれる購買・調達・生産・在庫・配送などのリードタイムやコストの削減を，全体最適化の視点に立って管理しようとする経営手法が注目されている．イントラネットによる企業内に閉じたものや，エクストラネットによる特定の企業間で行われるもの，そしてインターネットを利用しグ

ローバルに分散した企業間で展開しようとするものなど，企業の活動範囲に応じた取引が行われている．

こうしたeマーケットプレイスやSCMに共通した課題は，①参加各企業が自社内の既設バックエンド（基幹業務）システムと容易に接続できること，②任意の企業間にまたがる詳細な情報交換を大きなコスト負担なく実現できることである．企業の規模や地域に関わりなく希望するあらゆる企業がB2B型e-コマースに参加でき，グローバルな分業あるいは協業が可能になる．

その解を与えるのが7章で取り上げたXMLである．以下にSCMを例に，B2B型e-コマースのアーキテクチャを解説する．

A. サプライチェーンマネージメント

図10.13は，パソコンなどの情報機器を例に，最終消費者に向けて多数の企業が需要（左側）と供給（右側）という関係で結ばれている様子を示している．各企業間の取引では，受発注に関する情報だけでなく，需要予測や販売計画，新製品や新技術に関する引合い，あるいは在庫量の照会，発注した製品のフォロー，配送状況，修理や保守に関する問い合わせなど，さまざまな情報が飛び交う．

これまでのEDIによる取引では，専用端末を介して受発注業務を行うものの，情報の発信や受信には必ず営業部門や購買部門担当者が当たり，また

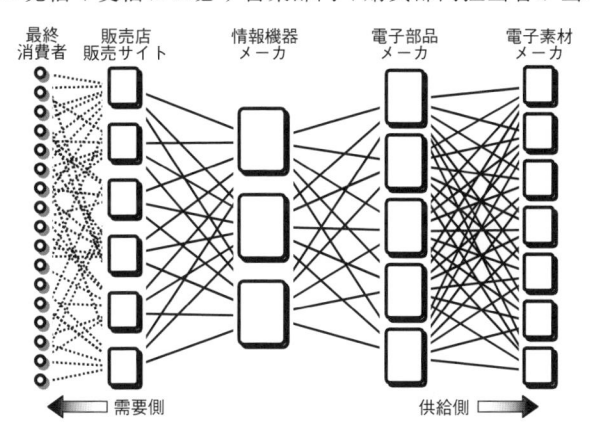

図10.13 サプライチェーンマネージメント

内部のバックエンドシステムとの受け渡しにも人間が介在していた．仕様書などの関連情報は，電子メールや電話，ファクシミリなどを用いるのが一般的であった．

これに対して，SCM が目指す究極の姿は，上述の取引に必要なすべての情報をコンピュータ間で直接交換し合い，人間の介在を高度な判断が必要なものに限定することにある．その結果，(a) 需要側の多様なニーズに柔軟かつスピーディに応えることができるようになる，(b) 担当者は製造委託先に出かけて製造プロセスの品質をチェックしたり，新しい取引先を開拓したりするなど，内向きだった業務を外向きなものへ変える，(c) これまで需要や供給の変動を吸収するために抱えざるを得なかった在庫を企業間で交換し合うことによって，各企業の在庫量を最少化する．さらにインターネットを通してグローバルな取引に参加すれば，(d) グローバルな需要に接しやすくなる，(e) 供給側でもグローバルな選択肢をもつことになる．

要するに，SCM はこれまでの事業構造に根本的な変革をもたらすもので，最良の製品を最少のコストと最短のリードタイムで提供するための仕掛けもしくは仕組みととらえることができる．

B. XML による情報の共有化

もし各企業あるいは企業内の各部門で使っている取引情報の意味が微妙に異なっていたら，その解決に担当者は多大な労力を割かなければならなくなろう．こうした取引に必要な情報を階層構造として定義し，業種を通して共有し合う基盤が，6 章で取り上げた XML（拡張可能なマークアップ言語）と DTD（文書型定義）である．すなわち，使用できる情報エレメントは共通の DTD で定義されていれば，どの企業あるいは企業内のどの部門でも同じ意味をもつ．そして，見積書や生産指示書では，必要な情報エレメントが XML 文書に盛り込まれ，ネットワークを介して電子的に発行できることになる．

こうした目的のために業種ごとに XML 文書の標準化が進められている．たとえば，米国や日本をはじめとするアジア各国および欧州から 350 社を超える企業が参加して IT 分野での DTD の標準化と SCM の構築を目指して

活動を行っているのが，1998 年に非営利団体として設立された RosettaNet である．まずパソコンなどの情報機器，電子部品および半導体製造分野を中心に作業が進められ，すでに一部で実用に入っている．この成果は，自動車や通信機器，家電などの他業種に加え，e-マーケットプレイスへの適用も考えられている．

RosettaNet では，企業間取引に必要な業務プロセスを (1) 計画調査，(2) 製品情報引合，(3) 発注管理，(4) 在庫管理，(5) 市場戦略，(6) サービスとサポートの 6 クラスタに分け，各業務プロセスを XML のタグと辞書などで規定する PIP（Partner Interface Process）の開発を進めている．

図 10.14 は，PIP を用いた企業間の情報交換のシーケンス例を示している．同図において，たとえば ① 販売店から情報機器メーカにパソコンなどの情報機器の発注書が届くと，② 同メーカでは PIP2A のプロセス（価格や納期，技術情報の引合い）を起動し，XML で記述した引合書をパートナーの複数の電子部品メーカ（図では 1 社のみ記載）に送付する．③ 電子部品メーカでは，受信した XML 文書を分析し，引合情報に対する価格や技術情報などをデータベースから取り出し，見積書を XML で記述して直ちに返送する．この見積書には XML で記述された技術仕様や見積額だけでなく，必要に応じて PDF 形式の電子カタログなどを添付することができる．

④ 複数のパートナーからの見積書を受信した情報機器メーカは，見積書を所定の手続きに従って分析し発注先を選定すると，直ちに PIP3A を起動

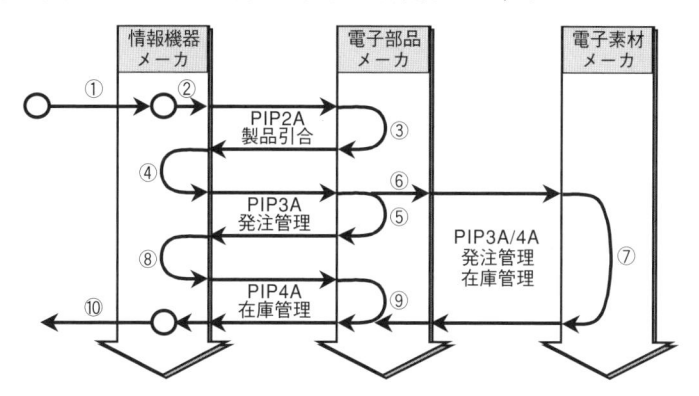

図 10.14 RosettaNet による SCM のシーケンス例

し，該電子部品メーカに発注書を送付する．⑤ 発注書を受けた部品メーカは，直ちに請書を返送するとともに，⑥ パートナーの電子素材メーカに対してPIP3AあるいはPIP4Aを起動し，関連素材の発注書もしくは在庫量の照会書を送付する．⑦ 電子素材メーカは，請書もしくは在庫量回答書を所定の手続きに従って返送する．一方，⑧ 電子部品メーカから請書を受信した情報機器メーカは，PIP4Aに移行し在庫量の照会書を送付する．⑨ 電子部品メーカは電子素材メーカからの回答を反映した在庫量回答書を作成し返送する．⑩ 以上のパートナーからの回答書をもとに，情報機器メーカは販売店に対して納期や在庫数などを回答する．

以上の説明では，人間がどこに介在しているか明確でないが，仕様が合致しないなど一定の条件もしくは範囲を超える場合には担当者の判断を促すなどの方策を取れば，すべての業務プロセスに人間が介在することなく処理することが可能である．また，上述の例では触れなかったが，XMLの柔軟な情報交換能力は企業間にまたがったダイナミックな生産分業や流通経路の設定も可能であり，その適用範囲はきわめて広く，今後，インターネットによるB2B取引きのベースをなしていくものと考えられている．実際，米国のIT先端企業の中には類似システムの導入によって，売上高の70%に当たる製品が，人間の関与を受けずに処理され出荷されているといわれている．

C. システム構成

図10.15は，SCMに参加するために各企業が備えなければならないシステムの構成例を示している．7章で学んだように，セキュリティの視点からファイアウォールに囲まれたDMZに，Webサーバやメールサーバなどの社外公開サーバとともに，SCM用のB2Bサーバが配置されている．このB2BサーバにはXML文書の分析と生成を行う**XMLパーサ**（XML文書の構文解析プログラム，XMLプロセッサとも呼ぶ）や，内部ネットワークのデータベースや基幹業務システム，さらに担当者のパソコンとの間で情報のやり取りをするためのインタフェース変換機能が実装されている．また，B2Bサーバは，パートナーのB2BサーバとはSMTP/POP3やHTTP/SもしくはFTPで接続し互いに相手方に対してWebサービスを提供し合う．

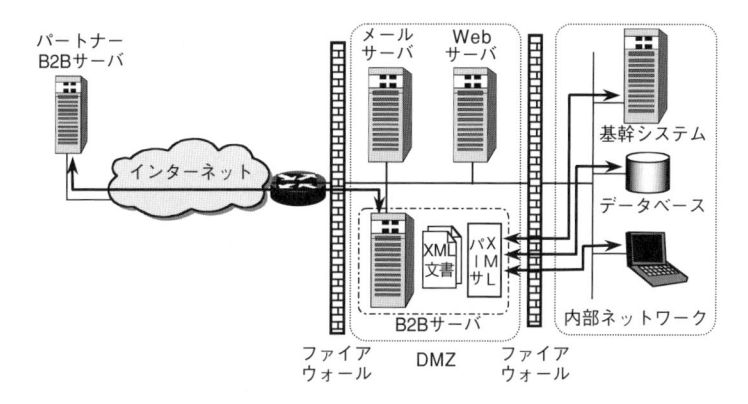

図 10.15 SCM 参加に必要なシステム構成

［例題 10.3］　インターネットが普及する前から使われてきた EDI による企業間商取引と，XML を用いた SCM による商取引との違いを説明せよ．
（解答例）　EDI は専用の情報機器やネットワークが必要なため費用負担が大きく，小規模な企業では導入をあきらめざるを得ないことも少なくなかった．これに対して XML ベースの SCM は，インターネット上での柔軟な情報交換を可能にするため，投資費用が少なく規模や国地域に関係なくあらゆる企業が導入でき，また企業間にまたがった在庫調整や生産のダイナミックな分業，流通経路の最適化を可能にする新しい経営手法として機能することが期待されている．

演習問題

10.1　インターネットを使って，今後 5 年間程度にわたる全世界のインターネットコマース市場の規模予測とその地域別内訳を調べ，その中での日本の比率を求めよ．

10.2　ナップスターの音楽ファイルの無料交換サービスに類似するものに，グヌーテラ（Gnutella）がある．ナップスターとグヌーテラのアーキテクチャ上の違いを明らかにせよ．

10.3　検索エンジンのビジネスモデルを考察（情報や物，金の流れを記述することによって，儲けを生み出す仕組みを明らかにする）せよ．

10.4　電子モールおよび e-マーケットプレイスのビジネスモデルを説明せよ．

10.5　Web ページの 8 秒ルールを守るために必要な Web ページや画像コンテンツ

などのデータ量の上限を求めよ（アナログ電話回線でのアクセスを想定のこと）．

10.6 海外の子供向け人気サイトや国内の著名なサイトをアクセスし，そのページ構成とナビゲーション方法を調べて，Webページの8秒ルールや3クリックルールが守られているか評価せよ．（数名のグループで，いろいろなサイトをアクセスし結果を持ち寄って討論することが望ましい）

10.7 中央および地方の行政機関サイトをいつくかアクセスし，Webページの8秒ルールや3クリックルールが守られているか評価せよ．（数名のグループで，海外を含めて調査し結果を持ち寄って討論することが望ましい）

10.8 前2問の結果から，行政機関のサイトが改善すべき事項をリストアップせよ．

10.9 例題10.2を参考にWebサーバのログ記録から想起される改善策を1つ考えよ．

10.10 e-マーケットプレイスやSCMによる企業間取引は，今後の企業活動にどのようなインパクトを与えるか考察せよ．

11 サイバースペースの統治

インターネットは，サイバースペースと呼ばれる仮想空間を形成した．新しいインターネットサービスが続々と誕生しているが，一方でこれまでにはないトラブルや犯罪が国境を越えて頻発している．技術や利用者がダイナミックに変化している状況では，契約による分散型の統治がポイントになる．

インターネットは革新的な情報流通環境を実現したが，同時に国境を越えたさまざまな犯罪やトラブルももたらした．何らかの統治が必要であるが，地球規模での均一な法整備は多大な時間と困難さが伴う．インターネットを創造した文化的な背景や技術面での特性などをよく理解して臨む必要がある．

本章では，まずインターネット文化とサイバースペース法学での最近の研究動向から，規制が少なく分散的で柔軟性に富み介入のない統治方法が適していることを学ぶ．次いで，その具体的な手段として企業間取引に伴う契約や，利用者とISP間で交わされる契約が有効であることを，インターネット利用上のルールとマナーの理解を通して学ぶ．最後に，著作権法と，事例研究によるサイバースペース事件への法的措置の実態を解説する．

なお，IPアドレスなどの資源管理を担っているICANNなどは1章で，また不正アクセス行為に対するセキュリティ対策や関連法規などは7章で取り上げたので，本章ではこれらについては触れないこととする．

11.1 インターネット文化とサイバースペース法学

インターネットは，電子メールを介して世界中の誰とでも情報交換したり，インターネット上に公開されたさまざまな Web サイトをアクセスしたり，またホームページから世界に向けて自分の意見を自由に発信したりすることができる仮想的な情報流通空間"サイバースペース"を実現した．

反面，インターネット上でのネズミ講まがいの詐欺行為，ホームページを書き換える**クラッキング**行為，意図的にゆがんだ情報を流す**ヘイトサイト**，爆弾の作り方や自殺の方法を教えるサイトなどが出現し，何らかの規制や検閲が必要との議論を巻き起こしている．

こうした議論では，インターネットの自由な情報流通能力を尊重し，法的規制は極力避けるべきだとする**自由主義者的意見**と，悪意ある行為の結果がインターネット上に現れたものとして，積極的に法的規制を行うべきとする**法万能主義者的意見**が常に対峙する．前者は，学究的な雰囲気の中でインターネットの開発と学術面での利用を行ってきた研究者や学生，また新しいインターネットビジネスを開拓しようとする企業家などに多く，独特のインターネット文化を形成してきた．一方，後者はこれまでの法体系のもとで維持されてきた社会的・経済的秩序がインターネットによって乱されることを嫌う政府や法の執行機関，産業界に多い．

両者のほどよいバランスが，サイバースペースの秩序を維持しつつ，さらなる技術進歩と社会経済活動の発展を促すようである．インターネットに関わるさまざまな法律問題を扱う研究分野をサイバースペース法学と呼ぶが，この中でもインターネット文化を意識した議論が米国を中心に行われている．

図 11.1 自由主義者と法万能主義者の対峙

A. インターネット文化

インターネットの開発を支えてきた独特の文化は，フロンティア精神とボランティア精神に富んだものである．図 11.2 は，これらを象徴する代表的な考え方である．

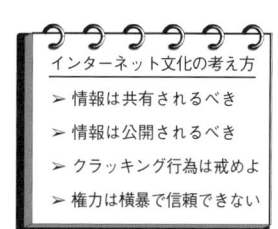

図 11.2　インターネット文化の思想

> インターネット文化の考え方
> ➤ 情報は共有されるべき
> ➤ 情報は公開されるべき
> ➤ クラッキング行為は戒めよ
> ➤ 権力は横暴で信頼できない

(1) 情報は共有されるべき

情報は特定の組織や個人によって所有されるべきではなく，すべての人の間で共有されるべきであるという著作権を否定する考え方である．インターネットの創世期の頃，ある人が開発したコンピュータプログラムを別の人が改良を加えることによって，より良いものに仕上げていこうとした草の根的な活動から生まれたものである．今日でも Linux の開発プロセスや Apache に見られるように，過度な商業主義に対抗する考え方として根強く残っている．

(2) 情報は公開されるべき

すべての情報は制限なく公開され，自由にアクセスできるべきであるという考え方である．今日では地球規模で誰でもが情報発信し，また誰とでも情報交換できることがごく自然に行われているが，数年前までは一市民が世界に向けて意見を自由に発信できる手段がまったく存在しなかった事実を考えると，大変画期的な考え方といえよう．民主主義の増進に大いに貢献することになるが，他人を誹謗中傷するなどの負の側面もあわせもっている．

(3) クラッキング行為は戒めよ

7 章でも述べたように，コンピュータやネットワークの内部動作を深く理解することに喜びを覚える人を**ハッカー**と呼んでいるが，インターネットはこうしたハッカーの努力によって作り出されたものである．こうした過程で知り得た知識を悪用して，いかなるコンピュータやシステム，情報，人に対しても危害を加えたり，破壊，変造を行ったりすることを戒めている．

(4) 権力は横暴で信頼できない

政府や官僚，大企業などの権力は，巨大になるほど横暴になるとして，中央集権化を嫌い，分散化を善しとする考え方である．この考え方はインター

ネット開発のベースとなっている分散型アーキテクチャ,すなわちコンピュータネットワーク同士を相互接続することによって,巨大な分散型システムを実現した設計思想と同じである.

とりわけ(1)と(2)は,インターネットの成功の原動力となったものであるが,これはまたインターネットの商用化を嫌う根拠にもなっていた.すなわち,営利目的にわずかな情報加工を施しただけで所有権が主張され,また情報の有料化によってアクセスが制約されるのを恐れたからである.しかしながら,学術面でも商業的情報サービスへの接続が必要との判断から,商用電子メールとの相互接続が1989年に始まり,その後のWWWの開発と相俟ってインターネットの商用化が加速したが,各所でトラブルや犯罪も頻発するようになった.

B. サイバースペース法学

インターネット上での行為は,瞬時に国境や法域を越え,どこにでも影響を与えることができる.上述したように多種多様なトラブルや犯罪が世界各所で頻発しており,必要最小限の何らかの規制を設けなければならないことはインターネット文化も認めるところである.

ところで,人もしくは組織体の行為を規制する方法は,図11.3に示すようにその影響範囲によって分類することができる.最も狭いのが個人,次いで家庭であり,最も広いのが国際連合体である.この間に,学校や企業,インターネットサービスプロバイダ(ISP)のように多数の会員からなるグループもある.さらに公的組織として都道府県などの地方自治体,国家があり,グローバルには国際共同体(欧州共同体など)が存在する.

学校や企業,ISPでは,規則や契約で学生や社員あるいは会員を規制する.公的組織では,条例や法律によって組織内の規律を保つことになる.法の影響が及ぶ範囲を**法域**と呼ぶ.また,人や組織体を規制する力を**権力**と呼ぶ.権力は分散するほど,各権力が及ぼす影響範囲は狭く

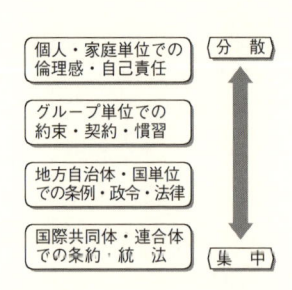

図11.3 人や組織を規律する方法

なり，逆に権力が集中するほど影響範囲は広くなる．そして，影響範囲が狭いほど規律の制定は容易になり，広いほどより長い時間と困難さが伴ってくる．

サイバースペース法学では，多方面から活発な検討が加えられているが，そのいくつかを以下に紹介する．

(a) インターネット上での行為をサイバースペース（仮想空間）上での行為ととらえ，それを現実空間の行為としてマッピングを試み，現行法が適用できる問題か，サイバースペースに特有な問題かを区別するべきである．

(b) インターネットの特性を熟慮しないとマッピングを誤り，ひいては法解釈を誤る恐れがあることを認識すべきである．

(c) 技術やユーザ数がダイナミックに変化している状態では，柔軟性を欠く統一的な規制は避けるべきである．したがって，新しい問題が発生した場合は，できる限り規制が少なく分散的で柔軟性に富み，かつ権力が介入しない方法を考えるべきである．

(d) 企業間取引に伴う契約や，ISPとユーザとの契約，ISP間での契約は，当事者双方から契約を解除できる自由があり，自主的かつ分散的な規制方法として望ましい．

たとえば，あるユーザが他人を中傷する文言を電子掲示板に掲載したとすると，このユーザは中傷された本人から名誉毀損で訴えられる．この仮想空間における行為は，会員制クラブのある会員が他人を中傷するFAXを会員ユーザに一斉に配信したとする現実空間の行為にマッピングされ，現行法で処罰されることになろう．では，電子掲示板の管理者もしくはISP（以下ISPと総称）はどうであろうか．ISPは現実空間の通信事業者（通信の秘密の視点から内容責任は不問）に相当するのか，逆に内容のチェック義務を負う出版社や放送事業者に相当するのか，あるいは内容責任はないがきわめて悪質であることを知った場合には店頭から排除する義務を負う書店に相当するのか，サイバースペース特有の問題としてISPの性格づけが検討されなければならないことが理解されよう．

一方，法域を越える問題に対しては，① 各国がその主権のもとに現行法

を修正して規制を強化する,② 多国間で合意を形成し統一法を制定する,③ サイバースペース上に国際的な統治機関を設け規制する方法を思い浮かべるであろう.しかしながら,①は各国間で規制にバラツキが出るため,規制が緩い国や,逆に厳しい規制のために事実上インターネットから隔離された国が出現する恐れがある,②は合意形成に長期間を要し,しかも自国の利益から参加しない国が出現する恐れがある,③は多様な意見を集約した規制は一般論に終始し,具体的な問題解決に効力を発揮しない恐れがあるといった致命的な欠陥がある.

これに対して,企業間の契約や,ISPとユーザ間およびISP間の契約による規制は,個々の契約交渉や新たな問題発生に対して,当事者間にて協調的で自主的な協議を重ねていくために,公共の利益にかなった合理的な統治を無理なく形成していくものと考えられる.この方法は,インターネット文化のもとで分散型が志向され,個々のネットワークが共通プロトコル(TCP/IP)を自主的に採用していったために,ネットワークの相互接続が進み,その結果,中央集権的な統治機構がないにもかかわらず,巨大ネットワークの形成に成功したことと符合する.

C. ISPの契約による統治

図11.4は,ISPとユーザ間およびISP間の契約の様子を示している.同図から個人ユーザであれ,組織に所属するユーザであれ,すべてISPを経由しないとインターネットに接続できないことがわかる.そして,ISPは,ユーザが不適切な利用を行った場合には利用資格を取り消すことを契約に明記することによって,ユーザ規制をすることができる.一方,ISP間の契約では,たとえばヘイトサイトを認めるISPがあった場合,相手方のISPは契約を拒否したり,同サイトへのリンクを拒否したりすることによってISP間での規制を設けることができる.

もちろんすべてのISPが同じ契約条件である必要はなく,むしろISPおのおのの特色を反映した契約が存在する方が望ましい.これによってユーザは自分の趣向にあったISPを選択することが可能になり,ひいてはより良いサービスを目指してISP間の競争を喚起することになる.

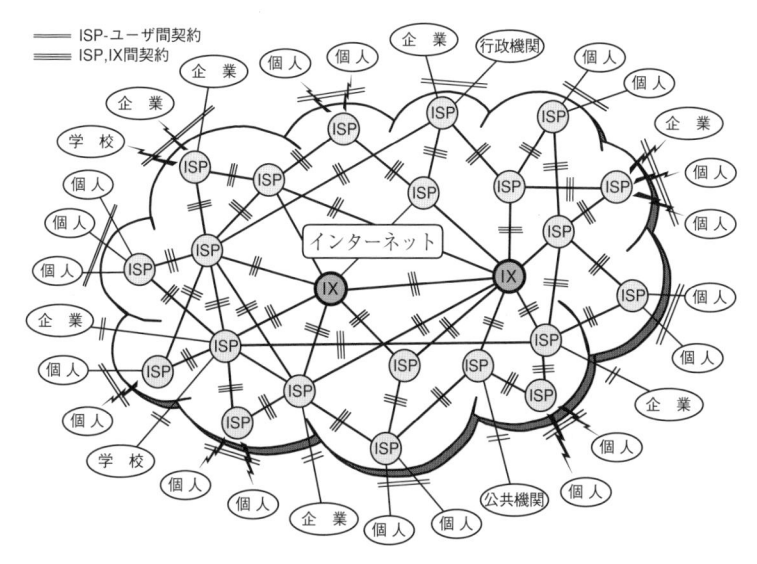

図 11.4　契約によるインターネットの統治

　実際，いくつかの ISP の会員規約を調べてみると，著作権侵害や不正アクセスなどの不法行為に対する利用資格の停止もしくは取り消し条項が明記されており，インターネット統治の一翼を担っていることがわかる．一方，フォーラムの運営方針や通信の秘密，電子商取引に関する決済業務，有害情報に対する子供の防御，政治活動，自 ISP 以外のネットワーク上での行為規制などは，ISP おのおののポリシーを反映したものになっており，結果としてユーザに多様な選択肢を提供している．

[例題 11.1]　インターネットの分散型のアーキテクチャと，分散型の統治とは符合しているが，もし両者とも中央集中型を採用していたらどのようになったか考察せよ．

（解答例）　インターネットが中央集中型のアーキテクチャを採用していたならば，新しい技術やサービスの導入，あるいは規模の拡大に柔軟に対処できなくなり，多様な発展を阻害したであろう．一方，中央集権的な統治機構を採用していたならば，権力が集中し，時には横暴に振舞い，保守的で規制を強化しがちになり，新しい技術やサービスの芽をつみ，インターネットの進歩ひいては社会経済活動の発展を阻害したであろう．

11.2 インターネット利用上のルールとマナー

自主的かつ分散的な規制方法として ISP の契約が機能し得ることは前述したとおりである．ここでは，いくつかの ISP の会員規約ならびにインターネット協会（http://www.iajapan.org/）資料を参考に，インターネット利用におけるルールとマナー（これを**情報倫理**という）について解説する．

A. 基本スタンス

快適なインターネット環境は，相互に接続されたネットワークをそれぞれの利用者が適切に利用することによって実現される．したがって，利用者は，インターネットが 1 つの社会であることを認識し，その一員としての自覚と責任をもって利用することが求められている．

(1) 自己責任の原則

インターネットを介して情報の発信や受信をするときは，それによって生じるリスクや社会的責任，法的責任を自分自身が負わなければならない．

(2) 言葉を選ぶ

表現上のちょっとした不備や文化の違いから，思わぬ誤解や争いを招くことがある．メールやホームページから情報発信するときは，言葉を選び相手を傷つけることがないよう注意すること．また，相手に対しては常に寛容であることが望まれる．

(3) 真実を見分ける

意図的に間違った内容やゆがんだ情報を流すヘイトサイトが散見される．受信した情報を鵜呑みにせず，真実を見分ける力を身につける必要がある（ホームページの項を参照）．

(4) 会員規約の理解と選択

ISP の会員規約をよく読み，自分の趣向に合った ISP を選択すること．

(5) パスワード管理

自分自身のプライバシーを守るだけでなく，システムへの不正アクセスを防ぐ上でもパスワードの管理は重要である．ISP の会員規約を遵守し，シス

テムの安定かつ安全な運用に協力しなければならない．特に，容易に類推できるパスワード（自分の氏名，生年月日，電話番号など）は用いないこと，定期的な変更も必要である．

(6) プライバシーの保護

インターネット上に個人情報を発信するときは，それによって生じる利益だけでなく，発生する可能性のある不利益も考える必要がある．信頼できる相手もしくはサイトか否かを自己責任において見分けなければならない．銀行口座の暗証番号やクレジットカードの番号はもちろん，住所，氏名，電話番号，生年月日などの個人情報の発信にも注意を払う必要がある．

(7) コンピュータウィルス対策

知らない人から来た電子メールや添付ファイル，Web サイトからダウンロードしたり，外部から持ち込んだプログラムやデータを開いたりするときには注意が必要である．ウィルス駆除ソフトを常時機能させ，またウィルスパターンファイルの更新と感染検査を定期的に実施すること．

なお，ウィルスを発見したり，被害にあったりしたときは，情報処理振興事業協会（IPA，http://www.ipa.go.jp/security/）へ報告することが求められている．

(8) 不正不法行為の禁止

➤ 他人の著作物を無断で複製，転載する著作権を侵害する行為（私的利用は著作権法で認められている）
➤ 財産やプライバシー，肖像権を侵害する行為
➤ 他人を差別あるいは誹謗中傷し，名誉信用を傷つける行為
➤ わいせつ，児童ポルノ，児童虐待にあたる文書や画像を送信または掲載する行為
➤ 詐欺などの犯罪に結びつく行為
➤ 無限連鎖講（ネズミ講）を開設，これを勧誘，あるいは参加する行為
➤ 事実に反する情報を承知の上で送信または掲載する行為
➤ 無断で他人の情報を改ざんしたり，消去したりする行為
➤ コンピュータウィルスなどの有害プログラムを送信または書き込む行為

➤ 個人情報を収集する行為
➤ 他会員に成り済ます行為
➤ 不正不法行為を助長する行為

以上のいずれかの行為を行う，または行おうとすると，ISPによって関連ファイルが削除され，会員資格を一時的に停止または取り消されることもある．場合によっては，被害者から起訴されたり，逮捕されたりすることもある．コンピュータシステムやネットワークの内部動作に精通してくると，軽い気持で腕だめしをしたくなるものであるが，インターネット文化ではこれを戒めていることはすでに学んだ．

B. 電子メール

電子メールは物理的距離と時間的障壁を乗り越える大変便利なコミュニケーション手段であるが，セキュリティはあまり高くなく，途中で紛失したり，覗かれたりすることもあることを認識しておく必要がある．以下は，電子メールの利用にあたってのルールとマナーである．

(1) メールは短く簡潔に
➤ 電子メールの題名は，その内容が一目でわかるような簡潔なものに
➤ メッセージの内容は短く，やむなく長文になるときは最初に断る
➤ 文字だけで感情を伝えにくいときは，顔文字を使って表現豊かに
　例) 嬉しい :-) (^-^)，驚き :-O (*_*)，ウインク ;-) (^_-)，
　　　悲しい :-((T_T)，眠い |-I (~o~)，さようなら (^-^)/~~
➤ 引用する場合はポイントを手短に要領よく
➤ 作成したメッセージは何度か読み返し，できる限りミスを少なくする
➤ 逆に，他人のメールについて，ささいなミスの揚げ足を取らない
➤ 電子メールを初めて送る相手には，まず自己紹介から
➤ 電子メールの末尾に発信者の名前と連絡先を

(2) 使用文字とメール形式
➤ 全角ローマ数字などよく見かける記号も機種によって互換性がない
➤ 自作文字は相手のコンピュータで表示されない
➤ 半角カタカナはUNIX系では表示されず，誤動作の原因になる

- 全角文字は海外（非日本語 OS）では字化けする
- HTML 形式のメールは相手ソフトが対応できるかを事前確認する
- 見られては困るメールは，通信文を暗号化する

(3) 相手への礼儀
- 送信元に断りなく勝手に他の人に公開したり，転送したりしない
- 定期的に受信ボックスを確認する習慣をつける
- メールの容量が大きいときは，相手に確認してから
- 返事が遅くても怒らない，相手にも事情がある
- 重要なメールを受け取ったら，すぐに受取りメールを返信する

(4) メールアドレスの確認
- メールアドレスは1文字違っても届かない
- アドレス帳からうっかり別の人のアドレスを選択することもある
- 宛先のメールアドレスを確認してから送信ボタンを押す習慣

(5) 不正メールに注意
- チェーンメール（相手を特定せずに転送を求める）には応じない
- 他人のメールの内容を改ざんして転送しない
- 不愉快・挑発的なメールを受け取ったら，相手にしない

C. フォーラム，メーリングリスト，電子掲示板

これらは，同じ問題意識をもつ多くの人と意見交換する場を提供するもので，インターネットならではのサービスである．基本スタンスおよび電子メールで述べたルールとマナーに加え，以下の注意が必要である．

(1) 参加に際しての事前準備
- 運営方針をよく理解し，2〜3日議論の様子を眺めてから参加する
- FAQ があれば，事前に目を通しておく
- アドバイスには謙虚に耳を傾け，アドバイス元に丁寧にお礼を述べる

(2) 場の雰囲気をこわさない
- 不確実な情報を語らないよう，誠意と責任を持って発言する
- 初心者に尊大な態度をとったり，押しつけたりしない
- 発言するときは，過去の発言をよく読み話の流れを壊さない

- ➤ コメントするときは，対象となる発言を引用するなど対象を明確にする
- ➤ メーリングリストで返信するとメンバー全員にメールが届くので要注意
- ➤ 安易な質問は回答者の負担を増すだけ，よく考えてから質問する
- ➤ 多様な価値観を受け入れる余裕を持ち，安易に否定・拒絶しない
- ➤ 議論が興奮してくると言葉尻をとらえがちになる，冷静さを忘れない
- ➤ 運営管理に協力し，主催者や参加者全体を非難しない

D. ホームページ

ホームページは誰でもが世界に向かって自分の意見を発信できる．しかし，情報の信憑性や鮮度は保証されているとは限らない．前章ではインターネットビジネスの視点から解説したが，ここでは一般利用者を対象に解説する．

(1) 内容の信憑性を見分ける
- ➤ 発信者の連絡先は明記されているか
- ➤ 引用の出所や情報の確認先が明示されているか
- ➤ ホームページの更新日は表示されているか
- ➤ 長い間運営されてきたホームページか
- ➤ 他のメディアで情報の裏づけができるか

(2) 有害ホームページに注意
- ➤ 勝手にダイヤルQ2に接続し，後日高額の情報料を請求するホームページもある
- ➤ 子供に有害なホームページはフィルタリングソフトで防衛
- ➤ 海外のホームページであってもインターネット上での賭博は違法（日本の法律で処罰される）

(3) 自分のホームページに責任をもつ
- ➤ 意図を明確にし，オリジナリティに富んだホームページを作成する
- ➤ ホームページの更新日を表示すると情報価値が高まる
- ➤ 作成者の連絡先（電子メール）を明記する
- ➤ アップロードする前に複数のブラウザ/バージョンで見え方を確認する
- ➤ 動画や音声など大きなダウンロード用ファイルは，サイズを表示する
- ➤ 他人のホームページにリンクを張るときは，それがわかるよう明記す

る（事前にリンク先の了解を得ておくことが望ましい）

E. オンラインショッピング

オンラインショッピングの利用者も増えてきたが，同時にトラブルも増えている．オンラインショッピングにおける注意事項を以下に示す．

(1) 確認事項
- ショップの住所や電話番号などが明示されているか確認する
- 返品や交換も含め，販売条件が明確か確認する
- 注文画面，注文票の写し，領収書を保存しておく
- 商品が届いたら直ちに注文とおりか確認する
- オンラインショッピングを開設するときは，関連法規を確認する
  特定商取引法（旧訪問販売法）や薬事法，古物営業法など

(2) トラブルの相談窓口
- 電子モールの出店舗とのトラブルは，まずモールの運営者と相談
- 社団法人日本通信販売協会（通販110番 http://www.jadma.org/）
- 国民生活センター（http://www.kokusen.go.jp/）
- 地方自治体の消費者生活センター（国民生活センターのHPからリンク）

[例題11.2] 上述のインターネットを利用する上でのルールとマナーは，インターネットの統治に対してどのような意味をもつか考察せよ．
(解答例) インターネットの統治は，規制の少ない，できる限り分散的で柔軟性に富み，かつ非介入な方法を考えるべきであるが，上述のルールとマナーは分散化の究極の対象である個人ベースでの倫理観の醸成と，不正・不法行為への抑止力（利用権の取り消しなど）として機能する．

11.3　関連法規と事例研究

インターネット文化では情報の所有を否定する考え方があるが，これより100年余前の1884年に著作権を国際的に認めようとする**ベルヌ条約が成立**している．その後，レコードや映画，テレビ，CDそしてインターネットへ

と情報メディア技術は激しく進歩し，これらの進歩にあわせて著作権も多様な変化を遂げてきた．ここでは，インターネットと深い関わりをもつ著作権法について解説した後，いくつかの事例研究を通してサイバースペース事件への法的措置の実態を学ぶ．

A. 著作権法

人間の知的創作活動を奨励するために，一定期間の独占権を認めることによって，成果の無断利用から創作者を保護しようとする考え方が国際的に確立している．この権利を**知的財産権**という．図 11.5 に示すように，知的財産権には主に**産業財産権**と**著作権**とがある．産業財産権は産業の発展に寄与するものが対象になり，特許権や商標権，意匠権などがある．特許庁に出願し，審査を経て登録されると権利が発生する．

一方，著作権は文化の発展に寄与するものが対象で，著作権法では，著作者には**著作者人格権**と財産権としての著作権を，それ以外の関係者にも**著作隣接権**を認めている．日本では，著作物を創作した時点で，所轄の文化庁に登録することなく自動的に権利が発生（著作権を表す©マークがなくてもよい，これを**無方式主義**と呼ぶ）し，著作者の死後 50 年間もしくは著作物の公表後 50 年間保護される．

著作者人格権には，未公表の著作物の公表や著作者名の表示および方法などを決定する権利と，著作者の意に反して改変されない権利とがある．著作権は，著作物の複製や上演，上映，放送，展示，頒布，譲渡，貸与，翻訳などを許諾もしくは禁止する権利である．著作隣接権は，著作物の伝達に大きな役割を担う実演家，レコード製作者，放送事業者などに対して，録音や放送，複製，譲渡，貸与などを行う権利を認めるものである．

ところで著作権法では，著作物を① 思想または感情を，② 創作的に表現したものであって，③ 文芸，学術，美術

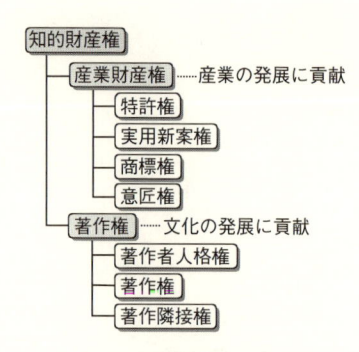

```
知的財産権
├ 産業財産権 ……産業の発展に貢献
│   ├ 特許権
│   ├ 実用新案権
│   ├ 商標権
│   └ 意匠権
└ 著作権 ……文化の発展に貢献
    ├ 著作者人格権
    ├ 著作権
    └ 著作隣接権
```

図 11.5 工業所有権と著作権

または音楽の範囲に属するものと規定している．①～③の要件を満たせば，素人であっても，また子供であっても，内容の高度さを問われずに，すべての著作物が著作権法によって保護される．ただし，①よりアイデア，②より他人の著作物の模倣，③より工業製品や製品のデザインは著作物の対象にならない（アイデアや工業デザインは産業財産権にて保護）．なお，1986年の改正によってコンピュータプログラムおよび創作性のあるデータベースも著作物として保護されることになった．

以下に，インターネットと著作権との関わりで，承知しておくべき事項を説明する．

(1) 内国民待遇の原則

ベルヌ条約の加盟国（2001年6月現在148カ国，日本は1899年に加盟）は，加盟国の著作物についても自国の著作物と同等に保護することになっている．したがって，インターネットを介して海外の著作物を無断で複製すると日本の著作権法に違反することになる．

(2) 公衆送信権

これは1996年にWIPO（世界知的所有権機関）著作権条約にて採択されたもので，インターネットなどを利用して著作物を送信する，あるいは著作物をアクセスできる状態にすることを許諾もしくは禁止できる権利である．

(3) 著作権の制限

➤ 私的使用のための複製：個人や家庭内またはこれに準ずるごく小人数の範囲内での私的使用のための複製は認められている．

➤ 引用：引用に必然性があり，引用箇所と自著作物とを明確に区別するなどの要件を満たせば，Webページなどで他の著作物を引用することができる．

➤ 教育機関における複製：学校などの営利目的でない教育機関の教師は，Webページなどを印刷して児童・生徒に配布することが認められている．

➤ 公開著作物の利用：屋外に恒常的に設置されている美術品や建物の写真やイラストは，Webページなどで使用することができる．

(4) 著作権の譲渡・使用許諾

他人の著作物をWebサイトなどに掲載するには，著作権の譲渡もしくは

使用許諾を受けなければならない．著作物に対する改変権や写真などの解像度について細かな取り決めが必要であり，契約書で対象範囲を明確にしておく必要がある．

特に，音楽関係の譲渡もしくは使用許諾は複雑で，JASRAC（日本音楽著作権協会：作詞家，作曲家などの会員から委託されて著作権の管理を行っている法人．会員でない作曲家もいる），およびレコード製作者や実演者などの著作隣接権者と契約を結ばなければならない．

なお，インターネットによる音楽配信については，NMRC（インターネット音楽著作権連絡協議会）とJASRACとの間で交渉が行われ，ストリーム形式（端末側でデータを複製しない）とダウンロード形式（端末側でデータを複製）おのおのの使用料が決められている（http://www.jasrac.or.jp/）．

B. 事 例 研 究

著作権侵害や，わいせつ，名誉毀損に絡む事例研究を通して，サイバースペース事件への法的措置の実態を学んでみよう．

(1) 新技術と著作権の調和：ナップスター事件

10章で述べた音楽ファイルの無料交換サービスは，入手したい音楽ファイルを所有している会員を教える検索サービスと，音楽ファイルを会員間で直接交換し合うPeer-to-Peer技術とを組み合わせたものである（図10.9）．サービス開始後瞬く間に3,000万以上の会員を集め，また被告（ナップスター）側の弁護にマイクロソフト社の独禁法違反訴訟などで腕を振った弁護士が自ら買って出たため，新しい技術の芽と著作権との調和の行方に世界が注目する事件となった．

1999年12月に原告（米レコード会社）側は，ユーザ間での音楽ファイルの直接交換という著作権侵害行為をナップスターが**寄与侵害**（他人の侵害行為を荷担）した，もしくは**代位責任**（他人の侵害行為をコントロールできる立場にある者の責任）を負うとしてカルフォルニア州の地裁に提訴した．

その後原告らは暫定的な差し止め命令を求めたが，これに関する控訴審判断は寄与侵害と代位責任を認めたものの，サービスそのものは寄与責任や代位責任を形成するものではないとして，被告が原告側の著作物へのアクセス

を遮断できるよう，原告に対して原告側が著作権を有する音楽ファイルを通知することを命じた．原告から通知された音楽ファイルは検索サービスの対象から削除され，サービスは現在も続けられている（図11.6）．

この判決は被告側が裁判所に提案した内容にほぼ沿ったものといわれている．著作権侵害問題を起こしたからといって，サービスそのものを否定したり禁止したりしない，すなわち新技術と著作権との新たな調和点を見出し，さらなる進歩を目指そうとする米国社会の活力を感じさせる事件だったといえる．

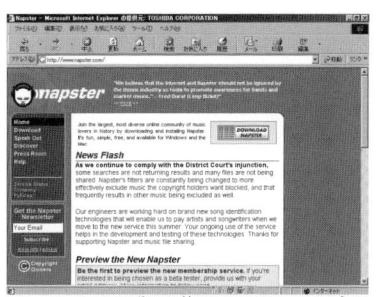

(http://www.napster.com/)

図11.6 ナップスターのサイト

(2) 無断リンクと著作者人格権：トータルニュース事件

他人のWebページへリンクを張るということは，リンク先へジャンプしようとする閲覧者に便宜を与えるものであって，リンク先のコンテンツを自分のWebページへ複製することにはならない．また特定の人だけに閲覧を限定したければ，IDとパスワードを設定する手段がある．こうした点から，無断リンクは著作権侵害にはならないという意見が大勢を占めている．

しかしながら，1997年に起きた米国のトータルニュース事件は，ワシントンポスト紙やCNNなどのニュースサイトのコンテンツに無断でリンクを張り，ユーザがクリックしたニュースコンテンツをトータルニュース社のWebページのフレーム内にはめ込み（これをフレーム内リンクという），同社のバナー広告などと一緒に表示させるものであった．ただちにニュース各社は著作権侵害などの理由で訴えを起こし，無断リンクと著作権の視点から注目を集めることになった．

原告主張の要点は，リンク元のURL（著作者名）がブラウザに表示さ

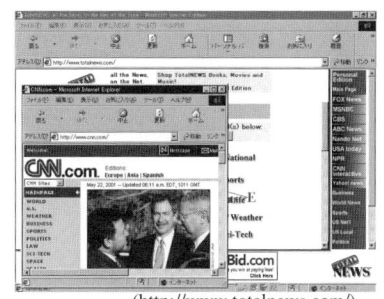

(http://www.totalnews.com/)

図11.7 トータルニュースの別ウィンドウによる他社ニュースの表示例

れず，しかも著作者の意に反した表示方法であることから，著作者人格権侵害を受けたというもの．本件は，裁判を起こした直後に和解したため，裁判所の判断は示されなかった．

事件後，トータルニュース社は，他社のニュースコンテンツを自社とは別のウィンドウを開いて表示する方法に変え，現在もサービスを行っている（図 11.7）．

(3) **わいせつサイトへのリンク**：大阪わいせつリンク事件

ポルノ画像を Web サイトにアップロードし公衆通信に供する行為は，わいせつ図画公然陳列罪に問われる．しかし，ポルノ画像をアクセスする行為は犯罪とはならない．では，ホームページにわいせつサイトへのリンクを張る行為はどうであろうか．話は少し複雑になるが，1997 年に起きた大阪わいせつリンク事件について検討してみよう．

事件は，ディジタル画像のモザイク化とその除去ができる画像処理ソフトを開発し自分のホームページから販売していた被疑者が，同ソフトの販売促進のためわいせつサイトにリンクを張り，わいせつ図画公然陳列罪の幇助を行ったとして逮捕されたもの．一部の全国紙に「モザイク除去ソフト販売の容疑者を逮捕」などと報道されたため，大きな反響を呼ぶことになった．

審理はまだ継続中で，リンク先のわいせつサイト主催者はすでに有罪が確定し，また違法ソフトであるかのように報道された画像処理ソフトそのものは適法として争点にはなっていない．モザイク処理した画像の掲載はわいせつ図画公然陳列罪かなど，いくつかの点で争われているが，わいせつサイト主催者と被疑者との間で意思の疎通があったか否かも争点になっているようである．意思の疎通がなくても幇助罪は成り立つとの考え方もあり，まだ統一見解が確立していない領域と考えるべきであろう．

なお，上述の行き過ぎた報道が大阪府警の発表によるものかは定かでないが，犯罪の事実と技術の本質とを錯誤した報道は，新しい技術の芽を摘みかねないことに注意すべきである．

(4) **言論の自由とプロバイダ責任**：ニフティ事件

ニフティサーブの思想フォーラムにニックネームで参加していた原告会員は，1993 年 11 月から半年間にわたって，原告の発言に反感をいだいた被

告会員から，原告の実名が明記され痛烈な批判を受けた．原告はこれを誹謗中傷であるとしてフォーラムの管理者ならびにニフティに削除を求めたが，一部しか削除されなかったため，名誉毀損を受けたとして被告会員，フォーラム管理者およびニフティに損害賠償などの訴えを起こした．1997年5月の東京地裁判決は，名誉毀損を回避すべき義務を怠ったとしてフォーラム管理者とニフティに対して損害賠償と謝罪広告を掲載するよう命じた．

控訴審は現在も続けられているが，わが国初のパソコン通信サービスプロバイダの責任が問われた事件として注目を集め，インターネット上でもさまざまな議論が行われている．以下に，主要な議論を紹介する．

➤ フォーラムに書き込まれるすべての発言内容を常時監視する必要はないとした地裁判断は評価できる

➤ 判決ではフォーラム管理者は誹謗中傷性を判断しなければならなくなるが，これは正当な批判活動も抑制しかねず，表現の自由を狭めることになる

➤ 原告らに反論を促しフォーラムの中で名誉回復を図ることが，名誉毀損と表現の自由との調整に有効である

➤ フォーラム管理者などが削除してよいのは，少年犯罪者の氏名を暴露するなど明らかな法令違反と判断されるケースに限定すべきである

ちなみに，米国では通信品位法において，グッドサマリタン条項と呼ばれるISPの免責規定がある．これは，有害な情報を除去するための民間による技術開発を促進（失敗を恐れて開発を逃避することがないように）するために，有害情報の除去を怠っても罪に問われないというものである．権力の介入による表現の自由の抑圧を避けようとするインターネット文化の原点がうかがえる．

[例題11.3] ナップスター事件は原告側主張の著作権侵害を認めたが，その判決内容は著作権保護の強化を叫ぶ法万能主義的な主張を認めたものか．

(**解答例**) 判決は原告主張の著作権侵害を認めたものの，内容は被告側の提案にほぼ沿ったものであったことから，法万能主義者的主張と自由主義者的主張のほど良いバランスを取った，すなわちサイバースペースの秩序を維持しつつ，新しい技術

の芽を育てようとする判例ととらえることができよう．

演習問題

11.1 インターネット文化，特に（1）情報は共有されるべきと，（2）情報は公開されるべきという考え方がインターネットの成功の原動力になったが，その理由を考察せよ．

11.2 サイバースペースの統治には ISP の契約による統治が適しているが，法律による統治も必要である．おのおのの分担領域を考察せよ．

11.3 5 社以上の ISP の会員契約をインターネットから収集し，各社に共通している条項と異なる条項とを比較整理せよ．（海外の ISP を含め，数名のグループで行うことが望ましい）

11.4 アクセスした人への親切心から，ホームページに名前やメールアドレスとともに，自宅住所と電話番号なども掲載したが，問題ないか考えよ．

11.5 電子掲示板で不幸にも自分の不注意な発言が発端となって，自分を誹謗中傷する記事が掲載された．自己責任の原則から，誹謗中傷記事に対してどのように対処すべきか考えよ．（数名のグループに分かれて討論し，結果を発表しあうことが望ましい）

11.6 5 店以上の電子店舗を訪問し，信頼できる店舗か評価せよ．（海外の店舗を含め，数名のグループで行うことが望ましい）

11.7 旅行先で購入した絵葉書に載っていた国宝建物の写真をディジタル画像化してホームページに旅行日記として掲載した．この行為は著作権法に違反しているか考察せよ．

11.8 前章の演習問題 10.2 にて明らかにしたグヌーテラのアーキテクチャに対して，法的措置が可能か否か考察せよ．

11.9 ディジタル著作物には，書物などの従来の著作物にはない特徴をもっているが，これを整理し説明せよ．

11.10 ニフティ事件の地裁判決は，ISP をどのように位置づける（通信事業者，出版社，書店など）ことになるか考察せよ．

演習問題のヒント

【1章：インターネットの基本概念】

1.1 「明」は社会経済活動の進歩を促進するもの，逆に「暗」は進歩の足かせとなったり，阻害したりするものとしてとらえよ．
1.2 TCP/IP の各層と図1．3のインターネットの基本思想との相関関係を線で結んで見ると，整理しやすくなる．
1.3 低料金で利用できる大きな要因は，ベストエフォート型のサービスである．
1.4 インターネット層の IP は，コネクションレス型，トランスポート層の TCP はコネクション型である．他のプロトコルはどちらに属するか．
1.5 MAC アドレスはグローバルユニークなアドレスであるが，経路制御を行いやすいアドレス体系になっているか．また，物理ネットワーク上には，IP パケットだけが流れるとは限らない．
1.6 地球規模で任意の相手に情報転送できるようにするために必要な条件は何か．
1.7 インターネットの歴史を，揺籃期，発展期，普及期とに分けると整理しやすい．
1.8 ISOC のホームページを参照のこと．
1.9 "ラフコンセンサスの形成" と "標準仕様の採択" の違いがポイントである．
1.10 Everything over IP は通信品質の視点から，IP over Everything は IP アドレスの視点から考えよ．

【2章：インターネット層】

2.1 IPv6 アドレスは 128 ビット長なので，2の128乗のアドレス数をもつ．
2.2 IPv4 アドレスは 32 ビット長なので，2の32乗のアドレス数をもつ．
2.3 インターネット上の検索エンジンや ISOC のホームページなどから調査せよ．
2.4 例題 9.3 を参照せよ．
2.5 Path MTU Discovery は定期的に実行され，実際に IP パケットを転送して，MTU サイズを知る．
2.6 RIP では，隣接リンクとの間のみで，30 秒ごとに経路情報の交換を行う．したがって，経路情報の伝播には時間がかかり，かつ，隣接ノードのさらに先のノードの状態は知ることができない．
2.7 パスベクトル型では，経由するネットワークの識別子の集合で目的のネット

ワークへの経路を表現している．
2.8 アドレススペースを，"0"と"1"で表現してみるとわかりやすい．
2.9 各都道府県の世帯数を調査し，単位となるネットワークの大きさを決める．また，人口の増加や減少の傾向も重要な要素であろう．
2.10 経路は traceroute を用いて，RTT は ping を用いて計測することができる．

【3章：物理/データリンク層】

3.1 超高速アクセス環境(電話回線の100倍以上，3,000円/月の定額料金)を想定し，この環境をフル活用するようなアプリケーションを考えよ．
3.2 伝送速度，モビリティ，通信品質，コストなどの視点から比較せよ．
3.3 各プロバイダのホームページから，料金などの情報を得ることができる．
3.4 プロトコルの階層に分けて考えよ．
3.5 Excel などの表計算ソフト上に，シフトレジスタなどを実現することができる．
3.6 まず伝送技術とデータリンクについて，おのおのの構成要素を表形式で整理し，次いで構成要素間での対応関係をチェックしていく．
3.7 ハブは受信したMACフレームを，受信したポート以外のすべてのポートに送信する．一方，スイッチでは目的のノードが存在するポートにのみフレームを転送する．スイッチのほうがよい場合と，ハブの方がよい場合がある．
3.8 MACアドレスの情報管理は，方向性をもつキャッシュである．
3.9 有線LANは信号レベルが安定しているが，無線LANは壁などによる電波の反射のために，信号レベルが激しく変わる．これが衝突検出を難しくする．
3.10 屋外の高速アクセス環境で自分たちが利用したいサービスを創造せよ．

【4章：トランスポート層】

4.1 実際に3つのパケットが廃棄された場合の送信元ノードと受信ノードでの動作を考察せよ．
4.2 輻輳ウィンドウは確認パケットを受け取るごとに，ウィンドウサイズを増加させる．増加の量を100バイトとして考えよ．
4.3 RTO の初期値とタイムアウト時間を最初に設定し，返事がない場合に，タイムアウト時間を2倍にする．動作の終了は，返事を受け取る場合と，9分経過しても返事を受信できなかった場合である．
4.4 IANA や IETF のホームページを用いて調査することができる．
4.5 バッチ処理型のタスクでは，タスクを依頼したコンピュータは，計算結果を待つのみにすることができる．

4.6　輻輳ウィンドウは，確認パケットの受信とウィンドウサイズで決定/更新される．
4.7　RTP に関する RFC を IETF のホームページから取得することができる．
4.8　標準の TCP コネクションでの最大転送ウィンドウは 64 キロバイトである．
4.9　ftp サイトを検索サーバなどで調査し，実際に比較的大きなファイルをダウンロードしてみよ．
4.10　Reno, Tahoe, VEGA がよく知られている．

【5 章：ディレクトリサービスと電子メール】

5.1　ICANN や ISOC のホームページなどで調査することができる．
5.2　日本では JPNIC と JPRS，アジア太平洋では APNIC が，アドレスとドメイン名の管理と割当てを行っている．
5.3　合計で，1 テラバイト（＝ 1 G バイト× 1 メガユーザ）のデータを与えられた時間で転送しなければならない．
5.4　1 つの上位サーバが管理する下位のミラーサーバの数 (n) を適当（たとえば，2 や 10）に仮定して考えよ．
5.5　メーリングリストを使ったメールの送信元アドレスと reply-to アドレスに注意が必要．
5.6　添付ファイルも電子メールの大きさに含めること．
5.7　電子メールを転送するユーザは，オフィスの中のデスクトップコンピュータしか利用しないと仮定した設定である．
5.8　電話会社の料金表，VoIP プロバイダの料金表，インターネットの利用料金表を用いて比較することができる．
5.9　英語版のコンピュータでは，日本語は文字化けして読むことができない．
5.10　ディレクトリサービスと組み合わせ，エンドホスト間で直接データの交換を行うアプリケーションが最も多い．

【6 章： World Wide Web】

6.1　Word などで作成した文書のファイルサイズは大きく，また世界共通のファイル形式でない．
6.2　写真やイラストの入った Web 文書を作成したことがない読者は，必ず作成すること．作成経験のある読者は，本問をパスしてもよい．
6.3　たとえば，Google の検索サイト (http://www.google.com/) には，検索方法の解説が載っている．
6.4　有料のネットワークアナライザには Sniffer などがあるが，UNIX 系の環境で

あれば，9章で取り上げるtcpdumpコマンドでも測定できる．
6.5 セキュリティの視点から考えよ．
6.6 Webサービスの特徴の1つは，あるサイトが他のサイトもしくはサーバの助けを借りて，さまざまなサービスを一元的に利用者に提供することである．
6.7 Servletはマルチスレッドで動作するのに対して，Perlはシングルスレッドでしか動作できない．
6.8 JavaとXMLの特徴を組み合わせると，どのようなメリットが生まれるか．
6.9 JavaScriptを用いて，入力のチェック機能を強化せよ．
6.10 Webクライアント側に必要な機能，Webサーバ側に必要な機能，さらにWebサービスに対応するB2Bサーバに必要な機能を考えよ．

【7章：セキュリティ】

7.1 検索サイトなどを使ってクラッカーのサイトを見つけ，アクセスしてみよ．ただし，ウィルスに感染したりする恐れがあるので，最新のウィルス検知ソフトウェアとパターンファイルを実装してから行うこと．
7.2 日本は，周囲を海で囲まれているため，水と安全はタダという概念が自然に形成されてきた．
7.3 不正アクセスは外部からとは限らない．また，人間が作るものに完璧なものはないと考えよ．
7.4 DDoS攻撃は，自己のネットワークだけでは対処できない．
7.5 ワンタイムパスワードは，チャレンジ＆レスポンス型と同期型に大別される．
7.6 あるサイトをDDoS攻撃の踏み台にする行為と，踏み台を使って特定のサイトのサービスを妨害する行為とに分けて考えよ．
7.7 すべての組織が導入した場合と，導入した組織と導入していない組織が混在する場合，導入した組織がセキュリティ攻撃を受け，運悪く他の組織に被害が及んだ場合など，いろいろなケースについて考察せよ．
7.8 秘密鍵をセンター側で生成するか，営業マン側で生成するかによって，鍵が盗まれた場合の被害範囲が異なってくる．
7.9 共通鍵は常時使用すると見破られる可能性が高くなる．頻繁に共通鍵の更新を行うには，共通鍵の更新に伴う負荷が少ないことも重要である．
7.10 関連するRFCや巻末の参考文献を使って調べよ．

【8章：次世代インターネット技術】

8.1 自由にエンドホストに新しいアプリケーションをインストールすることがで

演習問題のヒント 269

き，自由にディジタルデータが交換されなければならない．
8.2 ネットワークを介した攻撃の他に，機器に対する物理的な攻撃も考えよ．
8.3 速度と QoS の視点から考えよ．
8.4 各地域レジストリ(RIPE, ARIN, APNIC)のホームページで調査できる．
8.5 Windows 系では 2000 および XP で IPv6 化が可能，BSD 系/Linux 系および Solaris においても IPv6 の対応が可能．
8.6 IntServ と DiffSev を組み合わせることによる相乗効果を考えよ．
8.7 次世代のインターネットでは，いろいろなネットワーク基盤技術が利用可能になるが，これを実際に適用するかは，ISP の事業ポリシーに依存する．
8.8 標本化定理の意味するところを考えよ．
8.9 ルータが IP パケットを複製する方法と，ネットワーク内に複製サーバを配備する方法，および放送元のノードが複製を行う方法の 3 通りが考えられる．
8.10 自分のパソコンに圧縮ツールがインストールされていなければ，フリーソフトサイトから入手できる．

【9 章：システム設定と運用管理】

9.1 ルータによって 2 つのセグメントに分けることの意義を考えよ．
9.2 ファイル，パスワード，アクセス方法，暗号化手法，改ざん対策，SPAM 対策，Virus 対策を考慮する必要がある．
9.3 セキュリティ対策は通常のサーバにおけるものとほぼ同じである．Web に特有なものとしては，オリジナルコンテンツをどうやって保護するかが重要な点となる．また，Web サーバシステムの大規模化には，機能的な分散と並列処理による負荷分散を組み合わせる．
9.4 DNS サーバは，検索/解決した情報をキャッシングして，検索/解決レイテンシの向上を行っている．
9.5 プロキシサーバは NAT（マスカレード）機能相当の機能をもっている．
9.6 障害情報が多過ぎると，かえって障害の原因を特定し難くなる．
9.7 冗長系を設けることが基本だが，冗長系にもいろいろな方法がある．
9.8 Windows 系では winipcfg（95/98/ME）や ipconfig と netstat（2000/XP）を用いることができる．UNIX 系は ifconfig や netstat を用いることができる．
9.9 検索サイトを利用して調べよ．
9.10 インターネット上にオンラインマニュアルが存在している．

【10 章：インターネットビジネス】

10.1 日本の GDP は，世界の 1/7 である．

10.2 ナップスターとグヌーテラのアーキテクチャを解説しているサイト（http://www.limewire.com/index.jsp/p2p）をアクセスせよ．

10.3 検索サイトには通常多数のバナー広告が掲載されているが，バナー広告のないサイトもある．

10.4 電子モールや e-マーケットプレイスでは，買い手から売り手に対して金が流れる．では，電子モールなどの主催者と売り手の間の金の流れは？

10.5 Web サイトとのコネクション設定に 2 秒，アナログ電話回線速度の 1/2 程度を実効速度として算出せよ．

10.6 人気サイトや著名サイトに共通するものは何かを見出すことがポイント．

10.7 漫然とアクセスするのではなく，調べたいテーマを決めてアクセスすること．

10.8 調べた範囲内で，行政機関サイトのベスト 3 とワースト 3 を決め，その差が出た要因，また演習問題 10.6 で調べた人気サイトなどとの違いの要因を考えよ．

10.9 時間的推移(日間，週間，月間，…)データも改善策を練るうえで有用である．

10.10 インターネットは地球規模で誰でも情報発信できるネットワークである．グローバルな視点から考察せよ．

【11 章：サイバースペースの統治】

11.1 ノウハウなどが個人の財産だとして公開されなかったら，今日のインターネットはあり得たか？

11.2 ISP の契約による統治の限界と，法律による統治の限界および弊害を考えよ．

11.3 会員契約書の収集に先立って，比較する項目を明確にしてから，実際に収集し比較整理してみると，予期しなかった特徴的な事項が見えてくる．

11.4 個人情報の保護の視点から考えよ．

11.5 これは個人のパーソナリティの問題．耐え難い誹謗中傷を受けたとしたら，どのような行動を取るか？

11.6 アクセスに先立って，電子店舗の信頼度判断基準をまず整理せよ．

11.7 建物自体は公開著作物である．

11.8 グヌーテラは，ナップスターの法的問題をクリアしたアーキテクチャといわれている．なぜか？

11.9 ディジタル著作物は，物理的実体を伴わないことがポイント．

11.10 コンテンツに対する通信事業者，出版社/放送事業者，書店の責任を考えよ．

参 考 文 献

【共　通】
- 江崎浩監修『要点チェック式 インターネット用語事典』I&E 神藏研究所, 2000
- 笠野英松監修『ポイント図解式 インターネット RFC 事典』アスキー, 1998
- 石田晴久監修『要点チェック式 インターネット教科書(上)(下)』I&E 神藏研究所, 2000
- Douglas E. Comer/水野忠則他訳『コンピュータネットワークとインターネット』ピアソン, 1998
- School of Internet (SOI):http://www.soi.wide.ad.jp/
- Scott D. James/木田直子訳『インターネット概論』ピアソン, 1999
- 村松公保『基礎からわかる TCP/IP ネットワーク実験プログラミング』オーム社, 2001

【1章：インターネットの基本概念】
- ISOC ： http://www.isoc.org/
- ICANN ： http://www.icann.org/
- JPNIC ： http://www.nic.ad.jp/

【2章：インターネット層】
- W. Richard Stevens/井上尚司監訳『詳解 TCP/IP』ソフトバンク, 1997
- Douglas E. Comer/村井純, 楠本博之訳『TCP/IP によるネットワーク構築 Vol.I』共立出版, 1996
- Christian Huitema, "Routing in the Internet (Second Edition)", Prentice Hall, 2000
- D. Kosiur, "IP Multicasting : the Computer Guide to Interactive Corporate Networks", John Wiley & Sons, 1998
- C. Hunt, "TCP/IP Network Administration", O' Reilly & Associates, 1998
- Mark A. Miller/トップスタジオ訳/宇夫陽次朗監修『IPv6 入門』翔泳社, 1999

【3章：物理/データリンク層】

- 電気通信協会編『データ伝送の基礎知識』オーム社，1996
- 木下耕太『やさしい IMT-2000 第3世代移動通信方式』電気通信協会，2001
- 福永邦雄，泉　正夫，萩原昭夫『コンピュータ通信とネットワーク(第4版)』共立出版，2000
- 三木哲也，青山友紀監修，マルチメディア通信研究会編『ポイント図解式 xDSL/FTTH 教科書』アスキー，1999
- 後藤敏，阪田史郎監修，マルチメディア通信研究会編『ポイント図解式 モバイルコンピューティング教科書』アスキー，1999

【4章：トランスポート層】

- W. Richard Stevens/井上尚司監訳『詳解 TCP/IP』ソフトバンク，1997
- Douglas E. Comer/村井純，楠本博之訳『TCP/IP によるネットワーク構築 Vol.I』共立出版，1996

【5章：ディレクトリサービスと電子メール】

- 石田晴久『インターネット自由自在』岩波書店，1998
- 熊谷誠治『誰も教えてくれなかった インターネットのしくみ』日経 BP 社，1998

【6章： World Wide Web】

- 古籏一浩『最新実用 HTML タグ辞典』技術評論社，2000
- 松本　都『一週間でマスターする ホームページの作り方 [上級編]』毎日コミュニケーション，1999
- Project Kyss，宮坂雅輝『XML ＋ XSL による Web サイトの構築と活用』ソフトバンク，2000
- 高橋麻奈『図解でわかる XML のすべて』日本実業，2000
- Cay S. Horstmann, Gary Cornell/福龍興業訳『コア Java2 Vil. 1 基礎編』アスキー，2000
- 原田洋子『Java Servlet 最新サーバプログラミング』秀和システム，2000

【7章：セキュリティ】

- コンピュータ緊急対応センター： http://www.jpcert.or.jp/
- 上原孝之『図解 そこが知りたい！ネットワーク危機管理入門』翔泳社，2000
- 田渕治樹『国際セキュリティ標準 ISO/IEC17799 入門』オーム社，2000

- 田渕治樹『国際セキュリティ標準 ISO/IEC15408 入門』オーム社，2001
- 熊谷誠治『誰も教えてくれなかった インターネットセキュリティのしくみ』日経BP社，1999

【8章：次世代インターネット技術】
- James D. Solomon, 寺岡文男＋井上淳監訳『詳解 Mobile IP 移動ノードからのインターネットアクセス』プレンティスホール，1998
- K.R.Rao, J.J.Hwang/安田浩，藤原洋監訳『ディジタル放送インターネットのための情報圧縮技術』共立出版，1999

【9章：システム設定と運用管理】
- Linux 公開サイト：http://www.linux.or.jp/
- 冨成章彦『オープンソースを使った ネットワーク監視術』小学館，2001
- 笠野英松『Linux で作るネットワーク実践ガイド』技術評論社，2000

【10章：インターネットビジネス】
- 安田 浩＋情報処理学会『爆発するインターネット －過去現在未来を読む－』オーム社，1999
- インターネットビジネス研究所浜屋敏他監修，『インタービジネス白書2001』ソフトバンク，2000
- Robert W. Buchanan, Jr, Charles Lukaszewski/アクセス訳『実践 Web マーケティング論』翔泳社，1998

【11章：サイバースペースの統治】
- 平野 晋，牧野和夫『[判例]国際インターネット法』明文図書，1998
- 枝 美枝『IT ビジネス法律ガイド』駿台社，2001
- インターネット協会：http://www.iajapan.org/
- 情報処理振興事業協会：http://www.ipa.go.jp/
- 日本通信販売協会：http://www.jadma.org/
- 国民生活センター：http://www.kokusen.go.jp/
- 著作権法：http://www.cric.or.jp/db/article/a1.html
- ベルヌ条約：http://www.netlaputa.ne.jp/~lala-z/Copyright/Berne_1.0.html
- WIPO 著作権条約：http://wshiivx.med.uoeh-u.ac.jp/MIP/Berne.html
- 日本音楽著作権協会：http://www.jasrac.or.jp/

索引

【数字】

3 ウェイハンドシェイク	85
3 クリックルール	233
3 次元 CG	178
7 ビット JIS コード	116
8 秒ルール	233
10BASE-T	9, 56, 68

【英名】

ACK パケット	85
ADSL	69
AF PHB	184
AH	106
ALG	48
Alternate Root	106
Apache	141, 207
Apache-SOAP	141
API	81
APNIC	21
APOP 方式	116
Applet	142
ARIN	21
arp コマンド	46, 218
ARP	9, 45
ARP キャッシュ	45
ARP 手続き	14
arpa	104, 205
ARPANET	18
ARQ	61
AS	40
ASCII	104
ASK	58
ASO	21
ASP	141
At Large	21
ATM	9, 71
ATM アドレス	14
ATM スイッチ	185
ATM フォーラム	71
Autonomous System	40
B チャネル	69
B to B	228
B to C	228
B2B	179, 228
B2B サーバ	139
B2B 型 e-コマース	238
B2C	179, 228
B2C 型 e-コマース	229
BASE64	115
BBS	119
BCH 符号	63
Bellman-Ford アルゴリズム	40
BGP	42, 202
BIND	204
BMA	61
BOOTP	46
Broadcast Multiple Access	61
C2C	179
CA	168
CATV	57
ccTLD	11, 104
ccTLD レジストリ	21
CDDI	68
CDM	59
cdma2000	79
CDN	109, 189
CERT	22
CGI	141
CHTML	133
CIDR	30
CoA	189
CODEC	191
Connectivity	178
Connectivity is its own Reward	5, 174
Cookie	226
COPS	108, 186
CORBA	139
CoS	180
CRC	62
CRM	236
CSMA/CA	73
CSMA/CD	60
D チャネル	64, 69
DCT	192
DDoS 攻撃	154
DES	166
DF	92
DHCP	31, 47
DHCP サーバ	189
DHCP サーバの設定	210
DiffServ アーキテクチャ	183
dig	219
DMZ	165
DNS	8, 101
DNS サーバの設定	203
DNS システム	103
DNS セキュリティ	106
DNSO	21
DOCSIS	70
DOM	141
DSA	167
DSCP	183
DSU	65
DTD	133, 240
DVMRP	43
e-コマース	228
e-ビジネス	228
e-マーケットプレイス	238
E-BGP	42
EC	228
ECC	167
ECN	94
EDI	226
EF PHB	184

EGP	42	iモード	57	IPsec	170
EI Gamal	167	iモードサービス	75	IPv4	11
E-Mail	112	IAB	23	IPv6	12
End-to-End Principle	4, 174	IAJ	20	IRC	120
Entrust	169	IANA	19, 87	IRSG	23
ES-IS	42	I-BGP	42	IRTF	23
ETSI	21	ICANN	21, 104	ISDN	9, 69
EUC	116	ICMP	8, 36	IS-IS	42
Everything over IP	4, 174	IDEA	166	ISMバンド	57, 73
FAQ	225	IDS	158	ISO	7
Fast Recovery	91	IEEE802	64	ISO/IEC 15408	160
Fast Retransmission	91	IEEE 802.4	68	ISO/IEC 17799	160
Fate - Share	175	IEEE802.11	73	ISOC	22
FDD	78	IEEE802.3	67	ISP	2
FDDI	68	IEPG	22	ISPとの契約	160
FDM	59	IESG	23	ISPの契約による統治	250
FEAL	166	IETF	23	ISTF	23
FEC	61	ifconfig	201, 218	ITU	6, 21
FINパケット	86	IGMP	44	IX	2
FIN_ACKパケット	86	IGP	40	Javaアプリケーション	142
FQDN	102	IIS	141	Java仮想マシン	142
FR	71	IKE	106	JavaScript言語	144
FreeBSD	200	IM	58	JDBC	140
FTP	8	IMAP	112, 205	JISコード	116
FTPサーバ	207	IMT-2000	79, 197	Jon Postel	19
FTTH	57, 71	Internet Explorer	140	JPEG	193
FWA	57, 74	Internet for Everyone	23	JPEG-2000	193
gated	41, 202	InterNIC	19	JPNIC	12, 19, 21, 201
GetRequest	214	IntServアーキテクチャ	180	JPRS	21, 201
GetResponse	215	Inverse-MUX	49	JSP	141, 144
GIF	131, 193	IPアドレス	28	JUNETコード	116
gTLD	11, 104	IPアドレスの取得	201	JVM	142
gTLDレジストリ	21	IPトンネリング技術	43	Keep Alive Timer	92
GUI	143	IPバージョン4	28	L2F	49
Hシリーズ	195	IPバージョン6	29	L2TP	49, 170
H.223	197	IPバージョン6技術	180	LAN	4
H.261	98, 194	IPパケット	3, 9	LANセグメント	66
H.323	120	IPパケットの構成	30	LAN系データリンク	67
HA	188	IPパケットの配送	28	LAPB	64
HDLC	49, 63	IPパケットの複製	43	LAPD	64
HFC	70	IPヘッダ	3	LDAP	107
HIPPI	68	IP over ATM over		LDP	185
Host Unreachable	36	SONET/SDH	71	Lempel-Ziv符号化	193
HSSI	68	IP over Everything		Linux	199
HTML	126, 134		4, 55, 174	LLC手順	64
HTTP	8, 126	IPC	82	Local Preference	42
HTTPS	170	ipchains	209	Lossless	191

索引

Lossy	191	OSPF	41, 202	RIPE	19
LSP	185	OTP	116	RMI	139
LSR	185	Path メッセージ	181	RosettaNet	241
M ルートサーバ	103	PDA	122	route	202
MAC	56	PDC-Packet	78	routed	40
MAC アドレス	14	PDP	108	Router Discovery	36
MAC フレーム	10, 68	peering	42	RP ルータ	43
MBGP	44	Peer-to-Peer 型		RPF	43
M-Bone	43		120, 179, 233	RR	105
MED	42	PEP	109	RS 符号	63
MH	188	Perl	141	RS232-C	58
MIB	109, 213	PGP	118, 170	RSA	166
MIME	115	PHB	184	Rspec	182
Mosaic	126	PHP	77	RSVP	83, 99, 180
MOSPF	43	PIAFS	77	RTCP	98
MP3	195	PIB	109	RTO	90
MPEG	98, 195	PIM	43	RTP	97
MPEG-4	122, 195	PIM-DM	43	RTT	90
MPLS 技術	185	ping	36, 218	S/MIME	170
MPλS 技術	186	PIP	241	SCM	238
MSDP	44	PKI	166	SDH	71
MTA	113	PNG	193	SDLC	63
MTU	48, 92	POP	112, 205	Secure Shell	208
MUA	112	POP/IMAP サーバ	114	sendmail	113, 205
named	106	POS	49, 71	Servlet	141
NAT 機能	47, 209	PP	160	SetRequest	215
NBMA	61	PPP	9	SGML	133
NCSA	126	PPP 機能	49	Shift-JIS	116
.NET Framework	141	PPP トンネリング技術	49	SIP	120
Netscape Navigator	140	PPP over ATM over		SLP	108
netstat	39, 201, 219	SONET/SDH	71	SMIL	134
Network Unreachable	36	PPP over SONET/SDH	71	SMTP	8, 112, 139
NIC	152	PPTP	49, 170	SMTP サーバ	113
NNTP	119	PSK	58	Snail Mail	112
NRZ	58	PSO	21	SNMP	8, 186, 212
NSF	19	PVC	71	SNMP エージェント	213
NSFNET	19	Q.931	69	SNMP マネージャ	213
nslookup	219	QoS	180	SOAP	139
OC-3	71	QoS 制御技術	180	Socket	81
ODBC	141	QuickTime	197	SOCKS	66
OFDM 変調	58	RADIUS	8, 116	SOHO	176
OID	213	RARP	45	SONET	49, 71
One-to-One Marketing	226	resolver	106	Source Quench	36
ONU	65	Resv メッセージ	181	SPF	41
OOP	142	RFC	19	SQL Server	141
Oracle	141	RFC 番号	24	SS	58
OS	81	RIP	8, 40, 202	SSL	170

索引

SSM	44	
ST	161	
STD 番号	24	
STM-1	71	
SVC	71	
SYN_ACK パケット	85	
SYN パケット	85	
TA	65	
talk	119	
TCP	8, 84	
TCP ウィンドウ拡大オプション	93	
TCP コネクション	85	
TCP 次世代技術	92	
TCP Persist Timer	92	
TCP Wrapper	208	
TCP/IP プロトコル	2	
TCP/IP プロトコルスウィート	173	
tcpdump	219	
tcpd デーモン	208	
TDD	77	
TDM	59	
Thawte	169	
The Internet	2	
TLD	11, 104	
TLS	170	
TLV	29	
TOS フィールド	183	
traceroute	36, 219	
Tspec	182	
TTCP	94	
TTL	29	
UDDI	141	
UDLR	187	
UDP	8, 96	
Universal Service	6	
UNIX	19	
URL	10, 129	
URL 解決	16	
VAN	227	
VeriSign	169	
Vinton Cerf 博士	23	
VoIP	120	
VoIP ゲートウェイ	121	
VPN	157, 170	
W3C	21, 127	
WAP	134	
WARC	74	
W-CDMA	79	
WDM	59	
WDM 技術	185	
Web/FTP サーバの設定	207	
Web アプリケーション	140	
Web サーバ	109, 127	
Web サービス	139, 242	
Web サイトの構築	233	
Web ブラウザ	16, 126	
Web ページ	126	
What's New	234	
WIDE インターネット	19	
WIDE プロジェクト	20, 103	
Winsock	81	
Win-Win 関係	236	
WML	134	
World Wide Web	125	
WSDL	141	
WWW	8, 125	
WWW コンソーシアム	127	
WWW の仕組み	127	
WWW の生い立ち	126	
X.25 パケット交換	64	
X.509	168	
xDSL	69	
XHTML	133	
XIS	141	
XML	133, 136, 240	
XML パーサ	242	
XML プロセッサ	242	
XML Query	141	
XSL	137	
XSLT 変換	138	
zone	104	
zone transfer	104	

【ア 行】

相手への礼儀	255
アクセス系データリンク	69
アクセス制御	208
アクセス制御方式	56, 60
アクセスリスト	158, 164, 209
アクセスログ	237
アクティブ文書	149
アグリゲーション	32
アップロード	207
アドホックモード	73
アドレス解決	12
アドレス支持組織	21
アドレス処理	28
アドレス発見機能	46
アナログ信号	191
アフィリエートプログラム	232
アプリケーション層	8
アプリケーションゲートウェイ型	164
アプリケーションサーバ	128
誤り訂正方式	61
アンカ	136
暗号化技術	166
暗号機能	170
イーサネット	45, 67
意地悪テスト	235
位相変調	58
一対多方向通信	57
移動交換局	76
移動先エージェント非使用モード	189
移動先エージェントモード	189
移動通信システム	75
移動ホスト	188
移動無線手段	57
入れ子構造	31
インスタンス	142
インターネット	2
インターネットエクスチェンジ	2
インターネットガバナンス	21
インターネット管理制御プロトコル	36
インターネット関連ビジネス	228
インターネット基盤	177
インターネット協会	252
インターネット広告	228
インターネットコマース	228
インターネットサービスプロバイダ	2

インターネット接続ビジネス	228	
インターネット層	27	
インターネット電話	120	
インターネットドラフト	23	
インターネットの父	23	
インターネットの歴史	18	
インターネットビジネス	223	
インターネットファクス	121	
インターネットプロトコル	8, 28	
インターネット文化	247	
インターネットマーケティング論	229	
インターネットワーキング	1	
インターネットワーク	1	
インタフェース層	50	
インタープリタ	130	
インタープリタ型プログラミング言語	141	
インタラクティブゲーム	187	
インタラクティブデータ転送	88	
イントラネット	7, 238	
インフォメーショナルRFC	24	
インフラストラクチャモード	73	
ウィルス駆除ソフト	158, 253	
ウィルスパターンファイル	253	
ウィンドウ制御	89	
ウェアラブルコンピューティング	178	
ウェルノウンポート	87	
迂回経路	175	
動きベクトル量	194	
動き補償	194	
運用管理体制	211	
衛星リンク	187	
エクストラネット	7, 238	
エクスペリメンタルRFC	24	
エッジルータ	183	
エラー制御/再送制御	84	
エラーログ	237	
エレメント	134	
遠隔アクセス	208	
エンド―エンドアーキテクチャモデル	179	
エンドノード	3	
エントロピー	192	
エントロピー変換	192	
エンベロープ	139	
応用言語	133	
大阪わいせつリンク事件	262	
オークション	187, 238	
オーバーフロー	88, 153	
オブジェクト	142	
オブジェクト識別子	213	
オブジェクト指向プログラミング	142	
オフラインモード	121	
オープンの状態	85	
オペレーティングシステム	81	
音楽サイト	195	
音声/オーディオフォーマット	195	
オンデマンド方式	196	
オンラインショッピング	257	
オンラインバンキング	228	

【カ　行】

カーネル	50, 81	
会員規約	252	
回帰的	31, 104	
開始タグ	134	
階層的	104	
開放型システム間相互接続基本参照モデル	7	
顔文字	254	
可逆圧縮	191	
課金管理	212	
学術研究用インターネット	19	
確認応答パケット	88	
確認テスト	217	
画素	193	
仮想私設網	157	
仮想商店街	230	
加入者無線アクセス	57, 74	
加入電話	9	
カプセル化	48	
簡易ネットワーク管理プロトコル	186	
緩衝地帯	165, 200	
管理者権限奪取	153	
管理情報ベース	213	
管理要件集	161	
基幹通信回線	57	
北風方式	190	
基地局	76	
気付アドレス	189	
機密管理	212	
逆オークション	238	
逆引き	102, 204	
キャッシュ	131	
キャッシング	109	
ギャランティ(保証)型サービス	5	
境界ルータ	42	
共通鍵暗号方式	166	
業務アプリケーション	226	
共有ツリー方式	43	
寄与侵害	260	
巨大市場	227	
距離の死	224	
距離ベクトル方式	43	
距離ベクトル情報	40	
近隣発見プロトコル	46	
クエリー	128	
口コミ	236	
グッドサマリタン条項	263	
グヌーテラ	179	
クライアント	16	
クライアント機器販売ビジネス	228	
クライアント―サーバモデル	179	
クラス	142	
クラスライブラリ	142	
クラッカー	152	
クラッキング	154	
クラッキング行為は戒めよ	247	
クラッキングツール	153	
グローバルIPアドレス	12, 34	

グローバルスタンダード 226	ネットワーキング 4	指定共有フィルタ 183
継　承 142	コールセンタ 234	自動再送要求方式 61
携帯情報端末 122	コンテンション方式 60	シフトレジスタ 62
携帯電話 57	コンテンツ配信 189	時分割多重 59
刑　法 162	コンテンツ配信ネットワーク 109	自分のホームページに責任をもつ 256
経路制御 15	コンパイル型プログラミング言語 141	自由主義者的意見 246
経路制御機能 38	コンピュータウィルス 154	重大障害 212
経路制御の設定 202	コンピュータウィルス対策 253	周波数分割多重 59
経路制御プロトコル 38	コンピュータ緊急対応センター 159	集約化 32
経路制御ポリシー 15, 40	コンピュータネットワーク 1	終了タグ 134
経路表 15, 34	コンピュータ犯罪防止法 162	受信バッファ 153
ゲートウェイ 164, 200	コンフィグレーション設定 50	出現頻度 192
ゲートキーパー 120		受動オープン 85
ケーブルモデム 70	【サ 行】	巡回符号 62, 68
検索エンジン 102, 228		障害管理 212
検査符号 62	最終消費財 228	障害対処記録 217
権　力 248	再送制御 90	障害の再現 216
権力は横暴で信頼できない 247	再送タイマー 90	障害の再発防止策 218
コアルータ 183	最適経路 40	障害発生 216
広域バックボーン系データリンク 71	サイト運用とプロモーション 235	障害範囲の特定 217
公開鍵 167	サイバースペース 3, 129, 246	常時接続 175
公開鍵暗号方式 166	サイバースペースの統治 245	肖像権の侵害 253
公開鍵基盤 166	サイバースペース法学 248	状　態 142
交換機 175	サウンドプレーヤ 191	消費者生活センター 257
攻撃ターゲット 152	サービス停止 212	情報格差 75
攻撃ツール 153	サブネッティング 31	情報源符号化 191
公衆送信権 259	サプライチェーンマネージメント 239	情報処理振興事業協会 160, 253
構成管理 212	参加に際しての事前準備 255	情報の共有化 240
高速スイッチング技術 185	産業財産権 258	情報は共有されるべき 247
高速多元レート 79	算術符号化 192	情報は公開されるべき 247
広帯域 ISDN 71	参照ログ 237	情報倫理 252
国際電気通信連合 6	サンプリング 191	情報倫理教育 160
国際標準化機構 7	シークエンス番号 86	証明書発行局 168
国際ローミング 79	時間的障壁の克服 224	使用文字とメール形式 254
国民生活センター 257	シグナリング 60	商用インターネットサービス 19
コスト値 41	自己責任の原則 252	署名機能 170
固定スロット割当方式 60	システム構築ビジネス 228	自律システム間経路制御プロトコル 42
固定フィルタ 183	システム設定 199	自律システム内経路制御プロトコル 40
コーデック 191	実体 142	信号系列変換 192
言葉を選ぶ 252		真実を見分ける 252
コネクション 13		診断ツール 218
コネクション管理 84		振幅変調 58
コネクションレス型インターネットワーキング 5		
コネクション型インター		

スイッチ	67	
スイッチング	67	
スキーム	129	
スキーム規定部	129	
スクリプトキディ	155	
スタイルシート	137	
スタック	153	
スタブネットワーク	39	
ストリーミング方式	196	
ストリームオリエンティッド	85	
スパースモード	43	
スパニングツリー	41	
スーパーネッティング	43	
スパムメール	118, 154	
スペクトル拡散変調	58	
スライディングウィンドウ	89	
スロースタート	90	
整形文書	138	
静止画像フォーマット	193	
生成多項式	62	
生存確認	92	
静的経路制御	39	
静的文書	149	
静的ルーティング	202	
性能管理	212	
正引き	102, 204	
政府機関ホームページ改ざん事件	153	
世界無線主官庁会議	74	
石英ガラス	57	
赤外線	73	
セキュリティ	151	
セキュリティ管理対策基準	160	
セキュリティ技術	164	
セキュリティ技術評価基準	160	
セキュリティ機能の設定	207	
セキュリティ実施ガイド	162	
セキュリティ仕様書	161	
セキュリティに関する国際標準化	160	
セキュリティ防衛	156	
セキュリティホール	158, 212	
セキュリティ保証要件集	160	

セキュリティポリシー	161	
セキュリティ要求書	160	
セカンダリィ DNS サーバ	104	
接続性	178	
接続性の確保	8	
全米科学財団	19	
操作	142	
双方向性	226	
訴求力	225	
ソケット	13	
ソケット API	13, 50, 81	
ソースツリー方式	44	
ソースルートオプション	35	
ソフトステート型	181	
ソフトハンドオーバ	79	
ゾーンファイル	105	

【タ 行】

ダイアログ	143	
帯域(変調)伝送	58	
帯域分割符号化	192	
第1の波	173	
ダイキストラ	41	
代位責任	260	
対向モード	74	
第3の波	173	
ダイジェスト	168	
第4の波	173	
ダイナミック DNS	106, 189	
第2の波	173	
タイムスタンプ情報	97	
タイムスロット	59	
ダイヤルアップ接続	116	
太陽方式	190	
ダウンロード方式	196	
タグ	134	
ダークファイバ	174	
多言語対応	115	
多項式	62	
多重化方式	59	
妥当な文書	138	
チェーンメール	255	
地上波リンク	187	
知的財産権	258	
チャットコーナー	234	

索 引　281

中央集権化	247	
中央集権的な統治機構	250	
中間財取引	228	
中継転送装置	65	
抽象化	142	
超広帯域	57	
超分散コンピュータシステム	27	
調歩同期	63	
著作権	258	
著作権の譲渡・使用許諾	259	
著作権の侵害	253	
著作権の制限	259	
著作権法	258	
著作者人格権	258	
著作隣接権	258	
直交振幅変調	58	
ツイストペア線	56	
通信基盤	177	
通信規約	7	
通信品質	5, 180	
ツールバー	143	
使い捨てパスワード	158	
次ホップ	15	
ディジタルオブジェクト	178	
ディジタル化	191	
ディジタルカメラ	193	
ディジタルコンテンツ	176	
ディジタル証明書	168, 234	
ディジタル署名	168	
ディジタルデバイド	75	
ディスクレスホスト	46	
低料金	6	
ディレクトリ応用サービス	107	
ディレクトリサービス	101	
テキスト形式	134	
テストベッド	6, 199	
データ	142	
データ圧縮	191	
データ圧縮フォーマット	122	
データの送達確認	86	
データベースサーバ	128	
データリンク	55	
データリンクアドレス	14, 45	
データリンク形態	61	
データリンク終端装置	65	

データリンクプロトコル 45	トラップ方式 214	ネットワーク管理プロトコル 212
デッドロック回避 92	トラフィックエンジニアリング 185	
デバイスドライバ 50		ネットワーク基盤技術 180
デフォルト経路制御 39	ドラフトスタンダード 24	ネットワークのネットワーキング 38
デフォルトルーティング 202	トラブルシュート 216	
	トラブルの相談窓口 257	ネットワークのネットワーク 1
テーブルルックアップ 63	トランズアクション処理 128	
テーマ設定フォーラム 234	トランズアクション TCP 93	ネットワーク部 12, 29
デーモン 85	トランスペアレントなデータ転送 3	能動オープン 85
テレビ電話 197		ノード 7
電圧パルス 57	トランスペアレントキャッシュ技術 110	
電子カタログ 234		【ハ 行】
電子掲示板 255	トランスポート層 81	
電子商取引 228	トリプル DES 166	排他的論理和 62
電子店舗 229	トロイの木馬 154	バイトコード 142
電子メールシステム 112	トンネリング技術 185	バイナリファイル 115
電子モール 229	トンネリング機能 48	ハイパーテキストマークアップ言語 126
デンスモード 43		
伝送コスト 175	【ナ 行】	ハイパーテキスト技術 126
伝送制御プロトコル 84		ハイパーテキスト転送プロトコル 126
伝送方式 57	内国民待遇の原則 259	
伝送路符号化 58	内容の信憑性 256	ハイパーリンク 126
伝統的 NAT 48	ナップスター 179, 232	パイプライン 88
電波の反射 57	ナップスター事件 260	ハイブリッド型暗号方式 167
電波法 57	ニフティ事件 262	
電力線搬送通信 57	日本インターネット協会 20	バイポーラ方式 58
添付ファイル転送 115	日本型 e-コマース 232	パケット 60
動画通信 122	日本通信販売協会 257	パケット交換 18
動画フォーマット 194	ニュースグループ 119	パケット交換ネットワーク 18
同期時分割多重 59	認証機能 170	
同期方式 58	認定製品 161	パケット処理装置 76
動的経路制御 39	ネイティブインターネット 174	パケットフィルタリング型 164, 209
動的文書 149		
動的ルーティング 202	ネズミ講 253	パケット流 181
トークンバス 68	ネットサーフィン 129	パス MTU 検索 92
トークンパッシング方式 68	ネットニュース 119	パスペクトル型 42
トークン方式 61	ネットマスク 29	パスワード管理 116, 252
トークンリング 68	ネットワーク DDI 49	波長分割多重 59
トータルニュース事件 261	ネットワークインタフェース 27	ハッカー 152, 247
トップレベルドメイン 11		バックボーンルータ 177
賭博は違法 256	ネットワークインタフェースの設定 201	バックボーン機器 177
トポロジー情報 41		ハッシュ関数 168
ドメインネームシステム 101	ネットワーク型侵入検知システム 158	パッチ 159, 212
ドメイン名 10		バナー広告 235
ドメイン名支持組織 21	ネットワーク管理システム 211	場の雰囲気をこわさない 255
ドメイン名の取得 201		
ドライバ 50	ネットワーク管理者 216	ハフマン符号化 192

索　引　283

ハミング距離	63
バルクデータ転送	88
半クローズ	86
搬送波	58
ピアリング	42
非可逆圧縮	191
光ファイバ	57
ピクセル	193
ビジネスへのインパクト要因	223
ビジネスモデル	231
ビジネスモデル特許	233
ヒストリカル RFC	24
ビット同期	59
ビットマップ画像	193
ビットマップ情報	177
ビデオビューア	191
非同期(調歩)方式	59
非同期転送モード	9
非武装地帯	158
誹謗中傷	253
秘密鍵	167
表示属性	126
標準化プロセス	23
標準仕様	6
標本化定理	191
ファイアウォール	158
ファイアウォール技術	164
ファイアウォールの設定	209
ファイバチャネル	68
ファイルアクセス権	116
ファイルの保護	208
フィルタ機能	66
フィルタリングソフト	256
ブート動作	46
フォーラム	255
輻輳	88
輻輳ウィンドウ	89
輻輳情報通知機能	94
復調	58
符号分割多重方式	59
不正アクセス禁止法	163
不正アクセスの手口	151
不正使用	116
不正不法行為の禁止	253
不正メールに注意	255
物理/データリンク層	55
物理的距離の克服	224
物理伝送媒体	56
踏み台	153
プライバシーの保護	253
プライベート IP アドレス	12
プライマリィ DNS サーバ	104
プラグイン	131
フラグメント処理	28
フラッディング	41
プランニング	231
プリアンブル信号	59
ブリッジ	66
フルディジタル画像	193
フルディジタルメディア	177
プレイバックタイミング制御	97
フレーム	60
フレーム多重	59
フレーム伝送制御方式	63
フレームリレー	71
フロー	180
プロキシサーバ	131, 165
フロー仕様	182
フロー制御	84, 88
ブロック同期	59
ブロードキャストアドレス	34
ブロードキャストパケット	47
プロトコル支持組織	21
プロトコル体系	7
プロポーズドスタンダード	24
プロモーション	235
フロンティア精神	247
分散オブジェクト技術	139
分散化	247
分散型マルチユーザチャットシステム	120
文書構造	126
文書構造記述言語	126
ベアラサービス	69
米国国防総省	18
ヘイトサイト	246
ペイロード部	28
ベクター画像	193
ベクトル量子化	192
ベストエフォート	27
ベストエフォート型サービス	5
ベストマッチ	33
ベースバンド伝送	57
ヘッダ部	28
ベルヌ条約	259
変換符号化	192
変調	58
ポイントポイントリンク	61
法域	248
法万能主義者的意見	246
保証レベル	160
ホスティングサービス	228
ホスト	7
ホストテーブル	203
ホスト部	12, 29
ポータルサイト	109
ホップリミット	29
ポートスキャン	153
ポート番号	13, 84
ホームアドレス	188
ホームエージェント	188
ホームネットワーク	188
ホームページ作成ツール	149
ボランティア精神	247
ポリシー情報配布プロトコル	186
ポリシー制御	107
ポリシー制御技術	186
ポリシーネットワーク	107
ポーリング方式	214

【マ 行】

マイクロ波	57
前方向誤り訂正方式	61
マークアップ	132
マークアップ言語	132
マスカスタマイゼーション	226
マスカレード	209
マルチキャストアドレス	34
マルチキャスト技術	187

マルチキャストツリー	43	
マルチキャストルーティング	43	
マルチタスク OS	19	
マルチパス	72	
マルチプラットフォーム化	227	
マルチメディア対応プロトコル	96	
マルチメディア多重化/再生方式	196	
マルチリンク PPP	49	
マンチェスタ方式	58	
ミラーリング	109	
ミリ波	57	
無限連鎖講	253	
無線 LAN	57, 72	
無手順	63	
無方式主義	258	
メソッド	142	
メタ機能	195	
メタ言語	133	
メタ構造	178	
メタリックケーブル	56	
メッセージ	142	
メモリ管理機能	142	
メーリングリスト	114, 255	
メールアドレス	10	
メールアドレスの確認	255	
メールサーバ	112	
メールサーバの設定	205	
メールスプール	114	
メールの改ざん	117	
メールは短く簡潔に	254	
メールボックス	112	
メールマガジン	236	
メンバー関数	142	
メンバー変数	142	
モバイル IP 技術	187	
モバイルインターネット	75	
モバイル系データリンク	75	
モバイルマルチメディア	79	
モール	230	
漏れバケツモデル	182	
問題の切り分け	217	

【ヤ 行】

有害ホームページに注意	256
郵便メール	112
ユーザ主導型	225
ユーザの認証	208
ユニキャストアドレス	34
ユニコード	104
ユビキタスコンピューティング	178
予測符号化	192

【ラ 行】

ライフサイクル	230
ライブ方式	196
ラジオボタン	143
ラスター画像	193
ラストリゾート	39
ラーニングブリッジ	66
ラフコンセンサス	6
ラベル	185
ランレングス符号化	192
リダイレクト	35, 111
リピータ	65
リモートアクセス	158
リモートブリッジ	66
量子化	191
両変換 NAT	48
両方向 NAT	48
リライアブルマルチキャスト	187
リレーショナルデータベース	141
リンク	55
隣接ルータ	42
ルータ	5, 66
ルーティング	15
ルーティングデーモン	35
ルーティングドメイン	41
ルート DNS サーバ	13
ルートエレメント	137
ルートネームサーバ	106
ループバックアドレス	34
ルールとマナー	252
レイヤ 2 スイッチ	67
レイヤ 3 スイッチ	67
レイヤ 4 スイッチ	67
レイヤ 7 スイッチ	67
レジストラ	21
レジストリ	21
ローカルブリッジ	66
ログ解析ソフト	237
ログ情報	155
ロケーションレジスタ	77

【ワ 行】

わいせつ	253
ワイルドカードフィルタ	183
ワンタイムパスワード	158

〈著者紹介〉

小林　浩（こばやし　ひろし）
　　1970 年　東京工業大学工学部卒業
　　専門分野　情報通信工学
　　現　在　東京電機大学名誉教授・工学博士

江崎　浩（えさき　ひろし）
　　1987 年　九州大学大学院工学研究科修士課程修了
　　専門分野　情報通信工学
　　現　在　東京大学大学院情報理工学系研究科教授・博士（工学）
　　　　　　WIDEプロジェクトボードメンバー

インターネット総論	著　者	小　林　　浩　©2002
		江　崎　　浩
	発行者	南　條　光　章
	発行所	共立出版株式会社
2002 年 1 月 25 日　初版 1 刷発行		〒112-0006
2024 年 9 月 10 日　初版13刷発行		東京都文京区小日向 4 丁目 6 番 19 号
		電話 03-3947-2511　振替 00110-2-57035
		URL　www.kyoritsu-pub.co.jp
	印　刷	加藤文明社
	製　本	ブロケード
検印廃止		一般社団法人
NDC 007	NSPA	自然科学書協会
		会員
ISBN 978-4-320-12039-6	Printed in Japan	

JCOPY ＜出版者著作権管理機構委託出版物＞
本書の無断複製は著作権法上での例外を除き禁じられています．複製される場合は，そのつど事前に，出版者著作権管理機構（ＴＥＬ：03-5244-5088，ＦＡＸ：03-5244-5089，e-mail：info@jcopy.or.jp）の許諾を得てください．

編集委員：白鳥則郎（編集委員長）・水野忠則・高橋　修・岡田謙一

未来へつなぐデジタルシリーズ

❶インターネットビジネス概論 第2版
片岡信弘・工藤　司他著・・・・・・208頁・定価2970円

❷情報セキュリティの基礎
佐々木良一監修/手塚　悟編著 244頁・定価3080円

❸情報ネットワーク
白鳥則郎監修／宇田隆哉他著・・208頁・定価2860円

❹品質・信頼性技術
松本平八・松本雅俊他著・・・・・・216頁・定価3080円

❺オートマトン・言語理論入門
大川　知・広瀬貞樹他著・・・・・・176頁・定価2640円

❻プロジェクトマネジメント
江崎和博・髙根宏士他著・・・・・・256頁・定価3080円

❼半導体LSI技術
牧野博之・益子洋治他著・・・・・・302頁・定価3080円

❽ソフトコンピューティングの基礎と応用
馬場則夫・田中雅博他著・・・・・・192頁・定価2860円

❾デジタル技術とマイクロプロセッサ
小島正典・深瀬政秋他著・・・・・・230頁・定価3080円

❿アルゴリズムとデータ構造
西尾章治郎監修/原　隆浩他著 160頁・定価2640円

⓫データマイニングと集合知 基礎からWeb, ソーシャルメディアまで
石川　博・新美礼彦他著・・・・・・254頁・定価3080円

⓬メディアとICTの知的財産権 第2版
菅野政孝・大谷卓史他著・・・・・・276頁・定価3190円

⓭ソフトウェア工学の基礎
神長裕明・郷　健太郎他著・・・・202頁・定価2860円

⓮グラフ理論の基礎と応用
舩曳信生・渡邉敏正他著・・・・・・168頁・定価2640円

⓯Java言語によるオブジェクト指向プログラミング
吉田幸二・増田英孝他著・・・・・・232頁・定価3080円

⓰ネットワークソフトウェア
角田良明編著／水野　修他著・・192頁・定価2860円

⓱コンピュータ概論
白鳥則郎監修／山崎克之他著・・276頁・定価2640円

⓲シミュレーション
白鳥則郎監修／佐藤文明他著・・260頁・定価3080円

⓳Webシステムの開発技術と活用方法
速水治夫編著／服部　哲他著・・238頁・定価3080円

⓴組込みシステム
水野忠則監修／中條直也他著・・252頁・定価3080円

㉑情報システムの開発法：基礎と実践
村田嘉利編著/大場みち子他著 200頁・定価3080円

㉒ソフトウェアシステム工学入門
五月女健治・工藤　司他著・・・・180頁・定価2860円

㉓アイデア発想法と協同作業支援
宗森　純・由井薗隆也他著・・・・216頁・定価3080円

㉔コンパイラ
佐渡一広・寺島美昭他著・・・・・・174頁・定価2860円

㉕オペレーティングシステム
菱田隆彰・寺西裕一他著・・・・・・208頁・定価2860円

㉖データベース ビッグデータ時代の基礎
白鳥則郎監修/三石　大他編著 280頁・定価3080円

㉗コンピュータネットワーク概論
水野忠則監修／奥田隆史他著・・288頁・定価3080円

㉘画像処理
白鳥則郎監修/大町真一郎他著 224頁・定価3080円

㉙待ち行列理論の基礎と応用
川島幸之助監修/塩田茂雄他著 272頁・定価3300円

㉚C言語
白鳥則郎監修/今野将編集幹事・著192頁・定価2860円

㉛分散システム 第2版
水野忠則監修／石田賢治他著・・268頁・定価3190円

㉜Web制作の技術 企画から実装，運営まで
松本早野香編著/服部　哲他著 208頁・定価2860円

㉝モバイルネットワーク
水野忠則・内藤克浩監修・・・・・・276頁・定価3300円

㉞データベース応用 データモデリングから実装まで
片岡信弘・宇田川佳久他著・・・・284頁・定価3520円

㉟アドバンストリテラシー ドキュメント作成の考え方から実践まで
奥田隆史・山崎敦子他著・・・・・・248頁・定価2860円

㊱ネットワークセキュリティ
高橋　修監修／関　良明他著・・272頁・定価3080円

㊲コンピュータビジョン 広がる要素技術と応用
米谷　竜・斎藤英雄編著・・・・・・264頁・定価3080円

㊳情報マネジメント
神沼靖子・大場みち子他著・・・・232頁・定価3080円

㊴情報とデザイン
久野　靖・小池星多他著・・・・・・248頁・定価3300円

＊続刊書名＊

可視化

コンピュータグラフィックスの基礎と実践

ユビキタス・コンテキストアウェアコンピューティング

（価格，続刊書名は変更される場合がございます）

【各巻】B5判・並製本・税込価格

共立出版

www.kyoritsu-pub.co.jp